spinster

a life of one's own

从前喜欢一个人，
现在喜欢一个人

〔美〕凯特·波里克/著

高天航/译

天津出版传媒集团

天津人民出版社

图书在版编目（CIP）数据

从前喜欢一个人，现在喜欢一个人 / (美) 凯特·波
里克著；高天航译. — 天津：天津人民出版社，2017.6

书名原文：Spinster：Making a Life of One's
Own

ISBN 978-7-201-11668-6

Ⅰ.①从⋯　Ⅱ.①凯⋯　②高⋯　Ⅲ.①女性心理学—通俗读物
Ⅳ.①B844.5-49

中国版本图书馆CIP数据核字(2017)第086172号

This translation published by arrangement with Crown Publishers，an imprint of
the Crown Publishing Group，a division of Penguin Random House LLC

著作权合同登记号：图字02—2017—59号

从前喜欢一个人，现在喜欢一个人
CONGQIAN XIHUAN YIGE REN，XIANZAI XIHUAN YIGE REN

出　　版　天津人民出版社
出 版 人　黄　沛
地　　址　天津市和平区西康路35号康岳大厦
邮政编码　300051
邮购电话　（022）23332469
网　　址　http://www.tjrmcbs.com
电子邮箱　tjrmcbs@126.com

责任编辑　王昊静
策划编辑　张　历
装帧设计　平　平

制版印刷　三河市兴达印务有限公司
经　　销　新华书店
开　　本　880×1230毫米　1/32
印　　张　9.75
字　　数　220千字
版次印次　2017年6月第1版　2017年6月第1次印刷
定　　价　38.00元

CONTENTS

目 录

练习一个人

　　童年时，我曾和家人在缅因州的一个小岛上度过几个夏天。在地图上，这个小小的岛像一粒芝麻，最宽处也就1600米，除了一片长满了枞树的岩石海滩以外，没有旅馆，没有商店，也没有餐厅，甚至连辆汽车也看不到。总而言之，这里只有一座可以容下40多个人的避暑山庄，让大人们可以在这儿读读书，或者到红土飞扬的球场上打打网球，我们这些孩子则犹如进入四维空间般，单穿件泳衣从坚硬龌龊的土路上直冲到宽阔的绿色草坪上。我们周围氤氲着带海盐味道的空气，其中充斥着汽笛声和鸟鸣声。

　　想要去海滩的话，就必须跨过篱笆、冲下小路，那种感觉犹如跳伞落到宽阔的沙滩和海面上一般，对我们而言仿佛又进入了新的第五维空间。退潮后我就不喜欢和大家一起冲浪了，反而更喜欢钻进洋流与岩石之间去玩"卡拉娜角色扮演"。

　　"卡拉娜"是我最喜欢的一本儿童小说《蓝色的海豚岛》里的女

主人公，她的故事由一个美国姑娘的传奇经历改编而来。那是19世纪的事情啦，一个土生土长的美国姑娘不幸被抛弃在了加州海边的一座小岛上，她独自一人生存了整整18年。

在玩卡拉娜角色扮演游戏时，我首先会捡来一大堆浮木，在沙滩上摆上一圈，作为我的"棚屋"。海边总会有些被冲上岸来的塑料器皿，这就可以充当我的篮子咯。除了准备这些基础设施外，我还会打猎——捉蜗牛，这种小"野兽"数不胜数，紧紧吸在我头顶上方的岩石上，我得用石头把它们敲下来。赶在它们重新把身体吸附到岩石上之前，伶俐的我会用扫帚使劲把这些有圆圆硬壳的小家伙扫进我的篮子，然后赶紧端到"火上"，我的火眼儿是一个岩石上的大洞，用海水"煮"它们。然后，我会残忍地敲碎这些蜗牛的壳，假装自己把它们吃掉了。假装吃掉的"食物"每每恶心得我直反胃，却反而更加增强了我"征服自然"的满足感。

在这里，我建立了属于自己的王国，并为其制订了法律。阳光只照耀在我一个人身上，想要适应脚下冰冷的海水就只能依靠自己的耐力，我自己就是这儿的一切。

第一章

然后，我就一个人了

　　对每一个女性而言，不管她的成长背景如何、有无宗教信仰，嫁给谁、什么时候出嫁，都是个问题。可能这个女人的性取向是女性而非男性，也可能她是个不相信婚姻的人，但都不影响这两个问题对她的必要性。她必须回答，哪怕答案是"没人可嫁""永不结婚"。

　　但这些与男人无关，他们有他们需要回答的问题。

　　小时候，"嫁给谁"这个问题是通过角色扮演游戏体现的。一个小女孩从衣柜里翻出一身白雪公主式的连衣裙穿在身上，把七个小矮人的玩具人偶想象成观众，对着它们演唱"总有一天我的真命天子会降临"。这种游戏令她明白，美貌是她的武器和吸引力，可以用来赢得一个英俊的如意郎君。

　　再长大一些，她会发觉那些薄纱衬裙和聚酯纤维质地的大裙子并非真正的公主服饰，而且，是否美丽要观赏者说了算。这也就意味着，她了解到了自己的"市场价值"。在我上二年级时的一天清晨，我忽然悲哀地意识到自己为什么讨厌体育课：虽然我跑步最快，引体向上也做得最好，但我们的男体育老师从来不跟我开玩笑，他只跟那些长得漂亮的小朋友闹着玩。这件事让我看清我并非美人儿。

青春期的到来是认识自我的另一个契机。在这个阶段，女孩子的第二性征开始发育，我们即将风驰电掣地奔向复杂的成年人生中了。

读四年级时，我是我们班第二个乳房开始发育的姑娘，为了掩饰这一变化，我不得不捂着两件厚厚的毛衣熬过温暖的春天。

五年级时，我又遇到了因为牙齿不齐而导致的"面子问题"。同学们开始拿我寻开心，玩笑开得越来越大，以至于老师都建议我矫正牙齿。好羞愧呀！我居然都不知道同学们在笑话我的牙齿，而我的父母又只晓得埋头工作。老师的建议令我双颊发烧。

六年级时，牙齿矫正好了，我变得正常，甚至可以说很漂亮。我整日都沉浸在牙齿恢复整齐的喜悦中。七年级是我最受欢迎的一年，处处都能交到朋友，男孩女孩都喜欢我，甚至还有男生爱慕我。上课的时候，我和好朋友们总会做些叠小纸条、练习用花体字写姓名的首字母之类的勾当，希望有朝一日能够用这些技能来写情书。下课铃一响，我们就积极投身到橄榄球小组活动中，和男孩子说说笑笑、打打闹闹。这时候，我常常会看到高年级的学姐围成一圈做热身运动，一个女孩子站在圆圈中间带领大家训练。这情景让我下定决心，有朝一日我也要成为球队队长。

八年级时我长成了"沙漏身材"。当时我去了佛罗里达州的爷爷奶奶家，在他们那个老年社区的游泳池里游泳，有两个社区大学的学生忽然跳进泳池，待他们钻出水面时，晃着湿淋淋的脑袋笑道："珍稀动物哟。"他们目光灼灼地盯着我看，忍不住暗送秋波。当时我妈妈正坐在泳池边的躺椅上看书，肯定能够听见他们说的话。这让我又是开心又是不好意思，忍不住含羞带笑地涨红了面孔。他们的话到底是什么意思呢？后来妈妈告诉我，那话是在夸奖我"身材不错"。

九年级的到来令我既激动又悲伤。我当时觉得，13岁是童年结束的一年。这一年之后，我就不能再当好奇宝宝，也不能再照着画册临摹那些希腊诸神（那是我曾经最喜欢的神仙），或者再去寻找庞贝城遗迹什么的，因为这些都是不成熟的表现，不适合成年人。14岁那年，我升入高中，当年那个徜徉在想象世界里的小女孩，现在进入了一个更大的新世界中。在这里，我这么大的女孩子已经可以喝啤酒并享受性爱了。新世界的规范，我不想照章执行，可它却是无法忽视的存在。

在这里我知道了，对男孩子而言，一个长着龅牙和大乳房的姑娘绝对不算诱人的美女。我也认识了"热辣"这个词，它的意思是说"这个女孩让男孩子有非分之想"。而"美丽"的意思，则是"这个女孩让男孩子想爱她"。"美丽"才是真正的赞美，让男孩子一旦拥有，别无所求。

然后就有姑娘发现，"性爱"是一件武器。还有更聪明的小女孩认识到，自信心比漂亮的脸蛋更有吸引力，足够的自信甚至能够让人忽略你是否漂亮。但作为剩下的芸芸大众，我们只好去培养其他方面的魅力。当时在我们班，最有魅力的表现是"气质好"。气质是战胜漂亮的经典利器啊！

一个女孩子可能通过打破校跳远纪录来体现自己的价值（最佳运动员），也可能特别会逗班上同学开心（班级开心果），又或者她把头发染成了三种颜色（最美染发女），但她心里深知，这些都是靠后天努力得来的，并非天赋异禀。在姑娘们尚未认识到后天努力的重要性的那些混沌黑暗的成长岁月里，她们无法找到打开魅力之锁的金钥匙。因此，能够脱颖而出的往往是那些天生丽质的美少女，被男人看上了，然后早早结婚了。

当然这样的事情往往只发生在高中阶段，升入大学后，情况会有所变化。一些女孩褪去了婴儿肥，豆芽菜身材的姑娘也变得丰腴美丽起来，女孩子们都长成了亭亭玉立、骨肉匀称的小美人儿，这是二三十岁这一阶段的新起点。女人的人生游戏，从大学校园里正式开始了。

有些女性或是因为爱情，或是出于恐惧，会早早解决自己的人生大事。我就有一些这样的女性朋友，她们认为自己貌仅中姿，所以抓住一个男人就赶紧结婚，把这个女子竞技场留给那些或美丽或性感的女人。留下来的都是些冒险家啊！她们很可能会不得不晚婚，一年比一年更为婚姻感到焦虑。这些女子往往都是坚定的浪漫主义者，宁愿为一段好姻缘而等待、而期盼、而焦心。

很难判断哪个选择更辛苦。一来明知缘分的不可预测，苦苦等待"良人"出现在某时某处，那个人出现的瞬间就是她转运的时刻啊（你永远不知道转角会遇到谁）！二来还要努力维持身材相貌，只有这样，才能够确保有朝一日"花开堪折直须折"。

最后，终于敲定了一个男人，你开开心心地接受了他；或者被一个人追求你却宁可放弃，再给自己重新选择的机会。

无论如何，你的人生之路其实都是一样的：出生，长大，为人妻母。

但是，如果不走这条路又如何？

如果一个姑娘被当成男孩子养大，那么婚姻于她而言就会显得比较遥远、抽象，待她长大成人之后，她又该如何判断自己是否需要结婚呢？

这样的女子，她的人生该是什么样的？

2012年，我读了诗人埃德娜·圣·文森特·米莱[①]的作品，她是美国当代第一个宣告单身的标志性女性，也是我少女时代最中意的诗人。20世纪初期，这位女诗人曾在我的家乡居住过——谷歌地图当然不会标明这些位置。我租了辆车，从我在纽约布鲁克林区的一居室家里往北直开了五个多小时，一鼓作气回到小时候在马萨诸塞州海边的老家。

我也不晓得为什么我会这么做，但这个发现确确实实令我无比惊喜：我所仰慕的女性，居然和我有这样亲近的联系，我们同住一个海港城，高速公路的指示牌将我们两人的家指向同一个位置——纽伯里波特小镇。虽然在现实生活中我与她毫无关联，但我们拥有共同的历史财富：每一个小学生都知道，乔治·华盛顿总统曾在我们这儿的图书馆里消磨了一个晚上；约翰·昆西·亚当斯总统在我们这里的很多地方都住过。正因如此，虽然这里出了一名20世纪最著名的女诗人，我们却不会因此大肆张扬。

不过我这趟归乡之旅并非是受了埃德娜诗歌的影响。在我30岁出头的时候，已经深受这位女士的影响，全心全意地希望能够由她来指引我的人生。她并非是第一个捕获我心的女性，当然也不是最

---

① 埃德娜·圣·文森特·米莱（Edna St. Vincent Millay，1892—1950）：美国诗人兼剧作家，曾获普利策诗歌奖。她代表了20世纪20年代新解放了的女性。作品有《蓟的无花果》《竖琴编织人》等。

后一个。爱慕女性并受其指引这个习惯，是从我20来岁时开始的，当时我母亲刚刚意外去世。直至今日，我已经拥有过六位这样的指引者。她们都是早已不在人世的先人，自然也无从了解我的爱慕，但她们都曾在我不同的年龄阶段给予我指导，让我知晓如何努力修炼成一个成年女子。终于，在我40岁时可以大言不惭地说，我已是完美熟女一名了。

40岁生日这天，我做出了一个重大的决定。像我这样的女人，都是在30多岁时错过了结婚生子机会的家伙，我们犹如无证驾驶的司机，一路开着机车就往中年阶段冲下去啦。这样的生活，有时非常快乐。及时行乐，这才是生活！而有时则像一个"超龄老少女"一样尴尬。走在这样的人生之路上的我，渐渐开始相信埃里克·埃里克森[①]著名的心理发展理论：40岁是青年期结束、中年期开始的年龄。哪怕正为了自己韶华已逝而隐隐不安，我也一定要找个中意的地方好好庆祝一番才是。

七月的第一个周末，我和我的一个好朋友在海边举办了一场格调超高的大聚会，事先我们花了六个月的时间去准备它，以此来战胜心中对年龄和生存的危机感。渐渐老去当然令人恐惧，但我强迫自己面对现实，这很痛苦，但到底是有效的。联合会演那个晚上过得愉快而温暖，我的家人和朋友欢聚一堂，他们是出现于我人生不同阶段中的挚爱亲朋，有些人彼此知根知底，也有些人根本不认识对方。此情此景令我开始慢慢转变了观念，我越来越强烈地意识到，我所拥有的不仅仅是未来，过去的时光于我而言也是财富。这笔财

[①] 埃里克·埃里克森（Erik H Erikson, 1902 — 1994）：美国精神病学家，著名的发展心理学家和精神分析学家。

富犹如有形一般，过去的全部所思所想都已融入我的血肉之中，不管我去哪里，它们都将跟随我一生。

现在，我的那六位幽灵女朋友，就一直站在我的臂膀上。每次我一歪头，都可以看到她们喔！

以前我从来没有把她们视为同一个群体，但是自从那次大聚会之后，我就发现自己止不住地想她们的共通之处了。六人中年纪最大的生于1860年，最年轻的一位则是1917年生人。有从波兰来的，也有从爱尔兰来的，但她们成年后的人生都是在美国度过的（其中有一位40多岁时搬去法国了，但至少是在美国过完了她的前中年时期）。这六位女士都是作家，但在其有生之年，谁跟谁也不是朋友。

虽然这六个女人已经陪伴我度过了十几年的光阴，但她们其实都是抽象人物，是穿梭于其作品和读者之间的光影精灵，只活在自己的作品和别人为其撰写的传记之中。这样一来，她们就仿佛从来都不是个性不同、历史背景也迥异的活生生的人，而是特意为我而生的精灵一般。

现在，当我发现埃德娜也曾经走在纽伯里波特的马路上时，我对这里生出一种强烈的激情，就好像这儿不是我从小长大的老家，而是一个虚幻之境。这一发现粉碎了我之前只把她们看作神游精灵的习惯。我需要补上的第一课，就是更加全面地了解她们。虽然在参观埃德娜故居时，我还不太清楚自己能够从中学到什么，不过既然我是个对周遭环境非常敏感的人，相信这次参观会加深我对"埃德娜是谁"的认识。

这趟自驾之旅刚开始的一个小时，我沉默不语，一心关注着GPS导航对出口和辅路的提示。但一上高速，我就打开收音机，欣赏里面的重金属爵士乐和美国民歌说唱音乐集锦。

在过去的时光里，我之所以会爱慕这六位女性，完全是本能选择和偶然碰到的结果。但在这趟自驾过程中，途经纽黑文时，我忽然意识到，所有的音乐家、艺术家或思想家，只要足够有吸引力，都有可能被我选为爱慕对象和人生导师。

不同的人会有不同的爱慕对象。譬如玛丽·麦卡锡①，她是许多知性女生的偶像。有一天早上我对着浴室里的梳妆镜，蓦然想起她在回忆录中所写："事态发展到了不可思议的地步，有一天，我发现自己在24小时内和三个男人睡过了……可我却没有'乱性'之感，也许别的女人做不到这一点吧。"——这简直也是我的真实写照。

但是，在从康涅狄格进入马萨诸塞时，我却又想到，麦卡锡是在西雅图和明尼阿波利斯长大的，我对这两座城市其实一无所知。这让我对她的热情又冷却下来。

六位女士中有四位是我的同乡，她们都与新英格兰紧密相关。

另外，我也想到，在麦卡锡的作品中，相爱是不是被写得太容易了？常有些陌生人直接冒出来，成为"对的人"。我的敏感多情一如诗中人物般，这个特质似乎既是好事又是灾难。

现在已是深夜，我从纽伯里波特的出口上了城中的主干道"高街"，沿路视野宽阔，净是些18或19世纪的漂亮老房子，一直往市中心的方向延伸过去。这些房子与我年少离家时没有丝毫变化。造型端庄的是纽伯里波特高级中学；小小的、墙面上镶嵌了鹅卵石的

---

① 玛丽·特莱斯·麦卡锡（Mary Therese McCarthy, 1912 — 1989）：美国女性主义作家，曾获爱德华·麦克道尔奖章、美国国家文学奖章、罗切斯特文学奖等奖项。作品有《她们》等。

是林奇药店，药店里的工作人员常常喊着我的名字欢迎我进去玩玩；圣保罗教堂则位于我从蒙台梭利幼儿园回家的路上；再过去，就能看到我曾经就读的语法学校的暖红色外墙。

六位女士中，有四位都是红发女郎。

她们都有个共同点，就是对现存婚姻制度持高度矛盾的观点。

就在这时，我停止思考，将车左拐上了我家门口的小街，找到一个车位停了下来。

因为早已无人居住，我家的房子里暗黑一片。从1990年开始，这个家的成员就陆续离开了。先是我，然后祖母去世；接下来，弟弟长大搬走了，母亲意外身亡；最后轮到了爸爸，他组织了新家庭，搬到1.6公里外的地方去住了。我们家是一个三层楼高的复式房，由一对兄弟始建于19世纪的新英格兰时期。父亲再婚时我担心了好久，生怕他会卖掉旧屋，这是我万万不希望发生的事情，却也是我无法控制的。

所以，当我得知爸关掉了自己在市里的小律师事务所，转而把办公地点搬到旧屋时，我真是心有余悸地松了口气！爸把旧时的餐厅、起居室、已故祖母的卧室都改造成了办公室，并把自己的私人挂牌经营许可证挂在了一层的楼梯口处，甚至还在前门挂上了"营业/关门"的塑料牌子。当有人转动大门的铜把手时，沙哑的门铃仍会颤巍巍地响起。这是发生在2000年的事情。

老房子里的夜晚总是灰蒙蒙的，而非一团漆黑。就算不上楼，我也对壁纸花色和家具式样了然于心。如果打开那盏有灯罩的小台灯，就能够看清楚我的卧室，空间小小、四白落地，矮矮的天花板呈倾斜状，窗帘的花边有点儿被撕坏了（高中时我还粗针大线地缝过），屋子里堆着书和旧杂志，但并不显得太乱。

然而，当我真的进了卧室，把手提箱放到地板上，开始脱衣裳时，我却听到了图书馆和育儿室里那种特有的叽叽喳喳声：乱糟糟的，时而还会静下来，却一点儿也不吵人，仿佛是房里堆的书和杂志发出的声音似的，变得越来越真实。

就如同婴儿时期受到的伤害直到长大成人还会造成影响一样，我们第一次愉悦的独处经验也会教我们如何更好地做自己，去为自己创造喜欢的环境和状态。对我而言，独自一人在卧室里读书或休息，一只耳朵享受着日常居家所发出的"交响乐"，是非常快乐的独处模式。当我用毯子蒙住头时，四周骤静，也会让我感到既亲切又舒服。这时我还会关上台灯，因为我不可理喻地认为，关灯后会有神奇的东西从这个明亮焦点般的小小灯泡里衍生出来。

穷我一生，能够在黑黑的房间里静静安睡，都是一种奢侈的独处享受。埃德娜·米莱曾经这样形容她爱过的一个小岛："在这里，思想可以得到自然而然的疏通，头脑变得简单而明快。"我独自安睡的房间也如是。

次日，待我动身往埃德娜故居走时，已是中午时分，烈日炎炎，马路上空无一人，整个小城都静谧得犹如夜晚，几乎每个人都把自己关在办公室里不愿外出。

从我的童年老屋到埃德娜故居，走路只要十分钟。所以在我知道这是埃德娜故居之前，我就早已多次从此地经过了：经典的美式建筑，绿白相间的百叶窗，房间一共有三间，屋顶则是平平的。这是一栋临街房，屋前连个小院儿都没有，这让它天然具有一种特质，就好像有人说话时挨你太近一样的感觉。

我走到马路对面去，想把埃德娜故居看得更清楚些。我以前总是不好意思扒着窗户往名人故居里瞧，这种行为就好像在看名著改编的电影前没读过原著一样可笑。但是现在我认识到，故居本身也是一本书，只是我们还不大习惯阅读它。

埃德娜故居这本"书"讲述的是一个"借住华屋"的故事。埃德娜的母亲名为科拉，1863年出生于纽伯里波特的一个六子之家，科拉是那家的长姐。埃德娜的父亲是一家皮革工厂的守夜人，他人品平庸，长相却十分性感诱人。1901年，科拉38岁，她埋怨自己的丈夫比三个小女儿还更会给人添麻烦。因此，她领着女儿们回了纽伯里波特娘家，和她的兄弟姐妹生活在一起。这时，身为长女的埃德娜年仅9岁。母女几人在城里辗转居住过几个地方，但最终保留下来的只有现在的埃德娜故居。这是埃德娜曾住过的，或者说在她长大成人之前曾住过的最好的房子。

嗯嗯，我对自己说，了解这些就是我此行的目的呀。

纽伯里波特这个梅里马克河边的小城始建于17世纪。因梅里马克河可直通大西洋，所以在19世纪中期，这里成为繁荣的造船业中心，同时简单原始的社会阶级开始自然划分。在主干道"高街"的最尽头净是些高大的摩天平顶建筑，里面住着最富裕的船主；"富人区"与梅里马克河之间的中间地段，是匠人、商人等住的大小不一的平房；而最低等民众、码头工人和装卸工则住在阴森矮小、老鼠乱窜的海边农民房里，直到这里被拆迁、改建绿地。

通过阅读故居这本"书"，我了解到，虽然埃德娜与我毫无共通之处，却同属一类小孩，爱恨强烈、想象力发达但并不爱做白日梦，用一个词来形容的话，"霸气"应是最好的选择了。譬如，我会在"高街"上走一走，从而了解当时的阶级划分，而埃德娜也曾这样做过。她家和我家一样，地段不错，殷实而不招摇，蛮壮观的，是一座满足我们虚荣心的房子呢！

我参观埃德娜故居的时间越长，就能够看到越多的东西：她是个典型的美利坚合众国公民，喜欢白绿相间的百叶窗。哪怕是后来她在纽约的家里，房子周围有3000多亩的土地，她还是会用这种百叶窗，且和老家一模一样，大门上都会安一个小小的半圆形气窗。

沿着埃德娜故居走了一会儿，我愣愣地停下脚步，转身往回走。沿着年代久远的人行砖路走，我不时会被突出地面的树根绊到，且阵阵冷风令我瑟瑟发抖。一路上我都在琢磨，回到老家后自己简直犹如访客。虽然我们都认为自知颇深，但事实上我们对自己的了解其实很少，这真是令人无比讶异啊！

自打一出生，我们每个人就都拥有了一座"记忆博物馆"，自己则是它的馆长和唯一员工。就一个人怎么能够打理好这博物馆里所有的记忆呢？很多记忆会渐渐褪色，所以就要把它们打上标记按顺序排列起来，放入相应的大脑储存区里。这个工作量实在太大，也难怪我们很容易忘却一些事情了。记忆遁入混沌之中，带走了很多能够帮助我们认知真实自己的重要信息，毕竟一个人和他的生长背景是血肉相连的。

眼下就拿埃德娜来说吧！她是个单身女性。你的记忆博物馆中会立即调出对她的认知：她一定很聪慧，这个结论是根据你以前看过的那些老电影或电视（比如《玛丽·泰勒·摩尔秀场》《墨菲·布朗》《甜心俏佳人》）得出的。另外你读过的那些泛黄的、放在靠墙架子里的有声杂志（还配有耳机，里面有配合杂志内容的录音讲解，你通常都是和朋友们一起来看杂志），都犹如一条金光大道，把你一路引回美国建国初期那个时代。对这些内容，你的记忆非常深刻！

但是作为馆长的你却忘记盘点意识中的记忆了，那是你从每一个熟识的人那里获得的关于单身女子的看法，尤其是你爸爸妈妈怎么看待这个问题。但这还不是全部喔！还有一份智库刚刚整理出来的关于当前美国所有单身女性的数据报告，这可是最新的调查数据哟！也就意味着你又要在脑袋里找个地方把这份数据存储起来。

每一年，我都会试着重读已故的多丽丝·莱辛[①]在1985年集结成书的一个小册子（最初这只是一个系列论坛的演讲稿）《我们甘愿进入的牢房》。2007年，瑞典向她授予了诺贝尔文学奖，因为她的作品令我们了解到，把我们自己从情感和社会中剥离出来是至难的一件事，我们所有的男男女女都是一个绚丽宏伟的幻象的组成部分，而这个伟大幻象则给了社会向前发展的信心。

"绝大多数人都不能长久独处。"莱辛这样写道，"他们都会去寻找适合自己的群体，这说明我们仍颇具动物性，但像动物也并无不妥之处。属于某个群体或族群并不可怕，可怕的是，很多人不明白，社会法则正是通过划分群体来制约管理我们的。"

为了进一步剥夺民众的自我认知力，甚至有一种社会理论认为，人类缺少对两代以前的记忆力，因此我们对父母和祖父母的年代毫无印象。这也许就是为什么我们父母的童年——20世纪五六十年

---

① 多丽丝·莱辛（Doris Lessing, 1919 — 2013）：英国女作家，诺贝尔文学奖获得者。作品有《野草在歌唱》《金色笔记》《暴力的孩子们》等。

代——被称为"黄金年代"，犹如一张大网般蒙住我们该有的现代思维，束缚我们，逼我们认同几十年前的婚姻制度，还骗我们说这制度会一直持续下去，直到永远。我们就只好按照几十年前的规范和社会期望活着。

这种社会认知会把单身女人污蔑为孤独的老处女①，只配跟一大群猫过活。当然，在20世纪50年代，女子单身确实是被大多数人所鄙视的小众选择。只有在一种情况下，即这个女人绝非活生生的人而成为一个灯塔般的光辉存在时，单身女子才能够有个好名声。这些灯塔中有些是无私的，比如自由女神、南丁格尔、特蕾莎修女；《欢乐满人间》中的仙女玛丽、《蒂凡尼的早餐》里的掘金女霍莉、《欢乐梅姑》中的梅姑则是特别有魅力的；还有些是强悍女，她们是二战时期的女子铆钉工、《神奇女侠》中的戴安娜，还有圣女贞德。

人口统计学家证实，有三分之一的女性是未婚族群，社会舆论则认为不管身体是否健康，单身女人都是不正常一族，扰乱了社会秩序。人们对单身女人总是非议多多，猜测不断。2001年，社会心理学家贝拉·迪宝罗创造了一个合成词"剩女病"，意为"恶性定义、污蔑、歧视单身人群"。

想到埃德娜母女，我忽然发现自己很难精确定义何为"剩女"。未婚女当然肯定是啦，但是埃德娜母女和我这三个住得很近却属于不同时代、年龄不等、生活状态也不一的单身女人，真的都可算作"剩女"吗？

埃德娜离开纽伯里波特时已经不年轻了，虽然只有12岁，只是

---

① "老处女"通常指没有单身意愿，只是因嫁不出去而被迫单身的女人。

个少女，但是别忘了，莎士比亚时代的女性可都相当早熟哦！朱丽叶嫁给罗密欧时也只有13岁哪！那么在20世纪初的美国，女孩结婚的正常年龄应是多大呢？我为此请教了婚姻历史学家斯蒂芬妮·孔茨：19世纪，美国的合法结婚年龄是10到12岁；在特拉华州，合法结婚年龄竟是7岁！不过真是万幸呀，到了19世纪末，社会改革者们终于把合法结婚年龄改为了16到18岁。

埃德娜的妈妈离婚时大约40岁，和我现在差不多。但是我小姑一直独处，而她却是离异妇女。离过婚的女人还能算剩女吗？还有寡妇，能归入这个族群吗？

在字典上也查不到相关解释。在1993年版的《牛津英语词典》里，根本没有"剩女"这个词，在2011年版的《美国传统词典》和《新牛津美语词典》中也是如此。这也许是因为从古至今，剩女都拥有与已婚妇人所不同的权利吧！我问爸爸借来TK版的《布莱克法律词典》，其内容经常会被美国最高法院引用，可是里面仍没有对剩女的描述，只有一个华丽花哨、冠冕堂皇的拉丁文解释："单身女性，包括那些未婚、婚姻已解体、婚姻名存实亡的女性，她们中的绝大多数都已同丈夫分居。"（读者请注意，法律上是以"没丈夫"来定义剩女的哦。）

迪宝罗在阐述"剩女"概念时质疑道，如果一个女性在肉体上或情感上与某男有夫妇之实，但他们又不承认"是一对"，或者从社会定义的角度否认他们的同居关系（或者非排他性同居），该怎么解释？还有，如果一个人"私心以为"自己是单身，但其实她有丈夫，那又该如何解释？

迪宝罗的定义说明所谓"单身"，其实与性别无关，而是要视其生活经历而定。在这一点上，男女都适用。但是，在一些老法词汇中，仍保留着一些歧视性说法，譬如"单身汉（Bachelor）"原本是指一些因职业卑微所以故意反对婚姻的男性。在13世纪的法国，神学工作者只能取得"学士学位（Bachelor's Degree）"，而绝无"硕士学位"一说。大约是在12世纪时，"见习骑士（Bachelor）"这个词被引入英文，当时意为低级别的骑士。很多年后，维多利亚时代的媒人开始使用这个词，与之相配的词还有"资格"——有钱有势的单身男子，"坚定"——他们下定决心孤独终老。但是到了19世纪末期，这个词变得简单起来，即指"未婚男性"，直到如今仍是如此。

而"老处女"这个词则与"单身汉"呈逆向发展状态。15世纪，它在欧洲最早出现时原是个褒义词，是形容那种以纺纱织布为生的未婚职业女性，这是当时女性唯一能够获得的体面工作。到了17世纪，这个词则变成用于形容所有未婚女子，无论其是否以缫丝为生。（后来丫鬟变成一个常见职业，于是就又出现了一个新词，德文里称"magd"，英文里则称为女佣，也是指未婚的职业女性。到了19世纪，由于美国的女佣都是来自爱尔兰的单身女性，人们开始习惯于用凯尔特语"布里吉"称呼她们。）

当然啦，当时的女人只有嫁作人妇之后，才能有性生活，因此当时的执政者认为独身女性是对社会的威胁。一旦一个女孩超过23岁还没有出嫁，就会被定义为"老处女"；如果到了26岁仍未婚，则会被讥嘲为"无望的刺鱼①"。这种价值观的演变，可以说是一个不幸的开端。从此之后，美国的价值观需要经过漫长艰难的进化过

---

① 一种扁平多刺的鱼类。

程，才能渐渐接受女性单身这一选择。

直到北美殖民地时期，美国人才开始用"老处女"一词表达英文中"老姑娘"的意思。而在此之前，人们往往用"处女地"来蔑称未婚女子，暗示她们身体早已成熟，却无法改变处子之身。到了人口增长问题迫在眉睫的时代，"多生孩子"成为社会的迫切需求，因此在16和17世纪，妇女婚后九个月便生子、以两年一个的频率不断产子的情况非常普遍，大部分女人会一直生到绝经或去世。

如今，"老处女"一词已被上文提到的所有字典收录。《牛津英语词典》对其做了如下解释：未婚女子，通常指年纪较大且不太可能再结婚的女性。《美国传统词典》则说：超过婚龄而未婚的女性，这类女性通常颇具攻击性。而电脑上的解释是：未婚女性，尤其是已超过结婚年龄的。用法：在白话英语里，"老处女"并不是单纯指未婚女子，而是一个贬义词，形容未婚无子女且神经兮兮、刻板保守的女人。另外，《布莱克法律词典》中与"老处女"相关的法律条文是：未婚女子亦享有诉讼权及财产继承权。

40岁，是我变成"无望的刺鱼"的一年，这一年我回了一趟老家。

在古罗马，曾有六位贞洁处女时时刻刻守护着炉之女神——灶神星的神圣炉火。在青春期到来之前，这些贞女就会立下誓言，决心守住处女之身整整30年。30年后，她们往往是不到40岁的样子，从此她们便可随心所欲地生活，甚至还可以结婚。

是我所崇拜的那六位女性前辈将我引上独身之路的。现在，也许到了我该把她们所教我之物事写下来的时候了。写完之后，我就将再次独身上路，进入生命中的下一个十年。

第二章

决不能像母亲那样生活

　　妈曾经告诉我，当她还是个小姑娘的时候，有一天躺在床上，忽然就决定了自己以后要嫁什么样的男人。那么，此时此刻，那个人在哪儿呢？他心里在想什么，他长什么样子？还有，什么时候我才能够遇到那个人？有时，妈妈会偷偷跑到后院里去，紧紧拥抱一棵树，抱心爱之人前当然要练练才是。

　　南希·奥基弗1944年生于马萨诸塞州的萨勒姆，那是纽伯里波特以南48公里的地方，但是她却在魁北克长大。其父亲是一名工程师，母亲是家庭主妇。作为一兄一弟之间的老二，她一直在持守清规戒律的天主教学校里读书到十几岁才跟随家人搬回美国，因此日子过得颇没有安全感。和我一样，她亦是毕业于纽伯里波特高中。她在附近一所小小的天主教社区大学里主修英文专业，毕业后搬去华盛顿生活，在那里找到了适合自己的工作。那是20世纪60年代中期，社会风气大大变革，这样崭新的环境有益于她的茁壮成长，因此她积极投身于女权运动和争取公民权益运动之中。

道格·波里克也是1944年生人，他来自莱纳州的夏洛特，是一位纺织品制造商的孝顺儿子，母亲亦为家庭主妇。他仅有一个相差11岁的妹妹，所以也可算独生子。高中时代，道格·波里克的学习成绩非常优异，还是校队运动员，后来仅用了三年时间就读完了美国著名的北卡罗来纳大学。大学毕业后，有着美国南方人爱国主义浪漫情怀和荣誉感的道格·波里克一时不知该往哪条路上发展，于是他先参了军，进入美国陆军部队。后来，他随部队驻扎在华盛顿，开始学习汉语，成了一名情报人员。

1968年2月，出现了决定我父母后来人生和命运的一次会面：妈妈24岁生日时，带着学生们去宾夕法尼亚州滑雪，正巧那天爸爸也来了，且是他第一次滑雪。坐在往山顶去的缆车中，他们俩注意到了彼此：一个穿着绿色凯利滑雪服、黑发蓬松卷曲的女孩，一个头发自来卷、戴了不适宜的围巾却因而显得更加可爱的男孩。回到更衣室后，他们俩一边喝热巧克力，一边忍不住调起情来。他要她的电话号码，她却说号码在电话本里写着呢，现在不记得。偏他还更喜欢她这样调皮。11个月后，他们俩在距离纽伯里波特不远处的一个小教堂里结婚了。在我看来，他们发展得也太快了！但那个年代的婚姻大多如此。

爸和妈的婚恋故事，我是从小听到大，每次听都会找到新的兴奋点。因为听了太多遍，我都可以背下来了，他们说了什么，当时穿了什么，统统一清二楚。

但是，当我开始研究我的六位精神导师时，我才发现，从人口统计学的角度来讲，爸妈只是在那个狂飙突进时代做出了一个非常普通而不起眼的决定，因为20世纪中期掀起了新一轮结婚大潮，他们只是随波逐流而已。

爸和妈真是天生一对。妈陪爸一起过着出生入死的生活，同时给了爸所渴望的安稳家园；爸温和而擅长社交，和我那位雪茄成瘾、脾气暴躁的祖父完全相反。婚后不久，爸就被派往冲绳，在东亚特别行动队里担任中文翻译的工作。在老房子的墙壁上，挂着一幅特别的画——爸在去冲绳一个月后给家里发的一封电报："驻地的小屋有了你才能有爱。道格。"

于是，妈跟着爸到冲绳驻地住了下来，直到后来爸随军去了越南。爸走后，妈暂居娘家，并在纽伯里波特找了一份教英文的工作（埃德娜小时候还曾在妈妈就职的那所学校里读过书呢，可惜现在也都拆掉啦）。后来爸把那幅"电报画"送给了我，他说："那段日子真是又甜蜜又艰辛啊！打仗、战败、溃退，周而复始，其实是非常痛苦的。"

1971年，爸结束了他在越南的一年任期，重回华盛顿生活。根据《军人安置法案》，爸爸进入了法律学校学习，而妈则在特殊儿童理事会的专业宣传组里工作。1972年，我出生了。四年后，弟弟斯托弗出生，我们俩的生日仅相差一天。弟弟一岁时，我们搬回纽伯里波特生活，爸开办了一家律师事务所，妈则回到学校里继续任教。

每次看到统计数据时，我都会心生讶异：19世纪90年代，成婚率只有54%；而到了20世纪50年代，成婚率居然飙升到65%！爸妈结婚那时，有80%的同龄人都会选择结婚生子这条路。

从学校毕业、离开家去工作、结婚、生孩子……直到最近，这种刻板的生活方式仍被看作是追求美国梦的"王道"。但是早在1963

年，贝蒂·弗里丹①在其著作《女性的奥秘》中就已揭露，这条"王道"上也是有沟沟坎坎的！这一点可以很明显地从1962年的一份调查报告中看出：虽然大多数已婚妇女声称自己过得确实很满意，但只有10%的女性希望自己的女儿以后仍走自己的老路。她们会暗地里告诫女儿：晚一点儿结婚、少生孩子，还有，一定要读完大学！

很多女性确实这样做了。20世纪70年代，成婚率已锐减到61%。从1966年到1979年这十几年间，离婚率几乎是翻着倍地上升。

到了我小时候，妈已无须再像十年前的母亲那样暗地里告诫女儿，因为开始于20世纪60年代末期的第二波女权运动在70年代初期就已蔓延到二三线城市。虽说纽伯里波特并非是这次狂飙突进的中心城市，但妈还是在当地的女性选民联盟中找到了志同道合的姐妹。然后，到了1980年，妈成为纽伯里波特女性选民联盟主席。待我稍微长大了一点，有了一定的思考能力之后，妈常常这样对我说："一定要想好了再生孩子呀！"

妈曾经有一次告诉我，她一生中最最幸福的时候是她还没有认识爸的21岁那年。那时她常开着一辆甲壳虫在高速公路上飞驰，想去哪儿就去哪儿。"我自己有车、有工作，想买什么衣裳就买什么衣裳。"妈回忆过去时一脸若有所思。如果妈能晚生几年，她的命运就会改变，她也许就可以一辈子享受这种不受约束的生活呢！

然而，为了生儿养女，妈只得暂时放下自己对生活的期待。直到30多岁时，她才重新找到了自己喜欢的工作，但此时她发觉自己已经有太多功课要补了。她确实很爱她的子女和家庭，但是她也为

---

① 贝蒂·弗里丹（Betty Friedan, 1921 — 2006）：美国女权运动"第二次浪潮"领军人物。作品有《女性的奥秘》《此前一生》等。

自己的落后而深深沮丧。在我长大成人的过程中，妈妈的这种不甘心给了我很大的影响。

　　在我青春期的时候，曾有一位邻居在马路上偷看我。妈把这件事写成了一篇小文章，我高中毕业时，把它作为毕业礼物之一送给了我。那个偷看我的男人曾对我妈说："凯特很有你的风范呀！都是肩膀窄窄、仪态端庄的窈窕淑女。"这样的评价让妈很开心，认为即使以后她去世了，影子仍旧活在我的身上，活在我的气质里。我跟妈说我也因此很开心，但其实内心深处的想法却并非如此。妈说的是真的吗？那我呢，也会如她般精气神儿永存吗？

　　对所有做女儿的人而言，妈妈的面孔都是自己的第一面镜子，因为你会多少遗传了妈妈的特征。比如我和我妈，都有褐色的眼睛、棕色的头发和细细的骨架，都是"肩膀窄窄、仪态端庄"的女子。因此，我会不自觉地模仿妈的姿态，并且参照妈对她自己的看法来看待我自己。妈觉得她即使不能说"难看"，但也只是貌仅中姿而已，我对我们母女俩相貌的看法也是如此。每当妈回忆起她不愉快的青春期，我都感同身受。在我的想象中，她是一个头发稀少、腿有点瘸的女孩子，被囚禁在纽伯里波特高中，穿着毫不合身的校服，痛苦又孤单。妈的少女形象如影随形般跟着我，不管我与她是多么的不同——其实我非常外向，而且热爱运动。我比较喜欢听妈讲她考大学时填报志愿的故事，当时因为她的学习成绩欠佳，招生顾问建议她报考美容学校，这可把妈郁闷坏了："我连自己的头发都不愿意梳啊！"

　　妈在十几二十岁时，心里曾充满了自我怀疑和不安全感。34岁那年，她终于来了个大逆转：辞去中学英文教师的工作，说服纽伯里波特日报社聘用她做特约编辑，虽然她连一张职业资格证书都没有。

很快，妈写的小文章被一位编辑看中了，他在一份全国超市发行的报纸《午夜地球》工作，且也刚好住在纽伯里波特。1981年，这位编辑拜访了妈一次，当下二人一拍即合，妈马上辞去全职工作改做自由撰稿人，给《午夜地球》写些书评、作家采访、大事记、名人八卦之类的文章（可惜妈觉得这是份无聊小报，一直不肯给我们看）。同时，她也给其他报纸杂志写游记。妈之所以能够去诸如希腊、德国等地旅行，是因为爸爸私人挂牌经营律师事务所，赚的钱已足够维持家用。

我10岁那年，妈39岁，她发现自己的乳房上长了一个肿块，并且很快就接受了乳房切除手术。手术很成功，给了妈很大的勇气，让她能够更加充实、一往无前地活下去。身体尚在恢复期，妈这个自由撰稿人就开始努力去写那些更有挑战性的内容，比如解析重大社会问题，为年轻人写历史读物。妈很有野心，最大的愿望就是有朝一日能够发表自己的小说，所以她在难得的工作之余总是拼命写短篇小说，甚至还加入了一个写作小组进行学习。

1990年，我高三那年，妈想要进入镇上的学校委员会，需要拉选票。有时我会陪着妈顺着马路挨家挨户地敲门拜票，给人家留下自己的竞选资料。每个人都惊呼我们母女俩长得实在太像！妈的竞选照片充分显示了她的热情大方，只有我才知道妈是一位多么坚毅的母亲，真实的她是这样的：留着精干的短发、从不会唠唠叨叨、涂了睫毛膏的眼睛愈发明亮、丰满的双唇坚强地紧抿着。竞选成功后，妈并未独自陶醉于胜利中不可自拔，而是召开了一次会议，与广大妇女分享她的成功经验，鼓励她们也去竞选，还手把手地教她们如何做。

但是，内心深处，我们都晓得，妈的乳腺癌分分钟都有可能再度来袭。

我们一家人感情很好，无话不谈，任何事都可以拿到桌面上来公开讨论。小时候，每次爸妈抱我上床睡觉时，我都会偎着毛毯撒娇："再陪我说会儿话。"我们也会坐下来，谈谈自己看了哪些书。这样的话题有时也在饭后散步或次日早餐时聊几句，大家各抒己见，想说什么就说什么。每一段亲密关系，亲情也好友情也好，都是要通过倾诉来维系的。对我而言，只有愿意直抒胸臆，才叫真正的亲密无间。

但是那年情人节，却让我们真真正正领悟到，灾难就在身边，分分钟都会降临。妈是第一个发现自己的病情又要复发的，因此她举办了一次情人节晚宴，我们父女三人则是她的贵宾。她拿出最好的餐具来装饰餐桌，还在我们三人的盘子里都放上了特别的小礼物。我记得我的那份礼物是一条红蓝条纹相间的暹罗斗鱼，养在装了水的塑料袋里。饭前祈祷时，妈说她感谢上帝让她活到了现在，而且做着喜欢的工作、嫁了喜欢的男人，还能够看着她的子女一天天长大。

我深深垂下头去盯着自己放在腿上的双手，希望妈能够快点说完这段祷告词。听着她的祷告，我真是超级不好意思，也有些不耐烦，我们要是能不说关于妈妈生病的这个特殊话题该多好！

于是，我在公立高中运动会上的好成绩给大家提供了一个可以把话题岔开的好机会。我一直都喜欢跑步，成绩很好，曾经取得了800米赛跑的冠军，令我非常开心。高三那年，我还担任了我们学校田径队和足球队的队长。

妈在纽伯里波特中学度过的青春期时代是非常暗淡的。而我却是纽伯里波特中学的校花，每到礼拜五晚上，就会忙着穿梭于舞会和橄榄球赛场，青春期时代我最大的痛苦就是衣裳不够穿。1989年时，我特别想要一条盖尔斯牌的牛仔裤，就是在脚踝处有拉链的那种。可是妈不同意，说什么那裤子太贵了，而且不实用，说着说着又开始批评我的品行，什么她的女儿怎么会变得如此肤浅啊，竟然会喜欢这么庸俗的衣裳！我瞪着妈，在我想象中的高中时代的妈，永远都是穿着肥大跑步鞋、宽松卡其裤和无领衫的丫头，窄肩膀都从衬衫领子里脱出来了！真希望她别再那么高姿态，好好琢磨琢磨自己的外形吧！

我的罗曼史很好地平复了我对妈的怒火。高一时，我爱上了一个男孩B，他是我的学长，擅长棒球、曲棍球和橄榄球。B学长聪明又搞笑，深得我父母的心，甚至成了我们家的一员。我们俩交往了整整四年，直到我高中毕业才分开。

进入缅因州的社区文科大学后，我又一次坠入情网，对象是W同学。W是大二那年一个朋友介绍我认识的。在食堂里初会时，我们一握手，我就觉得仿佛有电流窜过我的胳膊。他是个特别有能量的男孩子，生机勃勃，永不厌倦。我们认识后不久的一天晚上，他来我们宿舍找我，我开了门才发现，他并不是老老实实站在门外等着的，而是原地绕着群体走来走去，就像一只来回飞舞的蜂鸟。他之所以来找我，是因为想告诉我今晚的月亮不同寻常，让我一定好好观赏一下。于是，我在睡衣外面套了件大衣，就跟他跑了出去。

我们交往后的第一个夏天，是在他波士顿郊外的家度过的，我们花了大量的时间在他家屋后的谷仓里，画画啦、写作啦、读书啦、做爱啦、散步啦……还会采黑莓当早饭吃呢！他妈养了一小群羊和一只名叫迪克的孔雀，迪克很爱叫，声音犹如女人一般。我原本打算那年秋天去爱尔兰读书，但是当时我很想为他放弃这个计划。最终我还是去了，因为我们之间存在着无法调和的分歧，最后还是分手了。同年十月，妈的癌症复发，情况非常危急，需要做第二次乳房切除手术。我匆忙飞回家，竟发现 W 在机场接我。于是，我们又重归于好。那年冬天，我返回学校时，我们已成了形影不离的一对爱侣。

当时已是1990年，情况早已与1960年时大不相同。我之所以爱上 W，是因为他好奇心强、冷静幽默，而且长了一双大大的蓝眼睛。另外，我们俩都想成为艺术家，大约也是我们相爱的原因之一。因此，在大学快毕业时，我们俩的亲密关系令我感到了另外一重压力，我们必须考虑清楚，自己究竟想成为什么样的人。或者说，我究竟想成为什么样的人，因为他已经想好了自己的方向。而我，还需要花上很长时间才能够找准方向哪！

大学毕业后，W 带着我搬到了西海岸。他在位于玛莎的自家葡萄园里工作，而我则去了俄勒冈州的波特兰市。我们就这样谈着一段异地恋，当时尚无网络，所以我们除了偶尔去彼此那里看看对方外，平时只能靠打电话和写信来互诉相思。过了一段时间，虽然彼此没有说破，但我们心里都已明白，自己已无需对方的忠诚，我们可以在保持关系的同时和别人约会。

在此期间我仍和家人保持着密切联络。此时弟弟在纽约上大一，爸妈仍在纽伯里波特过着普通市民的小日子，上上班，和朋友聚聚会，晚上有时去海边坐坐，有时讨论些法律知识。妈又顺利熬过了第二次癌症复发，重新恢复了健康。她开始为连任而努力，虽然在第一届任期上，她有不少的反对者，他们认为她的上任违背了根深蒂固的宗法专制和男性政权——甚至妈还收到过人身威胁的邮件哪！但是，她还是获得了我们这个小镇有史以来的最高票，终于完胜啦！

在费灵路①上有一栋已经摇摇欲坠的房子，我在里面觅得一间屋。想要付起租金的话，我必须打四份工才成：每周三天去巴诺书店、每周四个上午去一个商场里的日式外卖店、每周四个晚上去墨西哥餐馆、周末去一家小杂志社供职，在那里我可以喝到马提尼酒，还能够学到文字编辑的工作经验喔！

每逢不用去打工的日子，我都会写写诗。我很想当诗人，终极理想是获得艺术硕士专业学位，最终当一名该专业的讲师。每当写诗写得不顺利的时候，我都会骑上我在旧货市场买的蓝色变速自行车，随便找一家咖啡馆读读书，反正这城市里多的是咖啡馆。每个月我都把收入分成几部分进行支出，每当咖啡那一部分的支出花完了，我就果断放弃去咖啡馆的选择，改为在家里读读写写。

大四那年，我开始阅读教室书架上的所有传记类作品，整整两大排芥末色硬精装的书呀！其中有很多是总统的传记，我最喜欢写林肯的那本（封面上绘着他皮肤粗糙、长了一双一往情深的眼睛的

---

① 为音译，原文是 Failing Street，因为这条路上的房子都是摇摇欲坠的。

大长脸），我也喜欢本杰明·富兰克林和贝琪·罗斯①，他们都是取得了伟大成就之人。而且，读名人传记会获得一种特殊快感：看着一个人从普通孩子长成伟人。于我而言，这些"叔叔阿姨"都是陌生人，而非我的父母，如果不通过传记的形式打开他们的生活，我将永远无从了解其人生轨迹。

接下来，我开始读我喜欢的诗人们的传记，想通过这种方式来学着成为诗人。我读了伊丽莎白·毕肖普②、罗伯特·洛威尔③、普拉斯④、安妮·塞克斯顿⑤……我是带着一个疑问去读书的——这个问题也许只能从这些传记里找到答案——诗人究竟是天生的呢，还是后天培养的呢？怎么做才能够让自己的诗作发表？单靠写作的话，我能养活自己吗？一旦为人妻母，我又将怎样平衡创作和顾家的职责？

这些来自全国各地的诗人中，有四位和我一样都是来自马萨诸塞州东北角的纽伯里波特，这让我特别欣慰。

诗人的人生进程当然不可能如总统般一往无前，但是我很惊讶，

① 贝琪·罗斯（Betsy Ross, 1752 — 1836）：美国裁缝师，美国独立战争期间的爱国志士。她设计并且缝制了第一面美国国旗。

② 伊丽莎白·毕肖普（Elizabeth Bishop, 1911 — 1979）：美国桂冠诗人，曾获普利策奖、古根海姆奖、全美图书奖。作品有《北方·南方》《一个寒冷的春天》等。

③ 罗伯特·洛威尔（Robert Lowell, 1917 — 1977）：美国诗人、普利策文学奖获得者。作品有《不一样的国度》《卡瓦纳家族的磨坊》《生活研究》等。

④ 西尔维娅·普拉斯（Sylvia Plath, 1932 — 1963）：美国自白派诗人的代表。作品有《巨人与其他诗歌》等。去世后由其前夫桂冠诗人特德·休斯编选的《普拉斯诗全集》获普利策奖。

⑤ 安妮·塞克斯顿（Anne Sexton, 1928 — 1974）：美国自白派著名女诗人、普利策奖获得者、现代妇女解放运动的先驱之一。作品有《生或死》《我生命的房间》等。

似乎自己的一切努力都是徒劳的呀……

　　大学时代的我认为普拉斯和安妮·塞克斯顿二位女诗人很普通，都只是有孩子、有房子的人妻而已。根据她们的经历，我就会轻而易举地想象出自己搬出如今这间快塌了的小屋，到东海岸去生活的具体场景：屋前有新修剪过的草坪，写了整整一天之后，我就会舒舒服服地坐在阿迪朗达克椅子上，一手端着冰过的杜松子酒，一手夹着香烟，好好放松一下自己。可事实上，我根本忍受不了杜松子酒的味道，也不抽烟，连续写作更是不能超过两个小时。

　　此时我已22岁，而我崇拜的安妮·塞克斯顿可是20岁就结婚了呢！普拉斯也是24岁便出嫁。这令我不禁迟疑起来。我确实爱慕W不假，但结婚确实是我尚不愿去想的。我的人生目标非常明确：找到如何成为作家的途径，最终成为经济完全独立的女性。在这之后，我才会考虑婚姻问题。

　　其实，如果有机会的话，我一定会爱上"集歌手、说书人、狮子和流浪者特点于一身的男人"，就像普拉斯在描述特德·休斯①时说的一样："仿佛是上帝赐予的雷鸣般的神谕。"我甚至也可能会傻乎乎地想要嫁给他呢！不过可以肯定的是，若我真嫁给他，在30岁之前就会生两个孩子（普拉斯27岁时已是两子之母），再想写诗就难了，诗人和人妻的身份很难平衡，对我而言倒不如回避这样的矛盾比较好。当时我就是这样告诫自己的，不过彼时我尚未认识到，这其实就是第二次女权运动对我造成的潜移默化的影响。

----

① 特德·休斯（Ted Hughes，1930 — 1998）：英国著名诗人和儿童文学作家、桂冠诗人。1956年他与西尔维娅·普拉斯闪电式结婚，六年后离婚。作品有《雨中鹰》等。

我搬进费灵路上那间屋后，做的第一件事就是把塞克斯顿诗集的封面——上面是塞克斯顿的黑白肖像，她双目炯炯地直视镜头——在肖像复印机上放大复印，让那张画像比真人面孔更大。然后，我又在上面贴了一首她在20世纪50年代所写的诗《她族》。还是用钴墨写的哪！这张我为塞克斯顿自制的海报被我贴在了床头的墙壁上：

《她族》的第一个小节是这样写的：

> 我出来了，一个着魔的巫婆，
> 游荡在黑暗里，夜间更大胆；
> 梦想着作恶，该干的都干了
> 挨门挨户，循着一盏盏灯光——
> 孤独的东西，十二指的神经病。
> 这样的女人，实在不是女人。
> 我向来是这种人。

其实我也不晓得为啥自己就选中了这首诗来当我的"卧室宣言"。但是，每当打工的餐馆打烊，我和工友们一起为明天的客人拖干净地板、码齐桌椅之后，就会到隔壁酒吧喝啤酒、玩飞镖，直到凌晨我才骑车回家。一路上，我骑行穿过黑暗寂静的街道，有点儿微醺，不过头脑倒还清醒。我上衣口袋里鼓鼓囊囊塞了今天的工资，且此刻的自由令我几乎忘乎所以，于是我就会背诵这首颇合心境的诗。

对我而言，男朋友离得远，可比在身边安全多了。我整日忙着收拾屋子，为此还开了一个银行账户，这样就可以直接打款给房东支付电费，助学贷款亦可通过银行转账进行偿还。更重要的是，独自醒来，枕边无人已成为我心甘情愿的事情。我会拍松枕头、伸个懒腰，把身体大大地摊在床铺上，让自己半睡半醒地迷糊一会儿，直到彻底清醒，才起身穿衣，开始新的一天。

我第一次把这种神秘的"老处女心态"写在日记里时，它已成为我的一份只能独享的奢侈。

我的日记是这样写的：今天从箱子里把近几年写过的15本日记全翻了出来，这些日记记录了我大学毕业后的第一个五年间（1995至2000年）的生活。重读它们，感觉犹如站在歌剧院的座席后面看演出，神经紧绷着，而且还是没有中场休息的演出哟！

我的日记写得可谓"气急败坏"，洋洋洒洒狂写了几百页（到最后字迹已乱得无法辨认）来分析我的每一次新恋情，只是文笔实在太忠于事实，简直就像一份汽车使用手册那般客观乏味。

但是，在我的日记中，每隔那么三四十页，就会有一段清晰、冷静的文字出现，那感觉，就如同我正在惊涛骇浪的情海中挣扎时，忽然飘来了一个救生圈一般。

1995年10月3日：啊，W终于走了！我又可以回到独身生活中啦！

1995年10月18日：众所周知，孤枕难眠的滋味是多么寂寞。但是，我简直不敢相信，我居然习惯了。

1995年11月14日：享受了一个完美的、长长的、独自度过的礼拜天，读了一天书，还午睡了两个小时哪！

我内心认识到，所谓"剩女对生活的期待"，简直像精致优美的飞天女神想要从劳斯莱斯车头上展翅飞走一样，本身就显得荒谬：

我们的社会文化告诉我们，剩女是没有前途可言的，后继无人，往生后都没有人会思念她。没有一个女人会想过这样的日子。

我开始阅读米兰·昆德拉的作品，其文笔辛辣而犀利，在作品《不朽》中他这样写道：

当然，这都是做梦。一个聪慧感性的女人怎么舍得放下夫妻恩爱呢？尽管如此，却又有个充满诱惑力的声音，从遥远的地方传来，企图动摇她平稳的家庭生活，这是孤独的呼唤。

这段文字深深打动了我，为什么女人若想去追求自己真正喜欢的东西，就必须先放弃婚姻呢？为什么不能在结婚前就先去寻找自己想要的？

我被这句话吸引住了："女人心灵深处的宁静是非常美丽的。让我再强调一遍，它犹如静静地站在树梢上的小鸟一样安宁。"这句话是我在一个秋日的午后抄在日记本上的，其后是我潦草的评论："太对了！噪音间隙的安静犹显安宁，就如同盛满银器的抽屉被关上了一样。是啊，就静静地关着抽屉，独享孤独，直到下一次抽屉被打开。那么，下一次是什么时候，打开抽屉的人又是谁呢？这真是个让人兴奋的问题啊！"

但是，我就如同一个19世纪的人一样，并不会直接坦陈心迹，表达自己对独处的渴望，而是半吐半露，把心事隐藏在私密日记中。

那会儿，在现实生活中，我对"剩女"生活模式的追求怀有矛盾的心情，始终不是很确定。

很快，我开始行使自己与W之间已形成默契的"可以与其他男人交往"的权利，但这也给我带来了苦恼。我不仅不觉得自由，反而更受束缚，真是自作自受啊！

1995年12月9日：你说你自打中学时代就是个疯狂的男生，这是真的吗？那么现在你就更应该别再浪费自己的经历，转而去做些更有尊严的事情好不好！

情感上主动进攻却遭遇惨败，我只得跟W说想要暂时分开一个礼拜，然后就开始与L的力不从心的关系。L是一个哲学家兼音乐家，他一味追查我的秘密，比如关于W的种种，完全忽视我们原本说好的原则。

那段时间我同时和两个男生交往，因此，"独身"对我而言似乎更加不可思议了。

有一天下午发生了件怪事。那是1996年三月份的一个礼拜二，当时我已搬到俄勒冈州八个多月了。当时我就在路边，奋力想要把刚买的一个二手书架从我那辆破旧的丰田两厢车里搬到楼上去。忽然，我的眼前一片模糊，仿佛时间都停滞了。这次一过性失明令我骤然大彻大悟，我终于认识到对我而言什么才是重要的——我的新工作、我的朋友们、我的书架。这时电话铃声大作，带来了妈妈又病倒的坏消息，新买的书架立即被我忍痛割爱，抛弃在了路边。我重新钻进车里，驱车4800多千米回到家乡去照顾她。

我眨眨眼睛，在屋顶上看到了白雪；再眨眨眼睛，白雪不见了。妈妈身体好着呢，千万不用担心。

那一刻来得突如其来，以至于我都没拿它当回事。多少年后我还在安慰自己，说我当时无法预测将要发生什么，但其实这不是真的。事实是，我当时尚未学会如何破译"直觉密码"，忽然袭来的下意识犹如雪崩，压断屋顶、雷声隆隆，想提前告知我们灾难即将降临。

两个月后，五月，妈的病情告急电话再度袭来。那时正是礼拜六清晨，一个不太可能有电话打来的时间，是爸爸："你妈的癌细胞已扩散到全身。"三天后的礼拜二，我退了房，辞了工作，把家具电器，甚至是我那辆丰田车，都三钱不值两钱地给了愿意要它们的人。礼拜三我把剩下的东西装了六箱，坐夜间航班直飞波士顿。

礼拜四早起，我终于到了马萨诸塞州总医院，看到了妈妈。她身陷白色床单中，犹如漂在茫茫大海上的漏了气的救生圈，一副从未有过的苍白疲倦的病态。看到我，妈淡褐色的眼睛骤然明亮，可我面对她浑身插的管子袋子，竟不知该从哪儿下手去抱抱她。

"宝宝！"妈说，"你可算来了。最近和 W 好呢还是和 L 好呢，交往到什么程度了？"

我大窘，妈的话虽亲热，可这会子难道我还顾得上那些男人不成？

"哎哟，老天爷，妈！谁理他们啊！他们算什么！"

"他们当然很重要啦。"妈却说。

我使劲儿转移话题，然而妈的意识却因吗啡的作用而渐渐涣散。

我、弟弟和爸一共在医院里陪了五天。第五天晚上，我们开车回到纽伯里波特的家里。妈时而清醒时而糊涂，糊涂时往往会说一些我们其他人听不懂或理解不了的话。

但我们此时仍非常乐观，坚信妈不会有事的。

礼拜二下午，医生把我们喊进一间空诊室里，告诉我们妈快不行了。

"很难说还能坚持几天，大约也就几个礼拜了吧。顶多几个月。"
医生说。

我们当时哭了吗？我唯一能够记得的，就是我跟爸爸说，虽说妈不会今晚就走，但今晚我绝对不会留她一个人在医院里，我深知现在我要做的事情就是陪伴她。

护士在窗边给我放了一张行军床，从窗户往下看，可看到曲曲折折的查尔斯河。我睡着了。

礼拜三早上，我是被一个熟悉、振奋而温暖的声音唤醒的。

"宝宝，你在这儿呢？"

我急忙起身。妈正坐在病床上，头脑清醒，满面含笑。我直接从我的行军床翻到她床上，扒拉开那些管子袋子，和妈依偎在一起。

"我就说看见那儿怎么是红色的！"妈妈大笑道，"原来是你睡在那里呀！"

我们就这样聊啊聊。

上帝啊，这感觉就像奇迹发生在我们身上。

我和妈都没觉得她真的会死。

但我知道妈快不行了。她自己知道吗？

妈的手已经肿胀成粉红色的"香肠"，什么也做不了了，护士只好摘掉了她的戒指，此时那枚戒指就闪闪发光地戴在她的脖颈上。

早饭送来的时候，我帮妈打开小罐橙汁，又在煮蛋上替她撒好盐，可惜这样的饭我们俩都不爱吃。

午餐也挺难吃的。

我一直陪妈聊天，却不知该说点什么才好。我从小就很喜欢和妈聊天，几十年如一日。

对我们而言，聊天并非刻意，而是我们在与对方分享。

那天晚上，妈又一次昏迷了。

次日也一直没有醒过来。

礼拜四晚上，医生通知我们：病人熬不过明天了。

记不清我们那晚是否都守在医院里了，我唯一的印象就是次日清早七点钟，我们父女三人伏在妈的病床前，紧握她的手。她已进入潮状呼吸阶段，喘息声听起来犹如溺水的人。她也确实如溺水般危急。

妈的呼吸声真令人不忍耳闻。

我们围着她，轻抚她的手臂。

最后，爸低声对妈耳语："好了，南希，放心地走吧。"就好像他是她的守护神一般。

她的呼吸时而慌乱，时而迟缓，到最后变成了呼一次停一次。

最后一次呼吸。

我们肃立于妈身边，这时一位我们不认识的护士走了进来，问我们妈怎么样了。可怕的家伙，我们永远无法原谅她的擅入。爸咆哮着，想要把那位护士赶出去。

弟弟俯下身，学着电视里人的样子，合拢了妈的眼皮。死者的眼睛是无法自己闭上的。

爸伸手替她解下了她挂在脖颈上的一串戒指，把其中的结婚戒指和订婚戒指放进她的衣兜里，剩下的几个都给了我。其中一枚戒指上镶的是薰衣草色的水晶，其他则都镶了玻璃。我把几枚戒指都戴在了自己手上，整整戴了十年。

我们收拾好了妈的东西，到停车场找到了我们的车子，一路开回家去。

那是五月的最后一天。我都哭不出来了，思维停滞，阅读能力骤然消失。

弟弟则重返大学校园，继续读大学一年级。

几个星期慢慢过去了。

我在俄勒冈州了无牵挂，所以留在了纽伯里波特，一睡就是一整天，要么就是在电话里跟W吵架。我们俩的关系本来就够紧张的了，此时我的丧母之痛更让这段关系雪上加霜。我恨他不懂得如何照顾我，后来我也因为相同的理由而憎恨我的很多朋友。

日子越过越麻木。

W也与我分手了。

我痛苦到麻木，然后又进入了极度亢进的状态。

我在网上找到一个职位，在我最喜欢的杂志《大西洋月刊》无薪实习。于是我迅速打定主意，如果我能够被录用，就可以在家住了，不用支付房租的话，无薪实习几个月也无所谓，刚好可以用这段时间来申请读艺术硕士。这样一来，明年哪所学校录取了我，我就去哪所学校住读。

可是当我去面试时，面试官却告知我：高级副总裁的助理刚刚升职了，空出一个职位，因此他们不再招实习生，问我是否愿意正式应聘这份助理工作。我多希望《大西洋月刊》愿意录用我是因为我的文字功底啊，可事实上他们是看中了我曾做餐厅服务员的经验。我的新上司喜欢我可以同时处理几件事的能力。

此后的每天早上，父亲会开车送我去公车站，然后我再坐一个小时的通勤车到波士顿上班。晚上也如是，爸到公交车站接我，他的红色皮卡停在停车场里，他就坐在车里等我。晚饭后我们会一起遛狗，带着狗狗一直走到马路那头的公共水池边。这个水池陪伴我度过了整个少女时代，我们在这里滑过冰、野过餐。可是似乎自从我长大离家，小镇上对这个水池就没有再维护过，此时长了很多高大的杂草，长长地垂挂下来，令它看起来犹如一片沼泽。水池中间原来有个很壮观的天鹅喷泉，此时却早已没水可喷。此情此景可真把我吓坏了，我宁愿从未离开过童年的家乡。

那年九月，我离开纽伯里波特，和一群大学同学一起搬到波士顿的"牙买加平原"小区居住（顺便说一句，这里也是西尔维娅·普拉斯的故居哟）。

十月时，趁着弟弟回家度周末，爸带我们去了位于波士顿城北的一家著名的比萨店。可是香肠比萨还未端上来，他就宣布自己重新恋爱了。

他说，她住在小镇上，离婚了，也有两个小孩。她比我年轻几岁。

我简直觉得他犹如《美少女特攻队》里的那个恶魔父亲。

我终于开口了，有气无力："可是妈才走了几个月啊。"

爸从哪儿弄来的钱和时间去谈恋爱的呢？

弟弟从座位上直接跳起来，对爸咆哮，让他去死，然后自己抽泣着跑出了比萨店。我在后面追弟弟，直跑到黑暗的马路上去，就好像孩提时代我们俩玩的追人游戏。

又过了几个月，我和弟弟才开始怀疑，可能对爸而言，爱上新人并非意味着遗忘和麻木。在以后的几年中，我开始把这种事看得稀松平常，可是当时却觉得那是父亲的残忍背叛。丧母原本就是大不幸，我实在不想再失去"爱情不渝"的信念。

埃德娜曾经这样写："童年是一座无人往生的天堂。"妈去世时我才23岁，虽说早已过了童年时代，却远未到中年期，我以为父母会陪伴我更长的时间。我觉得我被亏欠了，所以故意忽视父亲作为一个个体，真正需要什么样的生活。

在妈去世几个月前，我和她通过一次电话，虽然我和妈常常会聊天，而且向来都是开诚布公，但那通电话还是深深打动了我。她说她在我身上储存了一部分自己，因此她一直在等我长大。几年后，待我30来岁时，可能已结婚，有了自己的小家庭，那时她就可以更坦率地对我谈谈她自己了，那将是一段女人和女人之间的谈话，她会对我袒露自己的秘密，让我了解到更多关于她的秘密。

因此我无法释怀，我和妈本该有的谈话被死亡剥夺了。妈原本是想把我培养成自己最好的朋友，比她所有的其他朋友都要好。可是如今，我们却都再也无法知道我们一直用很多年的人生等待的母女谈话究竟是什么内容。令我非常难过的是，正是在我开始穿胸罩那一年，妈失去了她的一只乳房；而在我进入成年期时，她却老了，步出了中年人行列。我感觉仿佛我一直在榨取妈妈一样。

你出生了，长大了，嫁作人妇。

为此你放弃了自己的野心，全心全意顾家。可是你却得了癌症，去世了。你先生义无反顾地再婚了。

我终于想明白了，我要按照自己的心愿好好活下去，因为我的心愿也是她的心愿。

对一个幸运的人而言，家不仅是一个住所，更是一个归宿。有时我会后悔当年离开纽伯里波特，至少应该多住一段时间再走。我最终之所以会离开，是因为我会触景生情。有文学评论家指摘我，说妈在我作品里出现得太煽情，简直就像在言情片里一般。我们都有母亲，没人会希望失去她，我并不想用妈来获得读者的同情，就算因此换一个写作风格也不是不可以。但我无法忘怀那样一个事实：那年五月，妈走的那一天，也是我正式成年的一天。

第三章

我那独一无二的人生究竟该长什么样子?

当年,虽然我已很敏锐地察觉到,能够在杂志社工作实为大幸,但这并不意味着我就喜欢这份工作。老板冷若冰霜,工作沉重烦琐。1995年,我们老板一直在努力把《大西洋月刊》打造成第一批能够网络阅读的杂志,因此,我的工作除了给她订机票和帮她进行日程安排(那是极其复杂的一件事)之外,还要仔仔细细地把杂志上的内容改写为HTML(Hypertext Marked Language,超文本标记语言)格式,以便电子化阅读。比如说,亨利·詹姆斯①的成名作《一位女士的画像》,其第一章共有17000个字,最初于1880年发表在我们杂志上。这简直就是拿我寻开心,我实在无法喜欢这样

① 亨利·詹姆斯(Henry James, 1843 — 1916):美国小说家、文学批评家、剧作家和散文家,心理分析小说的开创者之一。作品有《一个美国人》《一位女士的画像》《鸽翼》《使节》《金碗》等。

的工作。

就在我去上班的那个礼拜，我们的办公地点从波士顿和芬威公园之间的繁华商业大道斯顿街中段搬到了街的最北头"小意大利"①附近。从夏到秋，我都会在公园里消磨掉一个小时的午餐时间，坐在长凳上，一边吃花生酱三明治一边眺望着下面的海湾，每天都能一直坐到一点钟。在这段时间里，我会为妈妈而悲泣，妈妈的死让我了解到——虽然我并不希望知道这么可怕的事情——生命短暂而无常。然后我又会痛感自己在这个单位里是多么不爽、多么寂寞，且我和"男友"W的关系也十分莫名其妙（虽然我们仍算"交往"，但其实名存实亡）。每晚六点钟，在确定了老板不会再有什么事找我后，我就坐地铁回家去，先和室友聊聊天，然后回到楼上的卧室里。我当时对写日记近乎痴迷，把自己疯狂的内心世界在日记中敞开。W终于和我分手了，我甚至都记不清他这段时间到底是住在波士顿还是玛莎葡萄园的父母家。

最终，我对一味剖析自己这件事厌倦了，于是下班后开始往外跑。这时我发现波士顿是个超搞笑的地方。虽说我尚不太清楚，我这么瞧不起这个地方，到底是我自身有问题，还是这个城市真的有问题。我花了一些时间到新英格兰去参观，却渐渐对女权运动中那些面孔苍白、身着卡其裤举着标语的女人以及那种殖民地的单调气氛感到窒息。曾经有一次，我和室友一起出去逛，我指着一群戴红帽穿球衣的家伙对室友说，这里的人和我家乡的人也没啥区别呀！结果等那帮人起身离开时，我看到了他们的脸，这才发现他们原本

---

① 原文为"意裔美国人居住地"，美语里通常把这种地方称为小意大利。

就是我老乡，是从小和我一起长大的几个家伙。不过至少，这些人还是能够给我一种我同事所不具备的认同感的。

《大西洋月刊》也曾有过辉煌的过去。这家杂志社成立于1875年，创始人为一群著名知识分子，其中包括艾默生和哈丽叶特·比切·斯托①。1862年，它成为第一本发表朱莉娅·沃德·豪②的废奴主义歌曲《共和国战歌》的杂志。1963年，《大西洋月刊》上还刊登了马丁·路德·金著名的《伯明翰监狱的来信》。如果这家杂志一直延续它早期的风格，不知如今我的办公室生活会成为什么样子，不过自打我来上班，这里就已变成了肃穆之地：悄声细语、沉默寡言，男同事一丝不苟地打领带、喜欢玩壁球，女同事严肃端庄、低眉顺眼。上大学时，即使对工读生我都会不自觉地保持友善的态度，而此地呢？连实习生都盛气凌人，这可真出乎我的意料。

1997年夏末，W远赴爱荷华州读艺术硕士，主攻诗歌，我们彻彻底底地断干净了。虽然分手早在几年前已是定局，但我没想到真的失去他会让我如此失落。分手后不久，他告诉我他有了新人（那女人最终成了他太太），我心里不禁翻腾起醋意和自卑来。那女人也曾是我们的大学同学，和爸爸的新女朋友一样，是个聪慧动人、柔声细语的楚楚佳人，与我们母女可以说是截然相反。自打把《一位女士的画像》编辑成HTML格式后，我生出一种"亨利艾卡·斯塔克珀尔③"情结：当一个争强好胜、滔滔健谈的女记者当然很好，不

---

① 即斯托夫人，《汤姆叔叔的小屋》的作者。

② 朱莉娅·沃德·豪（Julia Ward Howe，1819—1910）：著名的废奴主义者、社会活动家、诗人，《共和国战歌》的作者。

③ 《一位女士的画像》中的男主人公之一，执着地喜欢伊莎贝尔。

过如果想要抓住亨利艾卡这样的男人的心，你还得像伊莎贝尔一样漂亮才行哟！我挂上W的电话，歇斯底里地放声大哭，幸好我还有一点儿理智，终于勉强让自己冷静下来。

我对自己说，凯特，可怕的妒火其实只能在你心里燃烧，只要你控制住自己，这份妒意也就会随之烟消云散。

这样想时我正躺在床上。那时我已再次搬家，正住在北剑桥郊外的一套公寓里。我睁开双眼，呆望着天花板，发现以前从未对自己说过类似的话。妈妈去世了，爸爸组建了新家庭，W离开了我，所以若再遇到什么问题，我已无亲人可倾诉，只能靠自己去解决了。

认识到这一点可真不是件令人愉快的事啊！我觉得好辛苦，就好像一个患了失语症的人，现在要重新开始学习手语一样。

"失语症"也影响到了我的写作。那段时间我总觉得诗歌犹如古人传下来的一种天赋，超凡脱俗、难以琢磨。对诗人而言，最大的"创作财富"似乎就是丧事，她可以在一切记忆都无可挽留地消失在时间的黑洞之前，写不朽的挽歌来纪念心爱之人。

不过即使如此，每当有了点什么灵感，我还是会拿出笔记本把它记录下来，然后再恨恨地把本子收起来。没有什么诗句能够表达出我真实的感受，字字句句其实都是谎言。我看着自己写下的内容，又为自己的愚蠢和缺少天赋而自我惩戒一番。W主攻诗歌这件事简直犹如在我的伤口上撒盐，我不断地脑补他和他的新女朋友一起成了诗人的虐心场景。和W成为一对诗人伴侣正是我曾经的愿望，而如今却再也无法实现。

大学期间我经常给高中同学写信，如今我也拼命给大学时代的好朋友写信，很难停歇。我非常故步自封，就如一个老人一般不愿改变自己的习惯。每天晚上下了班，我就在家写信。有一次我写完一封信再检查时，却发现这信写得和我的诗一样烂，满满的都是负能量。我不敢相信，当我最需要用语言表达时，却如此词不达意。我琢磨着，也许我驾驭语言的水平根本达不到写作要求。

我十分沮丧，却还是拼命努力写信，写下来的信件都收在床底下的一只旧水果箱里。在我内心深处有这样一个想法：也许有朝一日我会想重读自己现在写的这些信，就算连收件人都没有，但也许将来的某一天我会想要回顾一下现在的自己。

终于，《大西洋月刊》的诗歌组吸收我进去。诗歌组的负责人是一位七十几岁的老先生，年轻时真的和西尔维娅·普拉斯交往过（不过我从来都不敢直接问他这件事）。还有一位年轻些的诗人，他才华横溢、出口成章，每句话都深深地吸引着我，但我从来都不知道他说的话到底是认真的呢，还是开玩笑。

一个秋日的午后，他说："女权不女权的也无所谓了，对吧？女人们已经争得她们想要的一切了呀！她们如今想干吗就干吗哩！"

我点点头，和他一起溜达着去喝一杯卡布奇诺，顺便像平时一样吐槽一下我的工作。我刚来时，老板许诺说一年后就把我从助理升为普通编辑，现在我都干了16个月了，她却一点儿要升我的意思都没有。

那位诗人鼓励我要勇敢地去为自己争取，不管是在升职这件事上，还是在别的什么事上，都要大胆去做。但是我却心怀疑虑。

他是开玩笑还是认真的呢？我不好意思问他，因为如果他是认真的，再追问会显得我既幼稚又爱发牢骚，竟然为了自己的问题去质疑别人。20世纪70年代的女权运动真的已为妇女们去除掉多重障碍，让我现在的生活充满机会。但显然为争取权益，女性还有很多事情要做。

我自称女权主义者，可在现实生活中却不敢争取自己的权益，这样是不是不太对呢？据我所知，女权运动真的已解决了一切女性问题。果真如此，现在这种情况只能说明我是个故步自封的守旧家伙，这可实在令我无法接受啊。

我的问题不是目前没有方向，而是不知道接下来会怎样，或者说是我在"臆想失败"，我似乎已看到自己提出升职请求而被老板拒绝的情景。可如果找不到自己的方向，我又该如何开始成年生活呢？

能够掌控自己生活的妇女随处可见，但我其实并不想成为这样的女人。我老板，那位无儿无女的陛下是我见过的女性中最雄心勃勃的一位。她无依无靠、白手起家，却在《大西洋月刊》这个百年老号里当了一把手。她永远都是一副晚娘面孔，爱在办公室里发飙，只有周末才跟她先生相会。（2000年，她因公司少了10万美元而被传讯，竟自杀了。）

还有一位朋友的母亲，她的前夫在她很年轻时就抛弃了她，这个在离婚之前从未工作过的女人，却通过自己的奋斗获得了高位。但她不肯再结婚，这令人很为她难过，因为她从未找到过填补寂寞和心碎的方法。

还有一个女人其实属于"家庭事业两不误"型的，她是我的邻居，每天去地铁的路上我都会见到她。她向来都是匆匆忙忙地从她虽然很漂亮却显然乱得令人不爽的房子里冲出来，刚洗过澡，头发还滴着水，塞在书包里的文件横七竖八地露在外面，而她还要大呼小叫地跟阿姨喊话，告诉阿姨晚餐该给孩子们吃什么，因为她要很晚才能回家。

她跟我差不多大，如果我不是这么小心谨慎地保持单身，现在很可能就过得跟她似的。

曾经这些女人都和我一样年轻，对自己的未来充满了幻想。然而她们的幻想却没有实现。

只有一个人的故事似乎是比较正能量的。她是一位已过婚龄的老姑娘，名叫菲比·露·亚当斯，曾在《大西洋月刊》工作过。这位女士身材苗条、热爱运动，全身上下的衣裳都是由她自己缝制的：别致的无袖紧身衣、剪裁纤细的裤子。有一年夏天，她设计出一个超宽帽檐的草帽，大大突破了自己的风格，并因此在1944年（彼时她才25岁）被《大西洋月刊》聘为助理。1952年，她开始写自己的系列书评，从此再也没有离开这家杂志社。1957年，她被派到古巴找海明威要一篇作品，结果海明威给了她两篇。

每周有三天，她都会锁上办公室的门，返回位于康涅狄格的家里，在一台十分老旧而噪音颇大的电动打字机上写自己的书评，写作时几乎分分钟都在吸烟。她是个声音威严沙哑、脾气十分粗暴的女人，文笔简练。比如她这样评价《在路上》：就是一群坐不住的小男孩；而对《钟罩》的评论则是：并不算十分好，但第一本小说就能写成这样，此作者大有前途。1971年，她52岁，嫁给了《大西洋月刊》的前任总编辑爱德华·维克斯，这是她的初婚，婚后他们夫妇二人每年都会到冰岛或加拿大东部的新不伦瑞克省钓虾。1989年，爱德华去世，而她仍保持了每年去钓虾的习惯。

我想，这样的生活倒确实蛮不错的。

我曾有一次与这位女士独处的机会，当时我们俩都在等电梯。我刚刚从名牌折扣店里买了一件夹克衫，稍微有点儿小奢华，所以想问问她我这件衣裳可还行。我希望这件夹克四季皆宜，因为在办公室里安个衣柜并非易事。她伸出她那条晒成古铜色、布满皱纹的手臂，指着我衣裳的下摆，道："这货明明是条床单，绝不可能四季皆宜呀。"这时电梯来了，我们俩在沉默中乘着电梯一路下行。

"放弃诗歌"这个想法此时已由最初酸溜溜的妒意变成了痛苦。通过诗歌来传达思想、表达感情实为荒谬无效、自命不凡之方式，除了写诗的人，其他人还有谁会读诗呢？我真真是受够啦。

我心知自己仍想写，但我想通过诗歌来表达什么、为什么我会喜欢写诗，这些我都没有弄清楚。我只是一味地为自己的未来苦恼，却不知所谓的"将来"早已来到。

即使是如今，再想起十几二十岁时的漫长岁月，我都会吃惊得张大了嘴巴。年轻时光虽然看起来似未远去，其实却早已结束了，结束在那个不同于现在的过去时代。当时电子邮件才刚刚普及，而往前数三年，我才刚买了第一部手机。当时，互联网还是一个太新兴的事物，我无法预测终有一日我的第一份工作会与其相关。

1997年春天，有一项采访小说家、散文家辛西娅·欧芝克的任务，要把采访稿做成"答记者问"形式并发表在互联网上。可是负责采访的记者临时感冒了，于是拜托我去替她采访。这个工作无形中改变了我的人生。每晚下班后，我都会尽可能多地阅读欧芝克的作品，甚至白天也要忙里偷闲看上几分钟，并且竭尽全力地准备了要提的问题。这是一次一个小时的电话采访，在那一个钟头里，我几乎是屏住呼吸，生怕漏听了她的话。我享受这次采访的每一秒钟。

打那以后，我每六周都会发表一篇新书作家访谈。我曾采访过纳丁·戈迪默[1]、弗朗辛·普罗斯[2]、安妮·普鲁[3]和马克·斯特兰德[4]。我老板也并不介意我去做分外的工作，只要我能同时兼顾好助理的工作就成。这项采访工作最大的难度在于要深入理解这些人的作品，小说啦、散文啦、寓言啦，他们的作品唤醒了我写作的欲望。先写下一个句子，然后组成段落，一段接一段，最后再找人来读，人家能够一下就看明白我要表达的意思是什么——这正是我想做的事情。

那年冬天，我参加了杂志社的圣诞晚会。一回到家，我立即打开了一本新日记，把所有关于菲比·露·亚当斯的内容都写在里面。

---

① 纳丁·戈迪默（Nadine Gordimer，1923－2014）：南非作家、诺贝尔文学奖获得者。作品有《七月的人民》等。

② 弗朗辛·普罗斯（Francine Prose，1947－）：美国小说家、散文作家，古根海姆奖、富布莱特奖获得者。作品有《野人之梦》《古朴民族》《忧郁的天使》。

③ 安妮·普鲁（Annie Proulx，1935－）：美国当代作家，普利策奖、国家图书奖、福克纳奖和薇拉文学奖获得者。作品有《船讯》《断背山》等。

④ 马克·斯特兰德(Mark Strand，1934－)：美国桂冠诗人、散文家、艺术评论家，普利策奖获得者。作品有《一个人的暴风雪》《黑暗的海港》《绵绵不绝的生命》《我们生活的故事》《移动的理由》等。

这本日记读来犹如社会旧闻：

1997年12月12日：今天晚上，菲比·露·亚当斯穿了一条黑色高腰长裙，颈上戴了一大串长长的透明玻璃珠，白发梳得整整齐齐，配着她黑色调的细致妆容，一下子把所有人都比了下去。她托着一块名为"醉意蛋糕"的小小的、覆着奶油糖霜的点心，看上去不像这个时代的人。

到那时为止，我已在《大西洋月刊》工作了一年半，开始的六个月一直独来独往，最后终于和几位同事成了朋友。我仍很喜欢把所做所想写在日记上。

1997年12月17日：买了第一条"混纺裤"（其制作材料为氨纶）。读完了琼·迪迪翁[1]的剧本《顺其自然》和伊迪丝·华顿[2]的《欢乐之家》。

1997年12月18日：我可能爱上R了，虽然目前还有些犹疑。

R是我新认识的一个朋友，是杂志社里的编辑。他比我大两岁，相貌英俊、身材很好，面孔很像卡夫卡那张最广为人知的照片：闪亮的黑眼睛，高颧骨，耳朵有点儿扇风（如今想来这对耳朵长得很像奥巴马）。其温文尔雅的态度让我能够获得不可思议的宁静。每周总会有那么一两次，我俩带了三明治到茶歇间一边吃一边在午休的一个小时里天马行空地聊天。

我们的对话含金量超高，深得我心。和一个男人保持纯粹友谊

---

[1]　琼·迪迪翁（Joan Didion，1934 — ）：美国当代女作家，两度获得美国国家书卷奖。作品有《奇思年代》《向伯利恒跋涉》《白色专辑》《顺其自然》等。
[2]　伊迪丝·华顿（Edith Wharton，1862 — 1937）：美国女作家。作品有《纯真年代》《战地英雄》等。

的标准之一，就是可以自由自在地谈话，超越了情感的界限和性格角色的限制，话题一下子就可以深入。

1997年12月22日：我好喜欢R，他很可爱，人超好。可惜我们不可以交往，因为我会令他不开心，我这个烂人还是和别人好去吧。

写这篇日记的次日，下了班，我们一起沿着曲曲折折的铺了鹅卵石的小马路散步。夕阳西下，R大声宣布说有时我的状态非常好，另外一些时候我则是"强打精神"。这些他都能够感受得到！

我的心一阵悸动，半晌都说不出话来，后来终于开口道："我忽悲忽喜，皆因我喜欢上了你啊！"

我哈哈大笑，真是奇怪啊，我竟没有为自己的主动告白感到不好意思。

R停下脚步，微笑着看着我："我也喜欢你。"

我难以置信地摇着头，真的，一男一女在一起，终将发生什么呢？

"感谢上帝，所有男女之事都是这样开始的。"我说，"现在我俩真的交往啦。"

可是那天晚上回到家里，我却又无法这般乐观了。

1997年12月23日：近来与R卿卿我我的状态有点儿令人不安。我喜欢他、被他深深地吸引。他非常甜蜜温柔，但是太腻乎了也会让我特别不耐烦，甚至心生怨恨。他能够给我带来安全感，但目前我并不需要这个。对于一个25岁的女人而言，独立是多么奢侈的东西，我希望能够拥有它。

我确确实实是那么写的："目前并不需要安全感。"

一周后就是元旦前夜了，R停在我桌边，像往常一样跟我说再见。当时我正急急忙忙地收拾文件，然后赶回家去换衣裳，晚上好去参加朋友的杜松子酒小酌聚会。但像往常一样，我俩又聊开了，而且根本舍不得停下来。聊了一阵子，他必须得走了，这时我也收拾好了东西，于是他刚站起来要走时，一种特别强大的情绪控制住了我，我开口让他等一下。他又坐了下来。

我说："我也不知道是怎么了。"

他很关心的样子："哪里疼吗？头疼不？肚子疼不？"

我不敢直视他的眼睛，因为这会使我感觉更不好。

我告诉他："我的感觉是，头晕眼花，眼前的一切霎时都变成了慢镜头。因为我舍不得你离开我。"

"今晚想和我出去玩吗？"

我很想说"好"，可出口却是"不了"。因为我已预见到，今晚将是我单身时代的最后一个夜晚，我想要再享受一下。

次日，我们俩在我家沙发上接吻了。

1998年1月2日：会不会有这样的好事，因其太好，所以当事人会觉得很不真实，不敢相信这是真的？

一开始，我们俩没有在公司里公开恋情，但是八个月后，我们决定同居，于是我把此事告诉了我的老板。而她只是从一大堆稿子中抬起头，给我来了一句："关我什么事，快他妈从我桌边离开。"

恋情发展太快，我都有点儿应接不暇了。

1998年8月1日：这事儿一直"轰隆隆"地激流勇进着。

但是当时，我觉得这样没什么不对。

1998年8月17日：我终于升职了，当上了初级编辑。

我俩租住的公寓在萨莫维尔，是一座建于20世纪初的老房子，公寓共有三个单元，我们住在顶层的一个单元里。我们把阳光最好的一间当了二人共享的办公室，在两面相对的墙边摆了两张背对背的办公桌。卧室仅够摆下他那张大床，床头的草莓团使睡觉这件事变得生机勃勃。一个好朋友给我俩缝了一床印有玫瑰和薰衣草图案的真丝被套作礼物，而且我们的窗帘还是流苏坠地的哩！

我们不自觉地在新家里开始仿照自己父母的关系生活。我们都是20世纪50年代生人，家庭传统，父亲主外母亲主内，他们的这种生活方式还是被我们下意识地继承了过来。

不仅我俩如此，当时我们认识的所有年轻情侣都是这样。我快26岁了，他比我大两岁，虽说仍未结婚，但也已好事将近。我俩把钱合在一处花，在情感上支持彼此，做每个决定前都会二人讨论，甚至计划着和对方家人或朋友一起度假。

在工作中仍保持距离的我们，一到了晚上，回了家，就会一起做一大盆沙拉或面条，边吃边谈这一天的种种。我们聊啊聊，读了什么书啊、感受到什么了啊、有啥想法啊……这是我们情感交流的最佳形式，也更加深了我俩的感情，我开始慢慢对他敞开心扉。他问到关于我妈妈的事情，让我有机会可以为妈妈悲伤，我晓得自己已经哭了太多次，多到过分，他对我真是好有耐心啊！

同居两年，我们过得都是这样神仙眷侣的日子。

但也正因这份情投意合，我俩谁都没发现，我渐渐地开始人在心不在。我的思绪已神游到屋外，下了楼梯、过了沙发、来到草地上、来到马路上，就这样游荡着，不晓得去了哪里。直到有一日，我忽然发现我的心早已不在我们过的日子上，我已走到危险的悬崖边。虽然不晓得自己为什么会走到这一步，却也知道没有回头路。就如一个淘气的小孩不知怎么办才好一样，我也只是目瞪口呆地站在那片开阔的新天地里，任凭思绪如脱缰野马般奔腾，却不愿转身沿来路回到过去。

12月底的一个清早，我俩像往常一样一起去上班。那正是圣诞节和元旦之间的日子，每个人都心不在焉的，工作效率很低，地铁里和我们租住的公寓里也都是空得不可思议。到了公司前台我俩才分道扬镳，他往右我往左。我打开灯，挂好自己的皮大衣，又一次忍不住惊讶：我竟然有了自己的办公室呀！大大的办公桌，大大的书柜，还有落地灯和酒红色皮子面的扶手椅哪！

我静静地工作了一上午。我在我们公司的网站里负责诗歌部分，我要找到读者喜欢的诗人，采访他们，写一些相关报道，再跟踪有多少人读了这些报道。我好喜欢当编辑，想出创意、策划项目，然后进行细致认真的编辑工作，这第三样是我至今仍在学习的。这样的工作缓解了我的焦虑，让我晓得自己有实实在在的技能，可以在任何英语国家生活，这种技能就像理发师或技术工人的技能一样可靠。

到了吃午饭的时候，我喜欢窝进沙发里，一边啃三明治一边看最新一期的《纽约客》。这本杂志是我们的对手，创刊于1925年，是一颗冉冉升起的新星，我估计他们肯定不用担心这本杂志像我们一样越来越老朽。

我忽然在杂志上看到这样的内容：一张黑白肖像。那简直就是我啊！

但那是更加成熟的我。和我现在一样都是肩膀窄窄、脱衣有肉穿衣显瘦的身材；浑身洋溢着爱尔兰风情；肌肤白如凝脂，十分迷人，而且和我是完全一样的肤质，脸上一点儿色素沉淀或雀斑都没有。

照片上的她正坐在一张办公桌后，身后是大大的壁炉。她竖着衣裳领子，青丝高髻，美目低垂，并未直视相机，表情清冷却潋滟。桌上摆了一摞书，书上又摆了一瓶长茎玫瑰花、一只空玻璃杯和一个窄窄的装香烟的银盒子，她手里正夹着一根烟。照片的背景既简朴又随意，令我看了之后，也好想在这么一个地方待着。

看她的照片，就好像是在展望我的未来一般，仿佛我已成为了一个举足轻重的大人物。

26岁的我原本可以和照片里的女人更像的，但瞧瞧我办公室里的衣橱吧，里面净是些我在香蕉共和国①和上品折扣店里买来的便宜货，比如不伦不类的裤子啦，有领上衣啦（出于某种原因，我觉得上衣必须得有领子）……因为我觉得，如果还不晓得该如何打造自己，那么还是尽量让自己不打眼为好。

我仔仔细细地把那张肖像看了一遍，然后开始读旁边的文字。这位女士名叫梅芙·布伦南②，曾出过一本散文集《唠叨夫人》，现在一位出版商又要出这本书的扩展本了。梅芙·布伦南1917年出生于都柏林，十几岁时才搬到纽约来定居。现在我看到的这张肖像拍摄于1949年，当时她32岁，正要加入《纽约客》杂志社工作。另外，梅芙·布伦南曾有过一段非常短暂的婚姻。

杂志上这样写："大多数时候，她都是过着形单影只的生活，在

---

① 美国购物网站，后面的上品折扣店也一样，类似打折网。

② 梅芙·布伦南（Maeve Brennan，1917—1993）：爱尔兰短篇小说家、记者，爱尔兰移民写作的重要人物。作品有《游客》《圣诞夜》等。

这个城市里来回来去地搬家。"

这样的生活显然是艰苦的，但一定会很有趣。

接着，这篇文章又讲道：1954年，梅芙·布伦南假借"唠叨夫人"之名发表了第一篇文章。从此以后，整整20年的时间，她坚持在这本杂志上发表文章，从未停歇过。在她的每一篇文章之前，编辑都会很搞笑地加上一段导语："唠叨夫人刚刚给我们写了一封信，内容如下……"

我再把目光转向她的肖像。

我忽然一阵战栗，这就是我的目标啊，她正是我想要成为的人！

那天下午，我一趟趟地往公司的公共办公桌那儿跑（那上面放着其他的《纽约客》，便于想看的人阅读），她的那些作品惊呆了我。原本我是个磨磨蹭蹭、有拖延症的家伙，可是此时我却一把抓起杂志，转身就往自己座位上跑，然后，开始如饥似渴地阅读她的作品。

我又幻化成了她，不光是面孔长得像，而且置身于她的文字中，不再是那个早上和R一起搭地铁上班、晚上和他一起做饭的我。幻化成她的我是一个更本源的我，一个我以前从未发现的孤独的自我。呃，也不是从未发现，我曾写过两首诗，描写那种距离感。但是大多数时候，这种孤独自我还只是处于萌芽状态，很少被我感知到。现在，读着布伦南的文字，那种内在自我开始闪烁着浮现出来。

在一个非常平庸无奇的时刻，比如正在买新球鞋的时候啦、正在餐馆里等朋友啦，如果忽然来了一条短信，也许就会令自己心神激荡，这是我们都知道的。布伦南的文字也有这样的功效，只不过它不是令我心里激动，而是能够影响我在公共场所的行为。比如在买鞋时或在餐馆里，想着她的诗句，我会变得更加落落大方。她的散文诗对我的日常生活有很大的影响。

1998年时，回忆录的撰写特别热门，有些回忆录的受关注程度高到不可思议，我们杂志社的每日工作也因此受了影响。但是，即使是在最优秀的版本中，如果是一本女人的回忆录，就算她能够诚实而有智慧地展现自己，她的经历也绝对无法和周围人分开，她的故事一定不会只是她一个人的故事。这和男人不同，他们特别会把自己独立展现出来，描写成英雄人物。

在写自己的故事时，只有一个清清爽爽的自己而与他人无关，梅芙是我读过的女性第一人。她笔下没有她的情人、丈夫、双亲、孩子……天地间唯有她一人，走在纽约街头，静观世事人情。她表达的观点清晰冷静，犹如清冷的寒冰。

比如，某天黎明前，在华盛顿广场公园的长椅上，她独自一人坐着，看一对夫妇吵架。在一家旅馆高层的一个房间里，她静观一位老妇人把一封信一页页地扔出窗外。在一列火车上，一位先生给她让座，她礼貌地谢绝了，可是在这段旅途剩下的时间里，她又一直在后悔自己刚才没坐下，这是她在观察自己。

最后这个让座的故事是我最喜欢的，因为来自熟人遍布的小城市的我，总会被纽约冷漠的人际关系吓到。布伦南却写到在地铁上让座，原本我已在心里筑起一道拒绝纽约的"长城"，可她的故事却给我的城墙撬开了一道缝隙。透过这些我可以看到，纽约并非是我所畏惧的铁板一块，人与人之间也有交集，也会上演着一出出小小的悲喜剧。

想要独处的渴望在我心里油然而生，猛烈得犹如排山倒海。

1998年12月29日：我好想搬去纽约生活啊！能不能在那里租一间天花板高高、储物柜大大的公寓呢？然后，我可以在那儿过上长长的一段时光。我会喜欢那种生活的！我真想把家彻底搬到纽约去，在那里定居下来，开始认认真真过日子。

前文也说到了吧，我把梅芙·布伦南的书都抱回家，花了一晚上通读她的文字，连起身喝口水都顾不上。次日，我就去买了到纽约第34街的车票，那可是相当远的地方哪。

下班后，我和R常常回去跑步。有一次，我们看见一个女人推着婴儿车在崎岖得要命的路上也正跑着哪，这就是现代妈妈的活法儿，"什么都想干"，可惜锻炼也没锻炼好，孩子也没带好。R笑嘻嘻地朝她一指："瞧，你以后也得这样儿。"我心里一阵不爽，我是绝对不要变成这样的女人的！可是我不知该怎么把这话告诉他。

我想要的都是些可笑的东西，实难说出口。我想当梅芙·布伦南，可惜那是个我知之甚少的女性，对我而言简直不像个真人儿，只是给我一种感觉罢了。很多年后，她的自传出版了，这大大丰富了我对她的了解。之后，我又花了十年的时间，终于找到一个机会和一个认识她并在世的唯一的人吃了顿饭。如今我已集全了她所有的书，可以通过其作品好好想象出一个她。

所谓的"唠叨夫人"，其实就代表了她，其文中写的全是她自己。虽然她本人深居简出，可文字却多有涉及自己。顺着她的目光，我学会了如何更加贴切地观察周遭的世界：想要这么做，关键是，先要忘记自我。

然而我的生活却是完全和R重合在一起的，如果哪天我觉得应该分开一下，我自己都会觉得怪紧张的，要尽量压抑分开的想法。

因此，和R在一起的这段时间，我养成了一个新的习惯：每当想要分开时，就学学梅芙观察世界的方式。这简直犹如开了天眼般，创造出一个美好的心理空间，立刻就能给人强有力的安全感。这一心理空间，再加上一些药物的辅助，我渐渐学会了忽视坐在街角草坪边长椅上哇哇乱叫的老人的丑态，专注于那个为我调制卡布奇诺的女人，她简单的行为似乎闪烁着有意义和戏剧性的光芒。我甚至还会想象自己是个作家哪！

梅芙·布伦南的很多散文里都提到，她总是独自一人在曼哈顿下城的大学餐厅（餐厅名）里吃饭，因此我也开始想象自己是独自进餐的。

在我的想象里，我一个人坐在红色的椅子上，读读书，喝喝咖啡，小心翼翼地把咖啡杯放回托盘上，偶尔还会扫一眼窗外热热闹闹的人行道，那儿的人都在说什么"第14街和百老汇"和"坐一段城铁，这个时间城铁比出租车可快多啦"，我也能够听懂他们的意思。

幻想很难阻挡，因此也令人有些惶恐。每次写完一首诗，我都会一边走大圈一边在脑子里琢磨这首诗，字字句句地推敲。一个女人独自坐在纽约的一家饭馆里，想要观察别人的生活——她想要得到什么呢？我想要在诗文里对自己说点什么呢？

我是想要单身生活吗？

也许想。我，单身。我，却又特别爱唠嗑。

聊天特别能让我体会到自我存在感，所以我从未质疑过这个习惯，可是现在却有些质疑它了。犹如一条小溪从我内心深处汩汩流出般，我不太好形容它，但它很快就流经我的嘴巴，流出来，化作水蒸气消失在了空气中。

作家是否特别需要独处呢？

我无从选择，想要独自生活，就必须放弃我爱的R。

我犹豫来犹豫去。

难道，我真的不想结婚吗？

我当然想要结婚啦！上大学时我已想好，30岁就结婚，这样，在成家立业之前，就可以有足够的时间让我来认识人世。如果选择不做"结婚"这么正常的事，我得对自己有个很好的解释和交代才成，然而显然我根本没有。

我观察了一下自己身边的成年女性——那些比我年长的，四五十岁甚至更大的——看看自己想要成为她们中的谁。我把她们分为已婚和未婚两档进行对比，这给了我很大的启发。

首先，我惊觉单身女性对身边人特别上心，舍得把精力投在身边朋友身上，分分钟都可以和你聊天或逗趣。她们命途孤寂，每晚独守空房，十分悲惨，因此别人常常会鼓励她们离开家去接触接触人，让自己的生活更充实一些。这样做的最好结果，也不过是和朋友更加亲近而已，但似乎这种亲密的朋友关系会比主流家庭生活更加吸引人。

我开始更深入地听取各方意见。已婚女性，尤其是已为人母的，往往会企图把自己放在一个超然的立场上，似乎她们认为前缘天定。我觉得即使单身女人有更丰富的经历，可以看到更广阔的世界，但已婚妇女的观点却更加有智慧。

而且，虽然这些单身女子都颇有见识，但她们都不是主动选择单身的，也不是因为找不到对象才单身的。她们都是因为命运不济，比如离婚啦、先夫去世啦……其中绝大多数还在继续追求新恋情，只有其中一两个人决心再也不找了。不过她们全都真心认为，已婚状态下的那个人才是她们的真自我，如今这个不过是行尸走肉而已。

我曾想象要去过梅芙那种自信满满、自力更生的生活，然而这些单身女子却无一人喜欢这种日子。不过这个倒也没有特别打击到我。

虽然我对梅芙知之甚少，略知道些也都是雾里看花，但我却坚定了"当她"的信念。那感觉，就像是我们俩站在候机楼长长的直直的走廊两头，一下子就对接上了信号一般。

1999年冬天，我做了两件事：先是按照梅芙·布伦南的文风，写了一篇关于菲尼斯地下商城的文章，以此来申请报读纽约的研究所。在文中我以一个城市漫游精灵的身份出现，另外，这篇文章也纪念和我妈妈一起逛街的过往时光。然后，杂志社的总编辑下班后，我把这篇作品放到了他办公桌前的椅子上。

如果他能够发表我的文章，那么我以后就走职业作家之路；如果他没有呢，我就另起炉灶好了。

当然啦，这挺荒谬的，我居然把自己的命运放到别人的掌心里。

一周后，他把这篇小文放回我这儿，上面写着两个用红笔圈起来的字："发表"。

不久后，我申请的两所学校都同意接收我，但纽约大学可以提供奖学金。从接到邮件的那一秒钟起，我就非常渴望能一个人独自搬到纽约去，但是，我还是不知道该如何理直气壮地说出这个想法。都30来岁了，我还要离开男朋友，这听起来特别不靠谱，特别幼稚！我努力告诫自己：事到如今也该放弃那份模模糊糊的独身梦想，快点长大啦！

那年八月，R和我一起收拾行李，离开了萨默维尔公寓，驱车赶往纽约的布鲁克林。

近来，我在研究社会心理学家马库斯·黑兹尔和保拉·S·纽瑞尔斯的学说，借以了解自己对梅芙·布伦南的迷恋。我发现，提升女性在文化中的引领作用势在必行。

这里有30个与所爱之人分手或爱人死亡的案例，按恢复程度（这个是以他们的自我诊断作为标准）分为"恢复良好"与"恢复不好"两组。给这两组人一张词汇表，让他们从中挑出最能够描述当前状态的词。同时，把这张词汇表也发给30个没有经历过生离死别的人。

通过这项研究，可以测试出人们的自我了解程度。"自我了解"是一个心理学术语，可以用于回答经典问题"我是谁"。这个信息存储包里还包含"自主意识"，能够判断自己，如"我游泳相当不错哟"，或者"我跳舞跳得不好"。换言之，就是有总结自己的能力。这也就是说，我们其实是通过过去的表现来判断当下的自己的。

黑兹尔和纽瑞尔斯认为人生还有第三种状态——想象中的未来。"过去的自我"和"当下的自我"其实都是为了成为"将来可能成为的自我"，即我们希望自己有朝一日成为什么样的人，我们担心自己以后会沦落成什么"样儿"。"可能成为的自我"是"富有的、苗条的、已婚的"，"样儿"则包括"独身一人、生病、无家可归"。比如，一位公司里的初级律师可能会希望自己能够成为公司合伙人——成功的自我。同时她会很担心自己被解雇，因为那样一来她会有自我幻灭感，对自己失望，而且那样的她可是连车都买不起的哟！

研究人员指出，这些"可能的自我"对我们而言都是至关重要的，因为这些"自我"综合在一起，我们才能够总结出自己当下的状态。譬如上文那位初级律师，如果她认为自己的当务之急是升职，那么她的"当下自我"和"未来自我"之间的距离其实是很小的，这将有助于她提高自信心，而自信则会令她更易升职。

黑兹尔和纽瑞尔斯想知道的是，"未来自我"是否不只影响我们对"当下自我"的看法，而且还可以激励我们向目标奋进。

他们本以为"恢复良好"的那组人的自我感觉要比"恢复不好"强多了，但事实并非如此。相反，两组人对当下自我的描述都是：无法自控、身体虚弱、年少夭折、无法适应、落后于人、灰心失望、呆傻愚蠢……妈刚走那几年，我也是这样评价自己的，直到我和R生活在一起。妈去世之前，我就不会有这样的危机感，而是喜欢用更积极的词汇来描述自己：乐观、安全、适应、有爱、自信。

下一个环节，是让受访者描述他们的"未来自我"，即放眼将来。"恢复不好"的人认为他们会人缘不好、做事失败、遭遇分离、英年早逝……总之是比他们现在的状态更加糟糕。相反，"恢复良好"的那组人则坚信自己能够坚强、自立、富足、创新……与没经历过生离死别的那组人的回答相差无几。这倒也不太出人意料。

但不同之处在于："恢复良好"的那组人，他们毕竟是曾有过惨痛经历的，所以他们认为其积极的"未来自我"会比没经过事儿的人更有可能实现。

研究人员推断，积极的"未来自我"这一愿景的存在可能有助于他们的恢复，甚至可以把他们从精神桎梏中解脱出来，给他们希望，帮助他们度过暂时的痛苦时期。同样，如果"未来自我"比较消极的话，会成为他们恢复的障碍，令他们失去改变现状的能力。

很显然，我非常支持这项研究结果，因为我也属于在20出头时就遭遇人生大不幸的人。长久以来，我都觉得梅芙·布伦南是我的心理医生，为了能够成为她，我依葫芦画瓢地给自己设计了一份未来。

"成为梅芙"正是我为自己设定的"未来自我"——自立的女性、从事写作工作、气质优雅。之所以想当她，最重要的原因是她不那么有名气。如果是埃尔哈特[1]或弗里达·卡罗[2]这样的大明星，成就比天大，只会令我对比出自己的渺小。我虽不妄自菲薄，但也不愿好高骛远，更当不了这个时代的艺术先锋。正如伟大的玛格丽特·富勒[3]在《19世纪的女性》（美国第一本重要的女权主义著作）一书中所写：

大型植物永远都在克服一切障碍、拼命开花。但我们也不该忽视，而是应该欣赏那些小型植物，比如滴水苔藓也会开出小小却精致的花朵。但因为其他植物占据了广袤开阔的土地和富饶松软的泥土，所以那些小植物往往没机会展现自己。

当然啦，在21世纪，对女性而言，"出身已不起决定性作用"，富勒这样写道。我是继她之后第二个想要找到"女性该如何生活"这一问题答案的人，但在这一寻找过程中，我需要找一个志同道合的朋友一起探讨，而不想只是找个偶像来供着。

---

① 阿梅莉亚·埃尔哈特（Amelia Earhart，1897 — 1939）：美国著名女飞行员和女权运动者。

② 弗里达·卡罗（Frida Kahlo，1907 — 1954）：墨西哥最受欢迎的现代女画家，作品有《我的诞生》等。

③ 玛格丽特·富勒（Margaret Fuller，1810 — 1850）：美国作家、评论家、社会改革家、早期女权运动领袖。作品有《1843年的湖光夏日》《论文学与艺术》《国内和海外记》《内外生活》等。

但我万万没想到的是，这一寻找过程完全没有对我产生影响。所以在我看到黑兹尔和纽瑞尔斯研究报告的结论时，我不得不懊悔地点着头表示认同他们的观点：

"积极的未来自我"和"消极的未来自我"都会令研究人员很难完全理解被观察者的行为……因为"未来自我"会引导人的行为，但别人却无法了解（或不想承认）你的"未来自我"愿景是什么，这一点从你人际交往的困难上可以体现出来。

事实上这结论是自相矛盾的：尽管我所追求的"未来自我"令我带R一起去了纽约，但这事让我非常压抑，又不知该如何表达自己的不快，所以我只能"打落牙齿和血吞"，说些言不由衷的话。这是因为我的潜意识想要迫使我相信"自己这样是做对了"。同时，很可能R也在经历一些心理危机，并不想被他的"未来自我愿景"给束缚住。

再往深里说，这一研究成果印证了我之前就非常不认同的"树立偶像"之说。其实我们是可以拥有不同的未来人生的。

黑兹尔是主持这项研究的研究者之一，她给我解释了我们的文化与"未来自我"愿景之间的关系。黑兹尔的灵感来源于20世纪70年代末的妇女自我定位和身份变化。"不管对象是黑人、拉美人还是墨西哥裔美国人，研究的前提是重新进行人群划分。'独立自主'对女性而言，就像对少数种族一样重要，这给了我深刻的印象。"

我问她，哪种人更容易受"未来自我"愿景的影响呢，这和性别有关吗？

"目前，我还没听说有这方面的不错的研究，"她说，"但据我的经验看来，我觉得女人更关注自己的'未来自我'，可能会比男人更甚，会担心这个'未来自我'愿景将影响到自己。"而男人呢，她认为男人更独立些，自认为时刻都能够掌控自己的生活，所以不会太担心自己的未来。

她还说，这里存在着一个不容置疑的文化差异：西方特别强调"个人主义"，这种信念令我们相信人定胜天，自己可以掌控自己的生活方式；但东方人则能够更清醒地认识到很多其他因素的存在，譬如运气、环境，这些都会影响到我们的生活状态。"所以，在东方人的世界里，能否拥有'积极自我'愿景并不重要，因为个人的力量非常有限。"黑兹尔如是说。

"'未来自我'愿景只是目前在西方国家特别重要罢了。"黑兹尔继续道，"我们需要更好、更多类型的偶像，比如在电影里增加一些风趣幽默、吸引力强、生活滋润却仍然未婚的女主。"

换言之，增加些天行者卢克的女性版本，而不要老是演《星球大战》中的莱娅公主。

黑兹尔还提醒说，找到"未来自我"不能光凭个人，当务之急是为女性提供制度保障，便于她们找到"未来自我"。"学校啦、单位啦、法律啦、规矩啦、媒体啦……这些都是帮助女性认清自己要成为什么人的重要因素。"

她停顿了一下，又继续说："西方这种'未来自我'愿景也会使人产生'未来无法实现这一愿景'的大大恐惧感。但在东方世界里，'消极'也是人生的一部分，就如同有光明就会有黑暗一样，失败对人而言也有很重要的意义。'未来自我'愿景虽然没有实现，但东方人却在这一追求过程中获得了经验教训，成长为一个更加成熟的人。"

在我最初喜欢上梅芙·布伦南时，我没料到她会在这方面也对我产生指导意义。将她定位成我的"未来自我"，最主要的原因是我对她知之甚少。很久以后，她的自传终于出版了，这令我又开始担心自己无法成为她了。

不过不管怎样，我找到了梅芙·布伦南，她成了我的六位精神导师中的第一位。

第四章

女人，
你有没有一间属于自己的房间？

我和R只在纽约一起住了几个月，我俩的日子过得截然不同。他属于白天睡觉型，宅在我们布鲁克林高地的两室公寓里，和他那些都不用坐班的杂志编辑根本见不着面。而我则是一天到晚不着家，这个城市又大又喧嚣，让我特别中意。到点儿就来的城市轻轨、一大罐一大罐的腌酸菜，都让我浑身犹如通了电般兴奋，简直就是进了游乐场嘛！这样的生活正是我所追求的呀，热闹、喧嚣、欢快。我的新学校缺少一股学究气，而且缺得毫不掩饰，这让我深深地爱上了它。

每晚，我都是搭地铁回家，一出地铁就急着往家赶。一路上霓虹灯渐少，取而代之的先是邻居家里柔和的灯光，等到了我家门口，则完全陷入了黑暗中。

能住在布鲁克林的高档社区里，纯粹是靠我俩的狗屎运。那里有一条名叫蔓越莓的小路，旧石板铺就的人行道相当安静，路边高大茂密的树临着海边长廊，从那里能够俯瞰到东河和曼哈顿，再往那边就是广阔到天际的纽约港了，开阔的水面上波光粼粼，甚至还能看到自由女神像哪！我讨厌自由女神，且住在这种富贵之地会消磨我的斗志，令我有种无功受禄的紧张不安感。

　　但更令我不安的，是邻居们简直和新英格兰那帮人一样不着调。我们时刻都能看到一帮身穿镶蓝色纽扣卡其布裤子的老头子，戴着印有帆船帽子的头一点一点的，好像他们又一次在大西洋上迷失了方向，只能停靠在一个20世纪60年代就已经消失了的码头上。还有，这些人家里都安着漂亮的百叶窗和绘着漂亮图案的木板门，这玩意儿简直像是从我老家直接空运来的一样！有一次我读了阿尔弗雷德·卡津①的一篇文章，说布鲁克林高地"犹如要塞般壁垒森严，外头人甭想进来，里头人谨言慎行"，只有他们房子的木质大门能够"稍微解救他们于傲慢高冷之中"。看到这里我禁不住哈哈大笑，但看了下句，我却又不禁一阵心凉："这儿的风格与纽伯里波特的商人住宅是一样一样的，一切都面对着大海。"

　　这可比我想得更糟哪，我这不是等于又活回去了吗？

　　在纽约，出去吃饭其实是件物美价廉的事儿。可惜我和R都不知道这一点，仍跟住在萨默维尔时一样，天天在家做饭，只有特殊的日子才下馆子，就好像我们想要在这个不夜城里过心如止水的居家生活似的。每天晚饭后，我们会坐在沙发上看看书，一个人把脚

---

①　阿尔弗雷德·卡津（Alfred Kazin, 1915 — 1998）：美国犹太裔作家兼文学批评家。作品有《扎根本土》《城市里的漫游者》《当代人》《始自30年代》《纽约犹太人》《上帝与美国作家》等。

搭在另一个人的大腿上，任凭楼下布鲁克林大桥上车如流水地喧嚣着。我们的日子过得犹如一条稳稳当当的船，虽然我俩从未认真谈起，但其实已经往"结婚"那个方向行驶了。

但是每当我走在纽约的大马路上时，就会听到梅芙·布伦南那坚定而清脆的高跟鞋声。当我裹紧外套、顶着严寒前行时，我会想象自己就在追随她的脚步。我试着从她的视角看世界，就好像戴了一副借来的眼镜似的，用她的标准来评价我之所见。独自一人时是我最有活力的时候，我会直接忽略地铁上的挤挤撞撞，顺着人行道跟着成千上万面目模糊不清的路人一起前行。这时我会有种激扬之感，虽不太好形容，但我特别喜欢这种感觉。

因此，每天早上我都会急急忙忙奔出家门，投身人流去寻找这种好感觉，仿佛急着去见心爱之人似的。

有一天下午，在经过一家旧书店时，我挑到散文批评家薇薇安·戈妮克的一本书，在这本书里我看到她的故事。20世纪70年代，她离开了她先生，开始一个人生活。那时的她正和我现在一样大。她写道自己很迷恋分开后第一个清晨的那种清寂之感，"所谓爱情就像是一种侵犯，我需要思考、需要学习、需要认识自己。清寂是一份天赐礼物，这个世界是欢迎独身的我走进它的"。

握着这本书，我的手直发抖，犹如握着一颗扑扑直跳的心脏。

我的前半生，从来都不是一个人过的。我的意思是说，真真正正地单着身，在长长的一段日子里，一切都只靠自己。很显然，我是个挺独立的家伙，"独立"是我们这代人与生俱来的特质。妈像我这么大时已经结婚了，不仅带着两个孩子，还做着一份全职工作，所以她虽然想要当作家，却根本没时间朝着这个目标努力。相比之下，我是多么自由啊！

然而，从头到尾，我都是一个生活在父母照顾、男友宠爱中的家伙，他们陪着我、惯着我，由着我说什么是什么，令我过着小孩子般的日子。对我而言，不仅是身份决定社会关系，我与他人的关系也决定了我在生活中所处的位置。我用亲人代替了我自己。

我买下了这本书，从书店往回走时，一路都在琢磨：真正的我到底是啥样呢？

如果我没办法回答上面那个问题的话，我还能否真正成人呢？

还有更重要的一点，如果我不知道该怎么照顾自己的话，我又怎么能真正成人？

这是个相当合情合理的问题，适用于任何人，且与性别无关，可其实又受到性别的制约。因为，这个问题揭露了一个令人忐忑的事实：作为女人，并不非要能够照顾自己。尽管到了21世纪，男人也还是负责养家糊口的那个。就算我内心深处一直都知道自己是个野心勃勃的人，但成不了作家、找不到工作也都没有关系，因为我可以通过结婚生子来获取社会地位及个人价值。我可以逃避，可男人却无处可逃。

发现了这套社会对男女的双重标准后，想要真正独立，我必须在情感上和经济上都独立才可以。要真真正正做到才行哟，这可不是和男朋友分个手就成的事情，而是要具备独立面对将来生活中一切艰难险阻的能力。

20世纪70年代，薇薇安·戈妮克在因婚姻不幸而想要离婚时，她决定先给自己找一份好工作。事实上这是一个政治行为，是一场为了重塑人际关系、争取两性真正平等的大战。从那时到如今已将近30年了，30年中社会已发生了很大变革，我所生活的这个自由社会环境会理所当然地认为女孩应该上大学、应该工作，双职工父母才是正常的。离婚当然不是啥好事，但越来越普遍了，且人们对于"上床"的态度也变得十分开放。

但是，令我惊讶的是，虽然现在的人已不是非结婚不可了（就像20世纪50年代时那样），人们却仍在前赴后继地走进围城。

初秋时的一天晚上，我俩决定款待自己一下，所以去了街角那个允许自带酒水的中东咖啡馆吃晚饭。当时天还蛮热，挺适宜在室外吃饭的，所以我俩选了餐馆门口人行道上的一张桌子。服务生帮我们打开自带的超大瓶西拉酒，我俩舒舒服服地瘫在椅子上，开始海阔天空地聊天。我们聊的都是些家常过日子的事，工作啦、学校啦、家庭啦、朋友啦、看了什么书啦、看完啥感想啦……热气腾腾、美味多汁的饭上来了，我俩大口喝酒、边吃边聊，最后喝得舌头都大了。这时，R忽然来了一句："咱俩这德行的人，能好这么长时间，真是不容易啊！"

我俩终于吃完了饭，又动身往我们的第二摊——甜品店去了。

他接着说醉话："知道不，你不性感哟！"

一开始我没闹明白他什么意思，不性感？他说什么呢？我挺喜欢滚床单啊。

于是我说："我喜欢和你在一起！"

我舔着从甜品流到手指上的蜂蜜，仿佛是在为我这句话做注解。然后我打开酒瓶盖，倒了两杯酒出来。可是，他却不再说话了。

他说得对。我虽然并非"不性感"，但我却在渐渐变成冷感之人，越来越没有欲望，而我还以为是因为我年纪渐长的缘故。我以为冷感是成长的一部分，越长大、越圆柔、越静气，也就越冷感。我一直努力让自己没那么多"性趣"。

街灯照到人行道上，形成一个淡淡的长方形影子，形状很像一张火车票。我看着这张"票"，忍不住想到了我的偶像梅芙·布伦南。我很想用她的方式去追求自由，她是指引我到波士顿并最终来到这里的人。温暖的秋夜，在布鲁克林散着步，虽然不是一个人，但和我在一起的这个男人毕竟是我深爱的。此时我们都喝了酒，酒精却令我看到了一个事实：《唠叨夫人》里面真正讲的，其实是一个人究竟能有多冷感。

我对一个人生活的好奇心越来越旺盛，与此同时，欲望越来越低迷，但我不想去解决这些问题，而是一味地装看不见，回避它们，我把《唠叨夫人》里的生活方式看作犹如月亮般遥远的梦想，就像一个遥不可及的暗恋之人似的。和R的恋爱中，我也无法再做到诚恳老实、知无不言了，我和我的这份"压抑的渴望"偷偷发展出了一层单恋关系。

过去我和妈交心惯了，如今在这个陌生的城市里，我也狂热地需要这样一个灵魂伴侣，因为我深知自己不可能把R当成唯一的密友。

"老天爷，"我叹道，"你还真说对了。咱们该咋办呢？"

圣诞节时，R想要回他位于剑桥的老家看看，所以我也回了我们家。此时虽然妈已经走了四年，但我和弟弟仍坚持和她一起过新年的第一个早晨。我俩谁先醒就负责把另一个喊起来，然后一起下楼，一起煮麦片、烤饼，这都是妈喜欢的早餐，是她去爱尔兰探亲回来后学会的。我和妈一样，喜欢有点儿小奢华的东西，比如父母在中国举行婚礼时穿的镶金线的婚纱啦、银餐具啦、亚麻桌布啦……爸还会在餐厅里生上火，且因现在我们只剩下仨人一起吃饭了，地方很宽裕，所以我们会不用餐桌，而是围着火炉、把盘子放在腿上吃。银餐具映着火光，亮闪闪的，充满了节日气氛。

和往年一样，今年的圣诞节我还是得到了不少书。打开红色的包装纸，里面是一本崭新的精装书，名叫《美国式摩登：波西米亚风的纽约创造了一个新纪元》，是历史学家克里斯蒂娜·斯坦塞尔的大作。我不解地点点头，感到一阵不好意思，我都不知道在20世纪50年代"垮掉的一代"出现前，纽约竟盛行波西米亚风！毕竟那时还是维多利亚时代呀，维多利亚和波西米亚的风格是多么矛盾！

我至今保有这本书。爸还在扉页上用圆珠笔给我写了几句话："送给凯特，也许有朝一日，会有人专门出书写'凯特创造了一个新纪元'。深深爱你，爸爸。2000年圣诞节。"

我呵呵地冷笑一声，自打20世纪40年代《纽约时报》提出了"美国式波西米亚"这一概念后，所有人都开始追求所谓的"酷"，比如面不改色地听震耳欲聋的爵士乐，完全不表露情感等。我远非酷人，这一点大家公认。就在上个月，还有一个同学跟我说："昨儿真是你生日呀？还没见过哪个成年人会为这事儿兴奋成你那样儿呢。"

坐在回纽约的火车上，我打算好好读读这本书。我和R在波士顿南站会齐，然后一起搭公车回家。上车后，我俩找到一个空着的双人座坐下来，然后就开始看书，琥珀色的灯光从头顶洒下来，我们两个人都沉浸到了书里。过了一会儿，他拿出我俩最爱吃的热狗和罐装百威啤酒，放下小桌板，摆上食物。然而我却已忘了他的存在，随着火车向东北前行，我完全忘记当下，跟着书神游回过去的年代了。

我一直都很喜欢小说里描述的那些个性十足的建筑。比如弗吉尼亚·伍尔芙①的《到灯塔去》里那座"吹着湿润海风"的度假别墅，在海滨淡季里，主人公在别墅的卧室里"充满爱意、宁静安详地紧握彼此的双手"；还有在雪莉·杰克逊②的《我们一直住在城堡里》一书中那座歪歪扭扭、没有屋顶的半成品"豪宅"，屋顶尖尖，直冲云霄；玛格丽特⊠米切尔③的《飘》里，在郝思嘉的家乡陶乐，有很多建于南北战争前的富丽堂皇的种植园主的房子，这些房子记录了一个历史时代。玛格丽特⊠米切尔写作时肯定仔仔细细地研究了华盛顿广场公园里的建筑，因此她对陶乐的描写才能如此栩栩如生。

巧的是，我每天上课都会路过华盛顿广场公园哩！

再后来的一个多世纪里，这个地方日新月异地改变着，终于面貌一新。19世纪70年代，这个公园就已经被重新设计改造过一次：高大的枫树和橡树下弯弯曲曲的小路边都种上了草坪，第五大道和第59街交叉口上的圆形大石头喷泉被搬到了这座公园的中央区域。1892年之前，华盛顿广场的拱门一直是木质的，但那年却被换成了

---

① 弗吉尼亚·伍尔芙（Virginia Woolf，1882—1941）：英国女作家、文学批评家和文学理论家、意识流文学代表人物，被誉为20世纪现代主义与女性主义的先锋。作品有《达洛维夫人》《到灯塔去》等。

② 雪莉·杰克逊（Shirley Jackson，1919—1965）：美国小说家。作品常以邪恶为主题，暗藏变态心理或超自然力量。作品有《抽彩》等。

③ 玛格丽特·米切尔（Margaret Mitchell，1900—1949）：美国现代著名女作家，曾获普利策奖、纽约南方协会金质奖章。作品有《飘》等。

更加宏伟的大理石拱门，直到今日。每次这样的改变都会带来陌生感，一百多年来似乎一直都是如此。

我们家刚搬到纽伯里波特时，我父母把前一任房东在房间里贴的壁纸揭下来，发现下面还有好几层，这就好像斯坦塞尔在书里写的那样：她一层层地揭开80年代的朋克风、70年代的嬉皮风、60年代的狂飙突进风和50年代的酷猫风，然后还有私情泛滥的30年代和轻浮狂乱的20年代，一路揭开，终于还原了20世纪初时人们的真面目。

过了一会儿，我离开座位又去买了几听百威啤酒回来，顺便也伸展一下四肢。我上大学时主攻美国研究，所以对斯坦塞尔还算有点了解。但当我从餐车旁边艰难地蹭过，终于回到位子上时，我忽然意识到，我其实早已把自己对美国的所知按照很狭隘的方式分为了两个时间段。

其中一个是"当下"，也就是我所生活的时代。比如此时此刻，我所乘坐的火车就正穿行于这个时代。

另外一个是"过去"，也就是我出生前的民权时代，我是通过报纸杂志电视网络啦、妈妈给我讲的令她有了政治觉悟的故事啦、爸爸关于他在种族歧视的南方如何长大的回忆啦，才获得对那个时代的了解的。1977年，我看了第一部电视连续剧，里面讲的就是如何把非洲人用铁链锁在运奴船里贩卖到美国的可怕故事。

其他地方也和纽约一样，都发生了很多政治事件，坦率地讲，这段时间的大动荡似乎是整个美利坚民族在大变身，可以与加利福尼亚淘金热相媲美。

我早已知道，在19世纪末20世纪初时，很多具有重大意义的事件发生了，比如凯特·肖邦①的《觉醒》（1899年）和弗洛伊德的《梦的解析》两本著作的出版；长达12年的俄国革命；1902年，空调被发明出来了，怀特兄弟制造了第一架飞机，洛杉矶开了第一家电影院；1903年，亨利·福特创办了自己的汽车公司。

可以这么说，我多少有些忽视了"当代"诞生之初的那几年。我在大学课本里所看到的维多利亚时代的照片，竟比1641年那些关于清教徒的钢笔画更令我感到费解。我产生了一个令人不安的念头：40年后再回头去写当时的女人，因为很容易就把她们想象成拖着大裙子的人，所以写得会不会失真呢？更可怕的是，我会不会一方面这样写了，一方面还在文章里批判她们所穿的样式搞笑、压迫身体的衣裳。

而且，读者有所不知，那些被我用文字轻狂嘲笑的女人，正是我的那几位教我很多的精神导师呀！

而且，其实早在1889年，维多利亚时代就已经结束了。

那段时间是非常短暂的，仅仅从1890年到1920年的30年时间。期间涌现出很多著名人物，有记者、作家、演员、活动家，大部分是男性，女性所占比例非常小。这些人中的大多数如今都已淹没在历史里了，仅剩的一两个，也只是"虚名儿后人钦敬"，比如激进派

---

① 凯特·肖邦（Kate Chopin，1851—1904）：美国女作家。作品有《河口人们》《阿卡迪亚之夜》等。

作者路易丝·布莱恩特①和她的丈夫约翰·里德②。这些人中的很多都只是在格林尼治村内部出名而已，而格林尼治村直到1918年才通了地铁，开始与纽约的其他地方连接起来。

但通地铁后不久，这个小地方就成了维多利亚晚期那些无政府主义者的乐土。他们在这里寻找新的生活方式，追求自由恋爱、社会主义、弗洛伊德主义与和平主义，他们怀着无比的兴奋和热切执行着自己的理念，甚至还宣传节育哪！一言以蔽之，他们肩负着通过彻底的社会解放来追求美好未来生活的使命。

在这场革命中，最重要的组成部分就是争取妇女权利和性解放。"这个维新派把他们的野心如此紧密地与妇女关联起来，这是前无古人后无来者的。"斯坦塞尔写道，"全体女性，而不是少数几个女人，都挥舞起了'两性平等'的大旗。"

语言对她们而言是不可或缺的，使用这一工具，她们创造了一个包容性很强的"社区对话"，把所有人都不分阶级和性别地容纳其中。"言论自由是自觉的、浮华的、大胆的，诚实到夸张的地步，且十分性感。"斯坦塞尔如是写，这些对话的内容"从诗歌到节育再到制衣工人的处境，包罗万象，模仿演讲的形式，拼凑出这样一个文体"，它是一次光荣的大爆炸，超越了"贵族人家起居室里彬彬有礼的对话"和"中产阶级人家客厅里乏味的老生常谈"。这些人中的作家"下笔自信，有很多新发现，文字中充满了自我喜悦感"，所写内

---

① 路易丝·布莱恩特（Louise Bryant，1885 — 1936）：美国记者，曾报道俄国布尔什维克革命。

② 约翰·里德（John Reed，1887 — 1920）：美国左翼新闻记者，美国共产党创始人之一。作品有《震撼世界的十天》等。

容往往"豪爽、友善，没有怀疑和讥嘲，很有立场"。如今这段短暂而璀璨的历史早已结束，只留下了"天真革命""抒情年代""欢乐一季"的名声。

这些革命者都是反时尚主义的。

在很多标志性的历史时刻，经常会出现一些小插曲，而事后回头去看，这些小事件往往是这一时代即将灭亡的标志。

1916年一个寒冬的夜晚。有六名自称"阴谋家"的人（其中最有名的是马塞尔·杜尚①，此时他已通过其画作《下楼的裸女》与全世界对立了整整三年）冲进了华盛顿拱门，顺着其螺旋楼梯爬上顶楼，开始了一场最文质彬彬的革命演习。他们把中国灯笼和红色气球挂了上去，然后铺上野餐毯，坐下来就着烛光喝茶，直到天明。六个人中有两名女性，其中一个女人还大声念着格林尼治村的"独立声明"。然后，他们开始用手里的玩具枪射击，还放飞了所有的气球。

这些波西米亚人呀！

我一直都晓得，如果想要了解自己的话，你一定能够从书本上找到和自己相似的人物。现在我方知，我们也可以在历史中寻找这个"自己"。在波士顿过了四年的平淡生活后，这些100年前的富有魅力的革命者犹如我那即将到来的情感风暴使者一般，我想要叛逆一次，彻底打破过去，创造一份新的未来人生。事实上，我希望我已经这样做了。

我在历史上寻找到的那个"我"，名叫奈特·博伊斯②，虽然不好

---

① 马塞尔·杜尚（Marcel Duchamp, 1887 — 1968）：法国艺术家、达达主义及超现实主义的代表人物。作品有《下楼的裸女》《喷泉》等。

② 奈特·博伊斯（Neith Boyce, 1872 — 1951）：美国小说家、剧作家。

意思承认，但她和梅芙、埃德娜一样，都会给我一种亲切感。她也是在20岁时从波士顿搬来纽约的。和我一样，她也并不激进，但是非常坚强独立。她是当时一家颇具影响力的都市报报社里唯一的女记者，"怀着在文学上有所成就的巨大野心，决心做出一番事业来，彻底逃脱嫁人作妇、生子作母的命运"。

她是那种我希望结识的女人。

凝视着她的照片，我却说不出太多的感受。照片上的她非常模糊，只是一个皮肤苍白、眼皮浮肿的年轻女人，乌黑的长发在脑后松松挽着。

现在，我把这本书重新翻回到第19页，在那一页的空白处，我用铅笔写着自己也想过她那样的人生。回到家里，我还一直在惊叹，为什么通往我未来人生的大门会这样低调地忽然对我开启。

奈特在历史上的地位微不足道，因此我花了一个礼拜的时间才终于找到了关于她的资料。是这本书里的一条脚注把我引向纽约大学博斯特图书馆的，在那里，我找到了一卷影像胶片，听到了奈特在1898年5月5日所说的一段话：

我生来就是个剩女，当然，在我作为职业妇女的宿命越来越清晰之前，我已过了很多年的时光……在那些年里，身边人很怕承认我是个单身女子，而老人们则说我非常独立，但并不认可……完美坚固的家庭制度竟然被穿着铅笔裤和有领衫的单身女孩打破了，这令他们非常不快……

这是"剩女"出现的序幕，奈特一再赞美单身生活：

放弃庄重的家庭生活，以单身的身份过下去，做出这样改变的那一天就在眼前了……我需要离开居家过日子的生活，到纽约去，自己住，自己赚钱自己花。

1898年的女性仍穿着带蕾丝的紧身胸衣，用异于男性的呼吸方式喘气，因为她们被紧身衣勒着，只能用胸腔的上半部分换气。她们即使骑自行车时也会穿着到脚踝的长裙，没有财产权，没男朋友陪着就不能去酒吧，而且当时的女性仍无选举权。

从伊迪丝·华顿的小说中我更直观地了解到，婚姻是维多利亚时代女性体现自身价值的唯一方式。当时的女孩一到18岁，就会正式进入社会，开始接受"主妇艺术训练"：跳舞、清谈、茶艺等等。然后，她就会订婚，从订婚到结婚最好能相隔上一年的时间。订婚后会有订婚晚宴啦、一轮轮的庆祝派对啦，她也随之攀上了人生的巅峰，这是她一生中最兴奋的一个时期。此时的她，名花有主、归宿已定，可以随时退隐家庭生活。"我好想结婚啊。"爱丽丝·詹姆斯——亨利·詹姆斯的姐姐在1875年前后时曾这样对朋友说，"如果能遇到一个对我充满炙热之爱的男人，不管他是啥人，我都绝对不会放过。"

在保守传统的维多利亚时代轻易地拒绝了结婚，在自己负责引领全国时尚的杂志专栏里提倡女权主义，这两种做法哪个更令我震惊呢？我也真是很难判断呢。

只是心跳一味加快。我继续听下去：

我绝非"老处女"，因为我是自愿守身如玉的。说到我是否会为自己的选择后悔，我只想说，正如哲学家所言，"结不结婚，你都会后悔"。

这里她所指的哲学家应该是苏格拉底，因为苏格拉底确实曾经有过这方面的言论，就像达尔文也曾分析婚姻的利弊一样。苏格拉底和达尔文都是男人，这并非巧合，而是说明不仅女性，男性也会对婚姻抱犹疑态度。

后来我才进一步了解到，奈特并非是一个超越时代的人物，她其实是潮流中人，她说出了那个时代的摩登读者藏在心底的愿望。在1895年，"剩女"一词所指的是不想结婚的受过教育的职业女性，和其近义词"老处女"远非一个概念，剩女们是经过深思熟虑最终自愿选择单身的（从19世纪70年代开始，直到大萧条时代，其间有大约40%～60%的女大学生选择不婚生活）。

这也就是说，奈特可能也是试探着读者的心意写文章（我估计全部是女性读者）。在她下一期专栏中，她给自己所写的故事标上了"虚构"二字，而第三期专栏里则又对"剩女"的话题绝口不提了。从盛夏到初冬，她给读者讲述了一个未婚女子真实快乐的生活，从而引导着读者思考这一问题。

她的观点很简单：剩女的日子并不好过，不婚主义也并非适合所有人，但在经过培训、拥有了一些关键的素质和技能之后，不婚生活是世界上最好的一种方式。

培训的第一步是自信心的培养。"如果没有自信，就连拿破仑也无法取得胜利。"

清爽整洁的服饰会增加你的士气："亚麻领子是最时尚的，但必须一天一洗，它会令剩女们显得更加挺胸昂头。"

即使是心胸狭窄的女性也可以接受剩女们的"全新观念"，因其观念远不同于那些死抱传统妇道的人，那些守旧派虽然颇有名望，却讨厌为维新做出任何努力。

毕竟，奈特的目标不仅仅只是为了生活得更独立，更是要"向世界证明自己"。

想要完成培训任务的话，就一定要有志同道合的伙伴一起努力，这种做法被称为"杜绝非必要社交"。它建议当一个女人把时间花在做客上时，一定要对拜访对象有所选择，只选择"愿意单身的女性中最优秀的几个"来交往。

从字面上来看，"剩女"与已婚妇女截然不同，绝无交集。这就是为什么你会发现"剩女往往喜欢独来独往"，所有人都有"一份固定的全日工"，也就意味着他们是自己养自己的，而无须像老处女那样依靠信托基金活着或者依靠慷慨有钱的三姑六婆养着。剩女们是能够自给自足的，经济上、情感上，都是如此。

彼时国内的糟糕状况令奈特的指导性意见变得非常实用。19世纪末期，大批人涌入城市，导致房租暴涨，集体宿舍和公寓式酒店成为单身女性唯一能负担得起的居住选择。当时奈特也住在集体宿舍里，这里虽给了她梦寐以求的独立生活，伙食却难吃到不能忍。于是，奈特和同屋剩女奥利维亚一起合租了一间公寓。不久，奥利维亚就显露出其毫无幽默感且无比吝啬的本性，于是奈特只好又回到宿舍去住。

"我俩分开的本质原因是对钱的看法不同，或者说，怪我对金钱太没概念，而对奥利维亚而言，钱是生存之本、道德之源。"奈特如是解释道。她还从这件事中看到了好的一面："幸而，我不是一个和奥利维亚结婚的男人。"

不知是巧合还是有心为之，刊登奈特文章的杂志上往往会设计许多例如插羽毛的女帽等装饰画，似乎在提示读者，这篇文章的作者也是女性喔！

和奥利维亚合租的经历令奈特从此对"同性伴侣"有了更高的警惕心，但最终，对美食的渴望让她选择搬进了一栋公租房中，和其他六个志同道合的职业女孩以及一个小阿姨合住。一开始很好，每天晚上她们都一起坐在桌边共享美好晚餐，但很快，她们就支付不起雇阿姨的费用了，而那个小阿姨也声称害怕她们这些不结婚的老怪女。到了这一年年底，奈特成为她们中唯一一个"尚未染上结婚流行病"的女人。

在社会心理学家发表学术论文解释"一个人的生活状态在很大程度上会受他所处的人际群体的影响"之前，奈特就已经意识到了这个问题：

人类因其具有参与性，所以拥有一种致命弱点：易受他人"传染"。我深知，一旦我们这所房子里所住的七个女孩中的一个订婚了，那么剩下的六个极可能会马上接连效仿，投身于一个可能其实不怎么样的追求者的怀抱。

奈特的语言虽然老派委婉，但其所表达内容的犀利和准确程度却令我无比震惊。她的预见性是如此超前，甚至比我这个时代的人在讨论自己生活时代的观念更加新潮。她幽默而不失彬彬有礼，坚强而绝不强横霸道。

看到这里，我终于找到了自己要找的内容。

长久以来，我一直把自己幻想成梅芙，但她的神秘令人无法窥见其真容，我能做的唯有顺应她这一心愿。而奈特却不同，她简明扼要的文字令读者觉得非常亲切，仿佛在向我发出邀请，让我去探寻她似的。

一段时间的探寻之后，我找到了布朗大学的教授卡罗尔·德波尔·朗沃斯，她已做了整整15年解读奈特传记的研究。

她告诉我，奈特1872年生于印第安纳州，其母是一位想成为文学家的教师，其父则是南北战争英雄，后来成了图书管理员。他俩一共有五个孩子，奈特排行老二，他们用古埃及神话中的未婚女神为女儿命名，冥冥中似乎就已决定了女儿未来的命运。

从学术方面讲，埃及的奈特女神是一个无父无母、自己生下自己的处女妈妈，也是创造了宇宙的女神，神学家认为她的出现给后人创造基督教中的圣母玛利亚提供了灵感。和希腊女神雅典娜一样，奈特神也是战争、狩猎和织布之神，永远独来独往。她的神庙位于已消失的古城塞斯，当年的神庙如今是一座医学院，只招收女生，授课医师亦均为女性。据说，奈特神每天都要在织布机上重新编织我们这个世界。奈特神的标志是一个盾牌和两支箭，看起来很像一个纺锤（纺锤也可用来形容终生未嫁之女），且关于她的画像通常头戴红冠。这会不会又是个巧合呢？因为我喜欢的那个奈特和她父亲都是一头金红色头发。（"提香画中的金发女郎"，有一段时间，人们经常这样形容这种头发的颜色，但不知为什么，现在没有这种说法了。）

奈特一家住在一栋木架房子里，热热闹闹，不断添孩子（后面三个弟弟妹妹也都很快出生了）。直到1880年，全国范围传染白喉，在发病高峰时，奈特的三个弟弟妹妹在一个礼拜之内全部夭折。

此时奈特八岁，足以明白发生了什么样的惨事，可对具体状况又有几分懵懂。这个家庭度过了最黑暗艰难的一年之后，做父母的开始收拾行装，打算搬到加州去生活，当时的加州在人们心里是一片神奇的土地。他们关上房子的大门时，就好像把痛苦的过去都关在了里面。在加州，父亲亨利进了《洛杉矶时报》工作，而母亲玛丽则开设了一家艺术俱乐部，即如今的"玫瑰花车大游行"①前身。

1891年，奈特一家再次搬到了波士顿，并且很容易就打入了东海岸的媒体圈。玛丽做了《竞技场》杂志的记者，而亨利则成了一名出版人。可惜的是，初来波士顿时，奈特非常不喜欢这里：

这儿到处都是灰蒙蒙的，天降大雾，混着煤烟；建筑也脏得要命，街道狭窄，拥挤肮脏；人人都是一身黑，要么面带愁容，要么面无表情，日子过得好没意思。

在她搬到波士顿差不多一个世纪以后，我也移居至此，竟有了与她类似的感受。

写作成了奈特最好的发泄和满足。像她们那代的大多数女性一样，她也没能上大学，但幸运的是她父母非常开明，很支持她写作。早在洛杉矶时，她便已在父亲供职的报纸上发表过文章了，如今更是一直为《竞技场》写书评和杂文。20岁那年，她父亲持有股份的一家图书公司为她出版了她的第一部作品，一本诗集。

25岁那年，他们家搬到了曼哈顿，她亦离开父母独立生活，这令她终于获得了自由。她住进了曼哈顿东区一栋才建好的公寓大楼里，她哥哥则北迁至郊区的弗农山庄。很快，奈特就在市中心找到了一份工作。

---

① 玫瑰花车大游行（Rose Bowl Parade），源于1890年，是帕萨迪纳一年一度的新年欢庆方式，截至2016年共举办了127届。它与纽约时代广场大苹果倒计时和拉斯维加斯除夕夜的焰火，被称为全美国新年三大庆典活动。

"放眼整个城市，摩天大楼高耸入云，汽车轰鸣呼啸驶过，多么令人兴奋啊！"许多年后她这样回忆道。她认为纽约"并非一个自我封闭之地，它与全世界都有联系，因此生命力特别旺盛"。

参加工作——我指的是那种出了家门、在工厂、办公室或学校里所从事的，支付薪水的工作，不同于传统意义上无薪的带孩子做家务——是美国女人进步的王道，也是成为独立女性的基础。

工作为什么能够成为女人进步的王道，原因是务实且显而易见的。几个世纪以来，绝大多数女性被禁止出去赚钱，这样她们就无法负担自己的生活。除非是那种含着金汤匙出生的女子，否则婚姻就是她们唯一的经济来源和社会保障，离开自己原生家庭的唯一途径和获取自己及子女经济保障的唯一办法（至少是最有希望的办法吧）也是结婚。正如历史学家格尔达·勒纳所观察到的，就算她们果真做了单身女人，其实也只是换了一种依靠男人的方式而已：做修女吧，神父是男人；当老姑娘吧，父兄是男人；哪怕沦落风尘，也得依靠男人不是？只有有钱的寡妇才能谁也不靠地过日子，但当寡妇的前提条件是结婚呀！且还要有足够好的运气嫁个有钱人。然而找份好工作就不同了，一旦能够自己养自己，女人就有底气晚点儿结婚，或者压根不结婚。

还有一个更深层次的原因：一个自己赚钱的女人，往往会获得更积极正面的评价。这也就是说，她为推动社会经济发展尽了一分力量，因此获得了比较好的名声。弗朗西斯·卡伯特·洛厄尔是纽伯里波特本地人，正是他在无意间引领了全国第一波推崇女性单身的浪潮。

那是在19世纪初，水力发电刚把传统的马力发电甩在身后，弗朗西斯·卡伯特·洛厄尔就盘算着要利用一下位于纽伯里波特西南方向35公里的梅里马克河下游奔涌湍急的河水。1813年，他建立了波士顿制造公司，1823年，这家公司以股份制的形式与其他几家公司合并，成了美国第一家联合制造厂。弗朗西斯·卡伯特·洛厄尔很荣幸地得到了用他的名字给联合制造厂命名的机会，如今这家制造厂被称为工业革命的摇篮。

位于曼彻斯特的洛厄尔公司，早期时负责织布的雇工主要是来自新英格兰地区上千个农场的15~30岁的女性——新老处女，如果你想这么说的话。她们住在工厂提供的狭小的宿舍里，工资仅仅是男同事的一半，工作极为繁重。从清晨五点上工，一口气要做14个小时，每周平均工作时长为73个小时！多残酷呀！但她们也因此获得了经济独立的机会，且从此能够离开家庭，不用再去苦求那张名为"婚书"的卖身契。到了1840年，工厂里已有8000名女工，占了工人总数的75%。

这种"同吃同住同劳动"的模式令女工们跟工厂一条心。她们自豪地称自己为"工厂间女孩"，还创刊了美国第一本完全由女性独立运营、独立采写的杂志《洛厄尔厂的工作者》（这本杂志最初的创刊格言是：地上的肉虫也有仰望星星的权利）。查尔斯·狄更斯有一本著名的旅行回忆录《美国笔记》，里面写的是他1842年访美时的经历。在这本书里，狄更斯提到了《洛厄尔厂的工作者》这本杂志，"400页的好东西，我一口气从头读到尾"。（事实上，有几位研究波士顿的学者猜测，很可能狄更斯曾匿名在这本杂志上发表了几个故事，这成了他著名作品《圣诞颂歌》的雏形。第二年该书出版了，这可被看作单身女性做出的又一隐形贡献。）

与此同时，我们常说的"磨坊女"则开始生出政治觉悟了。1845年，她们联合起来，抗议工厂日益恶化的工作条件，成立了洛厄尔女性劳动者改革联合工会，这是美国第一个妇女工会。

19世纪晚期，磨坊的工作条件急剧恶化，但工业革命使在工厂做工的女性有了独立能力，她们不断生产出更多的产品，也由此推动了女性赚钱的新浪潮。犹如细铁丝受到了磁铁的吸引一样，成千上万的年轻女子离开老家，从小城镇和乡下来到了纽约，到工厂去做工，到写字楼去做职员，由此安定下来，住集体宿舍，后来就有能力自己置办公寓房子了。奈特正是跟着这波浪潮来到了纽约。

1893年，有一位作家化名"M. L.雷恩夫人"出版了一本名为《一个女人能够做什么》的书，对女性具有非凡的指导意义。作者在书中列出了所有可能提供给女性的职位，看了这本书之后，女性就有机会找到更适合她们技能及长处的工作。雷恩夫人在书里说，1840年时，在马萨诸塞州仅有七个行业可以为女性提供工作，其中包括教师、保姆和棉纱厂女工。到了1893年，全美有30万女性从事300多种工作，甚至还有记者、律师、医生、雕刻、养蜂、制作雪茄、照片上色①等工作，她们都是自己养活自己。1890年的一份记录显示，职业妇女占了女性总数的15%，年龄从25到44岁不等。到了1910年，仅纽约就有27%的劳动力为女性。

女性参加工作的"导火索"是打字机的发明。1867年，在威斯康星州密尔沃基市出现了第一台打字机。最初的打字机上有花朵装

——————
① 当时的照片都是黑白的，但可以用专用笔上色。

饰，可以放在桌子上使用，和缝纫机不同，它是为女性"灵巧的手指"量身定做的。但在1870年，仅有4%的速记员和打字员为女性，然而十年之内这个数字已经翻了两倍，到了1900年，女性在这个行业中已占80%的比例。

更加至关重要的是，就像在弗朗西斯·卡伯特·洛厄尔工厂里的那些女工一样，妇女是廉价劳动力。薪酬制度中当然也会掺杂性别歧视的成分，同时必须承认，第一批参加工作的女性没有工作经验，且生理周期还会影响工作——当时人们普遍认为来例假时女人身子最虚弱，所以生理期时女性绝对需要请假不上工。因此，老板就有理由不给她们全额工资。总而言之，资方发现轻而易举就能够找到男女同工不同酬的理由。后来，19世纪90年代时，有一位女性医生，毕业于斯坦福大学的克莱丽雅·杜尔·毛斯迪博士发明了一套腹式呼吸练习法，可以消除痛经，俗称"毛斯迪镇痛法"，巧妙地帮助女性取得了同工同酬的权利。

1893年，M. L.雷恩夫人开始在其作品里直面这一不公平状况："在做同样工作的情况下，女性会比男性少拿20%~30%的薪酬，这是一项铁则。"但在抨击了当时的保守之后，她又安慰读者说不要气恼，因为一个男人工作，是要"养活家里十口八口的老小"的，可一个女人工作，只要养活自己就好了。另外，她还说，"就算是资方为了男女平等而装模作样地调整薪酬，也很可能对男女双方都不好，如果能够依靠时间和正义慢慢让这种情况改变反倒好"。但不幸的是，她这份乐观并没有实现，第二次世界大战后，正是这套思想令女性们又不再工作了。直到现在，一个世纪后，男女薪酬仍有差距。

女性是一步步走上职场的，先是做些低级职员的工作，然后才慢慢开始涉足高级记者、高级编辑等职位，这令女性在职场上居上位的情况显得对男性不那么具有威胁性。1880年，有一个名叫伊丽莎白·科克伦的年轻女子，引起了《匹兹堡报道》一位编辑的愤怒。原来她化名纳利·布莱在那位编辑那儿得到了一份工作，编辑以为自己招聘了一位"布莱先生"，但后来发现所谓"布莱先生"竟是个女人，立刻就想收回职位。幸而伊丽莎白·科克伦口才了得，最终说服这位编辑把她留了下来。后来，纳利·布莱（她沿用了假名）搬到纽约，成为闻名全国的新闻记者。她成名后，模仿她做法的女孩不计其数。1898年，奈特出版了她的《时尚集》，里面写道：大约有4000名单身女性在纽约当新闻记者。（她的一篇文章《艰辛之路》里说M. L.雷恩夫人在自己的一些作品里自称为"记者夫人"。）

很显然，这些骄傲的自给自足的女性工作者绝不会被人同过去那些"老姑娘"混淆起来，她们有了新的定义：新女性。所谓新女性，一定都得是能够独立的，有一部分还会涉足政治。亨利·詹姆斯在19世纪70年代末80年代初，开始通过其作品中的人物，比如伊莎贝尔·阿切尔、黛西·米勒①来推广"新女性"定义：虽然这些女人最终都会因其独立精神而遭到惩罚，但"新女性"还是会迅速重新得到公众（尤其是男人）的认可和尊重。1913年，他和一个朋友，政治作家伦道夫·伯恩通信时，曾这样描述"新女性"：

健康、生气勃勃……她们是神奇的青春与智慧、幽默与能力、善良与自强的结合体……她们当然都是生活独立的，能够自己养自己，且喜欢在生活中来点小冒险……她们走的是全日工作、自力更

---

① 亨利·詹姆斯的小说《黛西·米勒》的主人公。

生的人生之路，这令人不禁认定，所谓"新女性"当然就是一类非常优秀夺目的人。

从理论上说，女性可以性解放，然而在实际生活中，维多利亚时代却难以容许这样的事情真正发生。一个端庄女性一定要声称自己"冷感"方能够保持体面，以显示她们与新移民和工人阶级的不同。这是因为当时的中产阶级刚刚形成，尚未确定自己的社会地位。同样的，我也很怀疑，在一个大多数职工都是男人的环境里工作，女人很难真正做到洁身自好。这一陋俗至今仍存在，女性守身如玉与其说是受道德约束，倒不如说是生怕别人认为自己是"荡妇"。我有一个幼时好友，她甚至大胆地骗未婚夫说自己仍是处子之身。女性至今仍用这份道学准则来警示自己和他人。

能够从这一道学监牢里解禁出来，无疑是件好事情，却是需要付出代价的。在男性为主导的工作单位里，女性肯定会遭到性别歧视，她们得扛得住才成，且她们会被视作出入职场的新人[1]。她就像一个新移民一样，必须得在自己的事业心和性别感之间苦苦挣扎，找到一条能够走下去的道路。有些女性想到了利用自己的性别优势，在工作中大施女性魅力，之后可能会引起的暧昧后果她也全盘接受（现在我们称之为"性感资本"）。还有些女性则直接往男人婆那一方面靠拢，如今的职场上，这类女性也依旧可见。

而对那些文学上有才华、事业上有野心的女人而言，这样的现实情况真是太复杂了点。包括奈特在内的很多女人，当时都是因其与男性职员不同才被招进单位的。彼时报纸正面临众口难调的问题，

---

[1]　因为女性参加工作的历史比较短，所以这里把他们视为职场新人。

为了吸引更多女性读者，报社增加了"女性特刊"，在上面写些时尚啦、衣饰啦、烹调啦、做饭小贴士啦之类的内容。正如 M. L.雷恩夫人所说，"都是些主妇日常，用了摩登字体来印刷，内容包括珍妮·朱恩的'如何用调味品'（有十好几篇都是关于这个的），还有关于育儿的系列文章、购物行情、艺术评论、书评等等都是些女人会感兴趣的内容"。

　　从一方面而言，这是好现象，女性能够从事的工作越多，她们的自主权自然就会越大。但从另外一方面来讲，这样的特刊内容把绝大多数女人进一步引入了"粉红陷阱"，令她们只会关注些轻松的东西。虽然当时年轻而强悍的"纳利·布莱"在被派去墨西哥当驻外记者之前，曾在《匹兹堡报道》发文抨击这一现象，但直到今日，"女性兴趣点分散且关注的内容比男性短浅"这一看法仍没改变。最近，一个新网站的男性创始人曾埋怨这种需要迎合女性"特殊关注点"的现象："我作为老板的职责，是雇佣合适的职员来为我工作，了解不同品牌的睫毛膏、遮瑕膏和眼线笔这类劳什子事，可不是我的工作！"

　　更为荒谬的是，单单"新女性"这个词就可算一个"粉红陷阱"，女性一出道就被它直接困住了。因为从本质上来讲，这一定义就是在向公众展示她们的女性身份，让公众了解她们是女的。

　　从表面上看，"新女性"一词的出现似乎是积极的、进步的，这是个前所未有的新名词，可以用来形容当下女人的远大抱负。然而事实上，它其实是个充满了限制性、贬损性的条条框框。不过，这个词确实在某一个时间段内吸引了一大帮"同志"，让她们拥有自我存在感，那些女性专栏作家更是在向女性读者展示她们身为女性却不必为人妻母的诱人处境（能达到这样的效果也真得感谢当时的化名发文习俗，这些专栏作者的真实身份是男是女其实都完全未知）。在此之后，奈特之流的女作家开始走上了女性公众人物之路，如果没有曾经那些化名专栏作家，也许就不会有后来的《唠叨夫人》啦。

不过，"粉红陷阱"都囚禁了些什么进去呢？从个人层面上讲，挖掘自己的生活隐私写文卖给报纸，实为得不偿失之事，就算读者群巨大也无济于事。从更广大一些的角度而言，"新女性"一词是在潜移默化地铸造一只镀金笼子，囚禁女人的生活、看低女人的名誉、亵渎女人的性别，甚至渐渐地她自己都会忍不住出卖自己的性别。如今几乎我认识的每个女作家都会在写作中或多或少出卖一点关于自己的花边新闻，可几乎没有男性作者会这样做。

谈到求职这件小事，状况可还跟100年前差不多哩！从奈特到约瑟芬·雷丁（她是四年前才创刊的著名周刊《时尚》的总编辑），杂志社和出版社变成了家族产业。《时尚》仍沿用了"新女性"的概念，而雷丁曾这样描述奈特那个时代（1895年）的新女性：

她们所关注的是自己的个性能否得到发展，不愿再被男人随传随到、握在手心里，不愿再受夫权控制。对她们而言，比起男人的保护，个人的自由更加珍贵。她们不再羡慕全职太太或全职妈妈，而是希望凭才智努力工作，为事业做出一份贡献，并以"自力更生"为其生存信仰。

以上结论一点儿都不奇怪。雷丁总编辑之所以会选择用奈特说事，因为她是个特别合适的例子。她不仅是"新女性"中的一员，且对这个群体有细致入微的观察，还能够代表"新女性"的形象，孤高自许、芳姿绰约，身穿棉质罩衫和齐脚踝长的裙子，永远大步流星、自信满满地走在路上。这是多么富有吸引力的形象呀！

卡罗尔把一张奈特摄于1903年的照片放在自己的主页上了。照片里站在一片灰色背景前的奈特看起来超像那种她一贯嘲笑的木木讷讷的家庭妇女。当时奈特身穿黑色高腰裙配绣花开衫，肩膀上围着黑色皮草披肩，黑手套和黑皮草耳罩与之相映成趣。她一头浓密卷发，却梳理得宜，与华贵的黑色帽子十分相配。

但她那双大大的、朦胧欲睡的眼睛和弧度饱满的嘴唇却给照片上的面孔增添了热度，机智地表现出这个女人与寻常妇女大有不同。如果脱下皮草披肩、摘掉帽子、松开紧身衣，便可轻而易举地看出这是个独具慧眼、思想前卫的女编辑哪！一搬到纽约，奈特就开始做自由职业者，为《时尚》杂志写短文和小故事。

但这份工作所赚的钱不够维生，奈特只得先和父母同住。后来，尽管她天性内向不喜社交，还是凭借一份敏锐的直觉，接受了雷丁女士的邀请，参加了雷丁女士在其公寓里举办的晚宴派对。

于是，在某一个参加派对的晚上，奈特认识了一个可以给她一份全职工作的男人。这人介绍她到《商业广告报》当记者，这是一份老牌大报，却一直以报道新时代生活著称。就这样，奈特开始按周领薪，且有了租房和吃饭的钱，她可以离开父母的"监管"，搬到市中心的嘉德森公寓去住。公寓位于华盛顿广场公园南墙边的"天才大道"上，之所以这条马路会被赋予这个名字，是因为这里住了很多艺术家。几年之后，与奈特同时代的薇拉·凯瑟①搬到了奈特的隔壁。后来，因为奈特和其他人住在这里的缘故，这栋房子得了个诨名"天才居"。

在我还不知道这些典故时，我已每天走在"天才居"楼下的小路上了。但这里已没有了当年奈特的生活气息，当年的纪念物都已被收到了隔壁的嘉德森纪念教堂。不过，我也并非一定要睹物方能思人，我想象她的公寓应是这样子的：高高的天花板，零零星星几件家具——我希望是红木的，大衣柜上一定要配着一人高的大镜子，这样她才可以确保自己衣衫平展、纽扣整齐，打扮得清清爽爽地去上班。还有，她家一定要干净齐整、十分精致才可以。

奈特是我搬来纽约后交往的第一个真正的朋友，这种说法听起来略有些怪异，但她说的那些话确实安抚了我，给我带来的也不只是一时的满足感。虽说我无法穿越时空回到过去，敲开奈特家的门拜访她，但我的退而求其次也很不错，每晚我都在图书馆里久久消磨，读关于她的书，读关于她所认识的人的书。在图书馆里，我往往喜欢到最高一层去，寻一个落地窗边的桌子坐下，从那里俯视华盛顿广场公园。

这是多么神奇、超乎现实的事情啊！这个公园见过那么多人，

---

① 薇拉·凯瑟（Willa Cather, 1873 — 1947）：美国小说家、短篇小说家、诗人。作品有《啊，拓荒者!》《我的安东尼亚》《一个迷途的女人》《教授的房子》《死神来迎接大主教》《莎菲拉和女奴》等。

见过好几代的女人！它也见到了我，"一个孝顺囡"，波伏娃①曾这样评价年轻时的自己。尽管我亦如此，但我仍过上了和妈迥异的日子。妈像我这么大时早已结婚，且已经怀上了我。我习惯成自然地比较着我和妈的生活，回想妈从开始到结束的一段人生、毫不出奇的生活，就算不是绝大多数女人，但大部分女人的日子其实都是这么过的。男性也会如我这般思索吗？我竟和一个妈不认识的男人同居，这是多么不可思议的事情呀！是妈在冥冥中要我这样做的吗？我脑子中一直有个声音，告诉我赶紧放弃单身的幻想，快点长大过上妈那种相夫教子的人生。这声音是我心里发出的，还是妈在冥冥中发出的？又或者，这声音其实代表的是社会文化？

一月初的一天下午，我在图书馆的地下室里花了好几个小时，找到并打印了奈特专栏文章的最后一部分。弄好之后我出了图书馆，惊觉外面天已全黑。下雪了，白雪覆盖着华盛顿广场公园，把停在路边的汽车洗得干干净净。雪花在红绿灯前纷纷落下，给红绿灯平添了一种摇曳感。华盛顿广场的拱门也因覆盖了白雪而变得晶莹剔透。在这样的夜晚，想象我和奈特拥有同一座华盛顿广场公园②是非常容易的事情。这时，我感觉手机在口袋里震动起来。手机这种新兴便携式通信设备，是平民阶级能够享受得起的高科技玩意儿，怪神秘的。我妈就从未见过手机，也从未用过电子邮箱。

---

① 西蒙娜·德·波伏娃（Simone de Beauvoir，1908—1986）：法国著名存在主义作家、女权运动创始人之一。作品有《他人的血》《人总是要死的》《名士风流》《第二性》《一个循规蹈矩的少女回忆》等。

② 因前文说过华盛顿广场公园几经改造，如今她所见其实已与奈特当年所见差了很远。她是因为仰慕奈特才经常这样想象。

听见我的声音，Z似乎还挺惊讶的。

这是我在纽约的第一个整年，Z跟我是秋天才认识的。他身高两米，比我胖三圈，左边脸上有道伤疤，手指关节足有核桃大小。但当他在地铁站台上向我问路时，我对他的以上种种庞大粗俗全然不介意了。居然有人向我问路了！此时的我，在纽约可是个没有地图不敢出门、光天化日也要溜着街边走的新移民呀！我给他指了路，送他一路走上自动扶梯。

我很快就知道了，来自佐治亚州的他，拥有丰富而令人愉快的生活经历。他正要去健身房，手上的包里装着拳击手套，成为下一个迈克·泰森是他的远大目标。下个月他要去麦迪逊广场花园打比赛，他问我要不要去看。

我当然要去！我还从未认识过拳击手哪！我把我的手机号给了他，叫他在电话里再详细跟我说。

我像只骄傲的猫似的，一回家就向R显摆了这件事。我得时不时就提醒他一下，让他知道纽约可是比波士顿更有意思、更令人兴奋的福地。

Z头几次打电话时，我倒是蛮开心的，他十分搞笑且喜欢争论，对他的这一特点我真是毫不惊讶。他告诉我去看他比赛该怎么走，要搭地铁、公车，然后再走上长长一段路，方能从我住的布鲁克林高地到那里。我把他说的路线记在一张发票背后。一星期后，他又打来电话，说那天没看见我。我俩在电话里一句来一句去地逗着贫，但一挂电话我就把他丢到脑后去了，直到他再次打来电话。

有时，他会在比较不合时宜的私人时间打电话，比如我正在图书馆看书，或者是早餐时间，我正排队买蓝莓松饼，总之都是没法长聊的时间。我虽没过脑子，但回家后却下意识地不再给R讲Z的事情了。

圣诞节前的一个礼拜，Z又打来电话说他给我买了一件礼物。他说："虽然我只见过你一次，但我牢记着你美丽的身姿，所以这个礼物一定会很适合你哦！"

之前我从未觉得Z已威胁到我的生活，但这次却令我有些惊恐。我告诉他我已有男朋友了，那个人可能不会愿意我和别人好成这样，其实我经常会这样点他一下。Z叹了口气，不高兴地说："凯特，我知道你有男朋友，但这个礼物是我作为普通朋友表达对你的欣赏之情的。它真的很适合你！"之后的一段时间，每每Z打来电话，我都不接。

圣诞节假期过去了。一月初的那个晚上，当我的手机又一次震动起来时，我忘了看是谁的来电，直接就接听了。

Z又开始给我讲他的比赛，就好像之前什么事都没发生过一样。站在白雪皑皑的公园里，我一阵战栗，他的声音简直就像一个侵略者一样！一开始，我没有听懂他在说什么，所以特别希望他能赶紧挂电话，但后来他语气一变，开始讲起他远在家乡佐治亚州的前女友了："她个子小小的，和你差不多，所以当我在地铁里遇见你，你又表现得那么友好时，我一下子就想起了她。可是你知道，她去年已经去世了。所以当我看见和她身材差不多的你时，所有对她的爱慕就一下子又涌了上来，我只是想和你当个朋友而已，凯特。"他再开口时，声音变得低沉、严肃，语速很快，我不知该怎么阻止他说下去。"我真的只是想当朋友，我想一个礼拜能跟你打一次电话，15分钟就好，真的，我可以给你钱，只要你能跟我当朋友就成，你不用为我做什么，就跟我说说话我就满足了。"

我的心重重地跌了下去，嘟囔着说我不想跟他做朋友，也不想听他电话，然后就赶紧把电话挂了。后来他再来电时我也没有接听过。回家路上，我满心羞愧，为什么我要用羞辱的方式来对待一个孤独的人？我之所以一直对他若即若离，享受着和一个陌生男人暧昧的秘密快感，就是因为我压根没打算再见他。很显然他是个寂寞的人，否则，他又怎么会在我不接电话的情况下还一次次地打来呢？

一连几天我都深深自责。我这段时间一直都在想什么呢？我总是希望独处，却玩弄了一个孤独的人。我一直以为自己像奈特，"天生的单身女子"，有个性、有勇气，也有幽默感，却仍没有在独自生活时保护自己的能力。甚至更糟糕些，我不是没有能力，而是知错犯错，明知这是危险的关系，我却假装看不见。这么做到底是为了什么呀？让自己过得好点？可事实反而使我的境况更糟，我只会当好人，当想要干点坏事时，只能假装不知道。一旦我放松了对自己的管束，会一下子变成丢了良心的浪荡子。

但是，我真的好孤独，谁愿意过这么寂寞的日子啊！

还有，我并没有学会如何面对孤独寂寞，也没有学会在一个人的生活中如何照顾自己。甚至，我都没有学会如何像一个成年人那样生活。

上面所说的还都只是情感方面的付出，还有经济成本呢，万一真的玩过了火，我负担得起吗？我向来是和R平摊生活费的，如果没了他，我还想在这个生活成本最高的城市里当一个低收入且极不稳定的专职作家，是多么愚蠢而不现实啊！（确确实实就是如此。）

奈特也曾经历了这一切，但她却一点儿都不带犹豫的。当她叔叔连哄带吓地逼她结婚时，她这样回答叔叔：

叔叔，你问我，难道想到了40岁还是老处女？我说不是，原因有二：第一，一个独立生活的女人，会先抓紧享受眼下的好时光，而不会为明天发愁，更甭说是那么久远的十几年后啦。第二，也是至关重要的，我可不是什么"老处女"，我是自愿单身的。

那是2000年，我当时28岁。没有人逼我结婚，但如果顺流而下的话，我会沿着成熟的轨迹一步步走向结婚。有时我会设想如果到了40岁仍单身会怎样——在当时的我看来40岁是多么遥远的将来呀——我想不出来。

我对卡罗尔感叹奈特的自传，她很大方地许诺说可以给我一个电子版的奈特回忆录，是从未发表过的哟，上面还有卡罗尔编辑的痕迹，她正打算出版这本回忆录。这个似乎已被世人遗忘的女人啊，能够得到她的回忆录，我真是别无所求。这本回忆录里满满的都是细节，发表出来未免有点儿可惜。

我终于把这份珍贵的文件打印出来了。奈特的这本回忆录大约写了30年，在她六十五六岁那年终于大功告成。写作过程中，她一开始用的是第一人称，后来却又改为第三人称，主人公的名字也从"奈特"变成了"伊利雅思"，所以与其说是回忆录，倒不如说是小说更恰当些。不过还是很有可读性的，和她的小说作品一样风趣幽默。

虽说读来很有小说感，但深入探究奈特隐私仍给我带来巨大快感。比如她写了自己与报社里一位编辑的夫人共进午餐的事情：那位夫人是个身材粗壮的护士长，点了味美多汁的牛排和色拉，而伊利雅思却只得点杯咖啡和多纳圈。"但是她并不介意我吃得这样简朴，也不觉得她这么大吃大喝会显得过于轻狂。同样，她们家看起来像个灰不溜秋的大院子，防火梯上彩旗招展般挂满了衣裳。都是她的衣裳，好像这里只有她一个人居住似的。她喜欢的似乎正是这种感觉！"

奈特那时的都市不像如今这么轻浮，即使是生来就高人一等的纽约人也会始终怀着"我得见见世面"的心情。比如奈特这个土生土长的纽约人就会不断提升自己的见识。她"喜欢到做工的人中间去，体验一下当工人是什么感觉"，或者，"过一种比绝大多数人都要好的生活，享受在一个属于自己的地方做一份自己喜欢的工作的特权"。

事实上，伊利雅思是非常爱她的工作的，正因如此她才会选择单身，且一辈子未结婚却也过得非常有意义。"清晨，伊利雅思走出家门，在布利克街车站等公车，顺便看看对面广场里的风景。然后，随着阵阵汽笛声，车来了，上班族一起搭车到市中心去，走上脏乎乎的楼梯，走进办公室开始一天的工作。伊利雅思很喜欢这种生活。"

报社里绝大多数都是男同事，整日都是汗衫加裤子，裤子用吊带吊在衬衫外头，这副打扮使他们并不习惯身边有女人。一开始，来了女同事的事令他们深感别扭，但她的勤奋和敬业很快就赢得了他们的喜爱。

这是描述奈特以单身女性身份进入职场后状态的第一手资料，我很奇怪她并未写自己受排挤、受欺负一类的事情，只是专注于描述自己的工作。

她没有老公孩子，无牵无挂，非常自由，可以全身心投入到自己想做的事情上去，尽最大的努力工作。世界终于向她打开了："她工作努力，源源不断地赚钱，文章写得妙笔生花。"

奈特的小屋是这样子的："在这个超级棒的大城市里，她的小房间像一个小小的、温暖的鸟巢"。和我想象中奈特的家大为迥异，我以为她家应是极为简朴的，空荡荡的只有一桌两凳。她和两个同在报社工作的女同事是好朋友，下班后常常聚在一起继续探讨工作。还有一位来自英国威尔士的美术编辑，是个害羞的男生，有时会留在奈特家过夜。他俩喝着茶秉烛长谈，直到天光大亮。还有些晚上，奈特会去参加由妇女们在西村的小屋子里举办的"微缩沙龙"，在这种地方有咖啡和蛋糕可吃，还可以"畅谈艺术"。

她每每说到婚姻都会语出简短、措辞严厉。她的表妹梅结婚时，奈特被新娘灿烂的笑容惊呆了：

结婚这事儿真心不值得她这么开心好不好……两口子在家里聊聊天、冲对方笑笑，仅此而已，就像是搭伙吃饭的两个人似的，生活不该是这样的……想想婚姻会带来些啥呀，孩子、花销、吵架，甚至夫妻俩还有可能动手打起来呢！光是想想就够闹心啦。伊利雅思觉得结婚的感觉就像"湿手抓干面"，想甩都甩不脱。

我不是一个需要别人说服才会变得愿意单身的女人，但是奈特的这段文字确实让我看到了婚后生活的实质，也让我想清楚那种生活到底是否值得我追求。就如薇薇安·戈妮克所说："如果我愿意以单身女性的身份进入这个男权世界的话，其实它还是会欢迎我的。"奈特的故事更加坚定了我单身的决心。

2001年1月15日（我日记里把这个日子记得清清楚楚），我跟R说我们俩也许该考虑分手。当时我们都坐在家里的沙发上，我一边说一边掉眼泪，毕竟过去的三年里他是我最要好的朋友啊。我这是何苦呢？依依不舍下面还藏着不那么具体的危机感：R可能就是我最好的一份良缘啦，跟他好，我以后还能过上儿女绕膝、含饴弄孙的好日子呢！如果现在跟他分开了，可能我会后悔一辈子。

R大吃一惊，他说他实在想不出我的理想生活是个什么样儿，心里糊里糊涂，不过还是能够理解我的心情。他还说，看得出来我实在想要依靠自己活下去，其实他对自己倒并没有这个要求。然后，我俩过了整整五个月痛苦不堪的"分居"生活。五月，R搬走了，我则继续住到八月，我们的房租是付到这时的。之后，我开始读研二。

与戈妮克不一样的是，和R分手后的第一天清晨，我并不是被孤单寂寞包围着醒来的。分手虽痛，但所幸我还有片瓦遮头，还有亲人。弟弟在本周之内就会从纽伯里波特南下纽约陪我，此时他刚刚谈恋爱，却决定留在纽约陪我整整一个夏天。为此，他还找了一份数据录入的工作，为一起集体诉讼案做临时工。在这一案件中，由于最常见的石棉使用不当，引发很多人患上了一种罕见的癌症。

七月时，我和一个朋友一口气坐到地铁总站，去享受伐洛克威岛海滩的太阳浴。结果次日晨起，我发现自己严重晒伤，穿不了衣裳，只得一直穿着个比基尼。于是，我一身泳装打扮在沙发上躺了整整两日，两天中我哭了又哭，觉得自己蠢不可言，把自己的人生弄得一团糟。弟弟给我这副囧相拍了照，却不肯给我看，他说因为我这德行活像是在犯罪现场。朋友跟我开玩笑说，我们白白穿了好几天这么性感的袒胸露背的衣裳，但我可没觉得这比基尼是白穿，来之前我身上只有七个雀斑，如今却晒得差不多有一千多个了。

我还得再上一年学方能毕业，但奖学金却没有了。幸好，我在学校里找了一份兼职的行政工作。工作之余我还要写作，没有一样是能放下不做的，所以我忙得无暇为情感分心。之前，我结束了一段很不错的感情，且没什么说得过去的理由，似乎就是为了给自己的生活出难题。我特别特别想R，分分钟都想给他打电话，有时我还真打了，但最终我还是明白了一个道理：到被我伤害过的人那里去寻求安慰，实在是自私残酷至极的做法。

整整一个夏天，我时不时就会淌眼抹泪的，所以只和很少几个能受得了我这德行的人见面。同时，我继续读着那本奈特尚未发表的回忆录。这本回忆录因是打印稿，不方便随身带着在地铁里看，所以我只能盼着每天晚上回家后赶紧看。我会坐在走廊里的长凳上，倒一大杯烈酒，像喝白水似的边看边咕咚咚地牛饮。

纽约生活最令人不开心的一点，就是每天都太靠近财富，会令人生出从未有过的金钱欲。现在我已是成年女子了，同时又是个等待开学的穷学生，满心沮丧悲痛，需要弟弟特意来这儿安慰我。我的日子怎么过得这么失败和可怜呢！我根本不可能想象自己能像奈特一样给《时尚》这样的大牌杂志写美文，甚至受邀与苗条、清高、美丽的大编辑共进午餐。

回忆录里有一个情节让人特别惊喜：奈特不喜欢雷丁夫人在家里举办的"时尚文学之夜"，那是一项"需要穿正装或晚礼服，说话得特别掂字酌句，绝对不能因某一个创意或情感而兴奋，否则就会显得失态"的过于"温婉"的活动。奈特不喜欢这种清谈，"最新的书也好，最新的戏也好，我都谈不出啥感觉"。其他客人会觉得奈特"美则美矣，却像狮身人面像般面冷心冷"。奈特从不会在这种场合迎合别人，只肯静静地坐着，即使别人问她什么，也始终一言不发。

有一天晚上，我惊讶地读到了一封奈特写的信。

信是打印出来的，再整个扫描到回忆录里，收信人是一个神神秘秘的"H"，写于1898年6月19日。那时奈特正在为《时尚》写专栏，且刚刚参加了一次雷丁夫人家的晚宴。奈特在心里对雷丁家的派对冷嘲热讽，看得我哈哈大笑：

你知道雷丁夫人令我想起什么吗？如果我告诉你了，你可别说是我说的。她让我想起咱俩有天晚上在馆子里吃饭时，忽然跑进来的一个红鼻头老先生，他挎了一篮子用甜菜头和胡萝卜雕刻的花！我知道这么说不太好，可她真的就像那些花一样没有生命力，只是一堆奇形怪状、没人想要的畸形小工艺品。

写完这段，她笔锋一转，又略带歉意地写道：

千万别说出去呀！其实我还是很喜欢雷丁夫人的，我羡慕她的勇气和胆量，也喜欢她万事求完美的作风，还很喜欢看她戴帽子的样子！我也很喜欢听她说生活体悟，有时也会说到婚姻观，这也是我爱听的。她喜欢我，因为我也是个年轻独立的女子，但我深知，如果她知道我也曾想像绝大多数妇女那样过日子，她肯定就不会喜欢我了。

我的心脏骤然停跳了一拍，"像绝大多数妇女那样过日子"？

1898年冬天，当初接收奈特来报社工作的那个人给她介绍了个对象，自己的弟弟哈钦斯·哈普古德①。哈钦斯是一个土生土长的芝加哥人，哈佛大学毕业，和奈特同岁。当时他刚刚和大学好友利

---

① 哈钦斯·哈普古德（Hutchins Hapgood, 1869 — 1944）：美国记者、作家。作品有《一个窃贼的自传》等。

奥·斯坦——格特鲁德^a的弟弟一起环游世界回来，也进入报社做了记者。

"这是一个身材不高、肩膀宽宽的男青年，"奈特这样在她的回忆录里写道，"穿着浅色斜纹软呢套装，衣裳太大了，令他的宽度几乎和身高差不多了，活似一个睡袋，好像他就睡在衣裳里似的。他长了一张红褐色的面孔，蓝眼睛闪闪发光，一副充满活力、激情四射的样子。"

奈特多次使用"激情"一词来形容她的这位新追求者。他们第一次见面的那个晚上，哈钦斯就带奈特去了一家他在报纸上找到的"新移民剧院"看戏，那儿有用德语、意大利语、意第绪语、汉语演的剧目。从此，他们每晚都会先去市中心的"番菜馆"吃饭，然后再开始尽情畅谈，谈书、谈戏、谈写作……

奈特认为他俩最大的分歧在于对待"生活"的态度。哈钦斯是个富二代，其父白手起家，最终成了百万富翁。他兴趣广泛，对待所有人都十分友善，同情心泛滥到滥好人的地步，且做起事情来无拘无束、毫无纪律性，什么都想试试。

奈特认为哈钦斯这样"完全是作，绝不会有好结果"。她常常引经据典，用查尔斯·斯温伯恩^②、乔纳森·斯威夫特^③和托马斯·哈

---

① 格特鲁德·斯坦（Gertrude Stein，1874 — 1946）：美国小说家、诗人、剧作家和理论家。作品有《毛小姐与皮女士》等。

② 查尔斯·斯温伯恩（Algernon Charles Swinburne，1837 — 1909）：英国诗人、剧作家、文学评论家。作品有《卡里顿的阿塔兰达》《山谷中的林荫大道》《诗歌与民谣》等。

③ 乔纳森·斯威夫特（Jonathan Swift，1667 — 1745）：英国作家、政论家、讽刺文学大师，作品有《格列佛游记》《一只桶的故事》等。

代①来劝说哈钦斯，哈钦斯则回敬以威廉·华兹华斯②和玛格丽特·富勒的名言：宇宙中万物，我皆能接收。哈钦斯给奈特朗读德国浪漫主义诗人海涅③的诗，然而，奈特却告诉他自己其实很怕陷入爱情，也很怕结婚。

如我们所知，奈特心思细密、深思熟虑。她担心女人需要为家庭付出身体，从怀孕到哺乳，再到相夫教子。如果老公是哈钦斯，那她就更跑不了要承担这些责任，因为以他的性格肯定一样也不肯落下。最后，奈特还是把这一切都告诉了雷丁夫人，雷丁夫人直截了当地告诉她，和哈钦斯结婚必然会毁了她的事业。"真心希望你不要和那个雄性激素特别旺盛的愣头青结婚。"雷丁夫人这样告诉奈特。

奈特无比重视雷丁夫人的反对意见，因为她担心自己婚后会没有时间和精力再去写作，而写作对她来说又是比什么都重要的事情。有一天，哈钦斯又说什么"躲在象牙塔里根本不可能写出好作品"时，奈特举了简·奥斯汀④、玛丽·埃莉诺·威尔金斯⑤的例子来反驳他："她们都是未婚时就写出自己的成名作了"，还有伊迪丝·华顿，

---

① 托马斯·哈代（Thomas Hardy，1840—1928）：英国诗人、小说家。作品有《德伯家的苔丝》等。

② 威廉·华兹华斯（William Wordsworth，1770—1850年）：英国浪漫主义诗人、桂冠诗人。作品有《抒情歌谣集》《丁登寺旁》《她住在人迹罕至的地方》《水仙花》等。

③ 海因里希·海涅（Heinrich Heine，1797—1856）：德国著名抒情诗人、散文家。作品有《诗歌集》《罗曼采罗》等。

④ 简·奥斯汀（Jane Austen，1775—1817）：英国著名女性小说家。作品有《傲慢与偏见》等。

⑤ 玛丽·埃莉诺·威尔金斯（Mary Eleanor Wilkins，1852—1930）：美国作家。作品有《新英格兰修女》等。

她是比奈特早十年出道的前辈，虽说结婚了，但因为没有孩子，所以"和未婚也没啥区别"。

奈特确实说到了点子上。简·奥斯汀终身未嫁，华顿是离婚后才成为作家的，而玛丽·埃莉诺·威尔金斯，作为当时著名小说家的她，也是效仿了前辈——来自缅因州的未婚作家萨拉·奥恩·朱厄特[①]，在创作期一直守身如玉，直到50岁才嫁人作妇。

挺难解释奈特对哈钦斯的复杂情感的。她给他讲了威尔金斯1891年写的最著名的一个故事《新英格兰修女》。故事一开头是讲一个名叫路易莎·埃利斯的女人，她家住乡下，过着纺纱为生的平静生活。每天下午喝茶时，她都会铺排起来，喝一个很有腔调的茶，就好像她"是她自己邀请来的客人似的"。"自己是自己的客人"，这是一个很美的概念，威尔金斯以此来赞美这姑娘的自重："路易莎每天都会用瓷器喝茶[②]，这是她的邻居们绝对舍不得用的。她们见路易莎如此，常会嘀嘀咕咕地议论她。"

路易莎有个未婚夫，名叫乔·达哥特，在澳洲做了整整14年的生意，刚刚回到英国，说是想在一个礼拜之内完婚。乔的到来打乱了路易莎的生活，譬如他俩在餐桌边坐着，他就会忍不住把她的书挪到一边去，然后路易莎再给挪回来；他临走时还不小心打翻了路易莎的针线笸箩。乔觉得，"坐在路易莎漂亮精致的房间里，仿佛是被钉有蕾丝的篱笆圈着那么难受"。

乔在澳洲的那些年里，路易莎的母亲和弟弟陆续去世，虽然这

---

① 萨拉·奥恩·朱厄特（Sarah Orne Jewett, 1849 — 1909）：美国女作家。作品有《尖尖的枞树之乡》等。

② 在当时的普通人眼里，瓷器是奢侈品。

令路易莎孤单寂寞，但她也渐渐发现这种孤身一人的生活很适合她：

世间事都是从量变到质变，路易莎的感受也是这样渐渐变化的……她走上了孤身一人的道路，最终会一个人走向坟墓。这条路非常之狭窄，只够她一个人容身，身旁绝容不下别人了。

一个偶然的机会，路易莎找到了一个可以体面解除婚约的方法（具体方法在此就不冗述了），分手固然令人痛苦，与乔分开后的次日晨起，她觉得"自己犹如一个生怕别人觊觎了她的王位和财产的女王，尽最大力量死守着自己所拥有的一切"。

故事的结尾，是路易莎一个人静坐在窗下，手捻念珠计划着未来的生活。手中的念珠由一颗颗珍珠组成，颗颗相似，都是光滑齐整的，竟令她兜心而起一阵感激之情。她感激上主令她过上现在的生活，超凡脱俗的修女般的人生。

哈钦斯听完这个故事，歪声丧气地指桑骂槐，拿路易莎比奈特，"这帮新英格兰修女到底受了什么刺激啊，一个个跟神经病似的"。

但奈特却深受这个故事感动：

如果女人希望能够住在整洁的房间里，无拘无束地过安静祥和的生活；如果女人希望自己手边有蜜饯可以拿来吃，房里有玫瑰花枝可以摆来看；如果女人希望能够静静地坐在窗边缝纫就好，那么她们为什么不去追求这样的生活呢？为了结婚而一味追逐结婚对象，那种生活对女人而言也是够了。譬如一个女人的兴趣只是玩玩字谜游戏，那么她完全可以自娱自乐地过日子，不需要打扰到任何人，也不需要生孩子，过单身生活就可以了，难道不是吗？

哈钦斯和两个朋友合租的本尼迪克公寓——因《无事生非》①而得名，专门供未婚男青年租住（现在成了男女混合的宿舍）——也在华盛顿广场公园附近。舞台上的古装剧往往是这样的：年轻的领主本尼迪克与可爱、聪慧的贝特丽丝相爱了，但他俩都宣称自己是"不婚主义者"，后来幸得朋友劝说方才回心转意。最后一幕，有情人终成眷属。到了哈钦斯这个时代，"本尼迪克"往往被用来形容"一个曾经坚定的不婚主义男如今结婚了"。如果是传统的浪漫主义言情片，应该是奈特想结婚，而哈钦斯的两位室友则"宣称哈钦斯原是过着完美的单身生活的，可奈特毁了他"。然而，如今的情形却令哈钦斯本人也困惑了。1898年5月，他给妈妈写家书时说：

> 在纽约我遇到了一个姑娘，比任何我之前认识的女孩都更令我心仪。我们还没订婚，而且我估计我俩也不会订什么婚……她是个"新女性"，野心勃勃，精力充沛，努力工作，差不多我所有的朋友都不喜欢她。而且，在我看来，她好像一点儿也不想结婚……

我反复确认了写这封信的时间，1898年5月，恰恰是奈特第一次在《时尚》上开专栏的时间。她当时已经和他拍拖了吗？她真的是他的贝特丽丝吗？

然而，那个被奈特描述为"犹如春风吹进房间"的男人，最终打败了她想象中对婚姻的恐惧，她发现哈钦斯远非一个"不可理喻、喜怒无常、一惊一乍"的家伙，而是一个"体面自重、温文尔雅"的人，"我们俩哪怕是一起吃个便饭，也会被他渲染出节日气氛"。

---

① 英国剧作家莎士比亚创作的爱情喜剧，本尼迪克和贝特丽丝为其中一对男女主人公。

在奈特自传1899年那部分写着，她又为《时尚》写了不到一年的"单身女孩"专栏，然后，有一天晚上，她从姑娘变成了妇人。她和哈钦斯的婚姻完全是平等的，约定了要"好合好散"，而不是"只有死亡能够把我们分开"。

1899年7月22日晚上8点，奈特和哈钦斯在纽约举行了婚礼。可惜，那晚奈特的发型被理发师弄得一团糟，以至于她出家门时头发还湿答答地贴在蒙头纱里。她和她父亲驱车往教堂去时，一路无语。

总算到了教堂，她挽着父亲的手臂走下楼梯时，忽然"犹如一道闪电照进脑海，令她闪回过去"：小时候，父亲带着她去搬运弟弟妹妹的小棺材的情景又浮现在了眼前。

我们总觉得只有单身的人才会孤单寂寞，有个伴侣就好了。这一说法可追溯到柏拉图的理论，他认为人类最初形成之时是个球体，每人有四手四腿和两张面孔，"他们等于是用八条肢体合为球形滚动前进，所以一旦出发，速度就会很快，犹如体操运动员做的那种侧空翻"。

这样的上古人类强壮有力、野心勃勃，但也因此具有强大的破坏力，所以宙斯决定将他们切成两半。"这样，既可以使他们失去力量，对神也更加有用，因为人类的数量一下子就翻倍了"。

后来阿波罗帮宙斯拉紧这些被劈成两半的人的皮肤，以便包住切口，并且在他们的切面上做出肚脐、乳房等器官，把他们又变成了完整的人。柏拉图认为，"这些人从此就一直在寻找自己的另一半"，"一旦找到了，他们就会疯狂地爱上彼此，有种强烈的归属感，希望他们再也不要分开了，哪怕只分开一会儿都很难忍受"。

谁知道呢，也许产生这种说法只是因为当时同性恋盛行，且被世人视作非常正常的事情。谁还能阻止人家寻找自己的另一半身体呢！在那时，婚姻无关乎情爱，只是一种社会性、经济性的行为。

　　这种说法并不可信。从科学角度讲，人类的基因中自带孤独倾向，所以独处反而会让人感到幸福。但会有一些人从一出生就带有更多的"孤独因子"，他们的独处倾向性会更强。不过长期研究表明，长时间独处会改变人体的分子组成，直接导致免疫功能下降。

　　确实每一条生命中都带有孤独基因，绝大多数人都有需要忍耐孤单寂寞的时候，有时是几个月，也有时是几年。搬到一个举目无亲的新城市、婚姻不幸、痛失所爱，甚至有时出趟差也会令人感到孤独呢！

　　奈特在自己的婚礼上竟回想起弟弟妹妹们的葬礼，这令我不禁怀疑，是不是情感创伤也会被刻进人体基因之中，碰到根节儿上就会犹如晴天霹雳般直劈人心，令人痛苦寂寞，然后再慢慢克服这种痛苦和寂寞，而这一过程就会潜移默化地改变我们的人生观。

　　奈特的婚姻并没有因其在婚礼上想起了早夭的弟弟妹妹而受到消极影响，不管用什么标准衡量，她都是成功的，既是好太太也是好作家。从1902年到1910年的八年间，她生了两男两女四个孩子，同时还出版了四部作品。她的第二本小说名为《前车可鉴》，有位评论家在报纸上点名说奈特和伊迪丝·华顿是"1904年最值得关注的两位年轻作家"。1908年，奈特帮助著名小说家格特鲁德·斯泰因出版了她的第一部著作《三个女人》。1915年她与尤金·奥尼尔[1]和苏珊·格拉斯佩尔[2]一起创办了著名的普洛玩家剧团，从此走上写戏之路。1923年，她除了出版三部小说和一部回忆录之外，还在很多著名杂志上发表了不少短篇小说。奈特的作品无外乎两个主题："男人和女人不同的性体验"和"如何在婚姻中为自由而战"。在当时那个社会大变革时期，这样的内容有广阔的市场，因此奈特收入颇丰，甚至在新罕布什尔州的里士满郊外买了一个农场。

尽管取得了如此之大的成就，奈特却觉得没有达到预期目标。奈特与哈钦斯婚姻中的点点滴滴都被他们用文字记录了下来，书信、日记，甚至还写进戏里、写进书里。也正因为如此，我们可以很清楚地看出，奈特对她的家庭生活很不满意。1911年，哈钦斯的父亲送给了他们一栋位于城市北部多布斯费里田园的有20个房间的别墅。此后的11年，奈特就留守家中，过着奶孩子绕锅台的日子，而哈钦斯却可以满世界跑，为他的书收集资料，为他的报道进行采访。然后，哈钦斯成名了，他成了著名的无政府主义劳动者作家。

奈特在《时尚》杂志时代合作过的编辑雷丁女士一直给奈特泼冷水，让她千万别嫁给那个"雄性激素过多男"。婚后的奈特并没有不幸福，她挚爱老公和儿女，但她的日子确实不好过。这也并不奇怪，因为哈钦斯风流成性。所以，每逢哈钦斯去鬼混，她就会留守

---

① 尤金·奥尼尔（Eugene O'Neill, 1888—1953）：美国著名剧作家、表现主义文学的代表作家，诺贝尔文学奖获得者、四次普利策奖获得者。作品有《琼斯皇》《毛猿》等。

② 苏珊·格拉斯佩尔（Susan Glaspell, 1876—1948）：编剧、演员、作家、记者、普利策奖获得者。作品有《琐事》《同命人审案》等。

家里，一会儿对丈夫充满了冷漠，一会儿却又备受嫉妒的煎熬。有一天，奈特说要对等报复他，把哈钦斯气得差点儿扼断她的喉咙。这一年年底时，奈特患上了神经衰弱。

1918年，奈特和哈钦斯的长子，18岁的博伊斯死于西班牙流感，从某种程度上说，他俩此后再也没从这次打击中缓过来。因此，在1919年发表了第六本著作后，哈钦斯整整20年都没再写东西，直到1939年再度提笔，出版了一本几乎没人爱看的回忆录《摩登世界里的维多利亚风》。在这本书出版五年后的1944年，哈钦斯去世了，享年75岁。而奈特呢，1923年她出版了自己的最后两部著作，一本是博伊斯的纪念册，一本是博伊斯去世前后她正写着的小说。博伊斯走后，奈特就封笔了，只是零零星星地写着那本后来一直未发表的回忆录。哈钦斯去世后，奈特和女儿贝娅特丽克丝又一起生活了七年，在她79岁的那年，1951年，她也离开了人世。

卡罗尔认为，奈特的人生悲剧在于，她本来是害怕被婚姻所束缚，结果她的恐惧反而把她引入了一个非正常的婚姻之中，这令婚姻问题成为她人生的头等大事，最终极大地影响了其事业的发展。而学者艾伦·凯·特里姆伯格则认为，奈特和哈钦斯双方都很怕传统婚姻，因此他俩的婚姻并未压抑奈特，而是一种你情我愿的、彼此都觉得很刺激的情感模式。

这两种观点在我看来都颇为在理，另外我还想补充一点：在他们那个时代，哈钦斯并不算前卫人士，反而是奈特太激进了些。哈钦斯其实还是个封建的男权主义者。

我是花了挺长时间才认识到这一点的。早在2000年时，卡罗尔曾给过我一份哈钦斯回忆录《爱人的故事》的打印稿，其中说他与奈特的婚姻问题出现在1906年8月，正是所谓的"七年之痒"，那时他俩已生了三个孩子。这本回忆录出版于1919年，但才出来就被定义为"淫秽作品"而下架销毁了。难道是被一位敏感细心的图书质量监察员发现其内容的不合时宜了吗？这等好事简直令人不敢相信。

这本回忆录让我渐渐看清了哈钦斯是个什么样的人。他也反思自己的人生，但目光短浅、片面偏激、肉麻自大，我可以肯定，他觉得快感和情欲才是宇宙的中心物质，这也就是为什么奈特特别排斥他找女人的原因（《纽约时报》却讥嘲奈特为"这是一个非说自己神经衰弱的女人和她老公的爱情史"）。看到一半，我就看不下去了。

十年后，我才又重新翻开了这本书，这时我已经有足够的阅历能够认识到哈钦斯的那种以自我为中心到底是怎么回事：我们的社会文化认可男权，所以渐渐就会造就这样的心态。

在1913年以前，"女权主义"并不流行，但是奈特和哈钦斯夫妇却信奉这个主义，并且一直为妇女权益奋斗着。的的确确，争取女权是人类自由进步不可忽略的一项大任务，不光是对奈特两口子有意义，对全人类都具有巨大意义。他们的朋友弗洛伊德有篇文章《女权主义对男性的意义》，1914年7月发表在读者众多的杂志《激流》上，文章写得超好，令我忍不住在此大段引用。让我们先来看看此文的开篇吧：

女权主义也第一次解放了男人。现在，普通男人的身份往往是在"奴隶"和"君上"两者中互换，因为，普通男人一旦陷入爱河就会选择结婚，结婚后就会生孩子……孩子尚小，无法照顾自己，所以他就得提携幼子。这样一来，他当然就没有自由可言……

只有女人不再需要男性照顾了，男人才有可能去做真正的勇士……

可惜，这帮男人却并不想享受女权给他们带来的解放。他们根本不想当什么勇士！他们只想找女人成家，有吃有穿，家里挂着漂漂亮亮的蕾丝窗帘就成。

相对于自由，男性更想要凸显自己的"力量"……他们希望被依靠，而不是像两个携手并肩的"同志"。为了能够在30平方米的小家里当个君上，他们宁愿在外面作小伏低地当奴隶……

一言以蔽之，男人最怕的是不能在家里当主子。但我们的世界可并不需要那么多"主子"呢，这个世界希望男人都能有点儿精气神。而女权主义正是在这一点上做出了贡献，让男人回归男性的本来面目，当个大无畏的、敢拿自己的人生去冒险的、有灵魂的勇者。

哈钦斯倒也信服以上观点，且愿意为此做出贡献。理智上，他和奈特一样都是比同时代人更有先见的，能够想到甚至谈到阶级关系、性别关系，站在比较高的层次上分析他们俩的感情生活。但他们毕竟是在维多利亚时代长大的人，从情感上说，哈钦斯是个地地道道的那个时代的男人，比较自私，虽说满口讲着自由平等，但事实上他却一心扑在自己的工作和女人上，把奈特丢在家里带孩子。有时奈特实在累得连滚床单的兴趣都没有时，他还会生气，和奈特闹别扭，一副欠他多还他少的德行。

很多年来，我都以为奈特的著作写得并不是太好，毕竟不太出名嘛，远不如她给《时尚》写的专栏那么重要。我以为相比于文学，她在文化领域反而更擅长。还有就是她把家庭看得比事业更重。这一看法直到最近才改变：近来我读了一些她的著作，深受震撼。

奈特的小说远非那种让读者看个热闹的消遣读物，而是一道道关于爱情和婚姻的令人着迷的测试题，可以检验出你到底是不是一个真正的"新女性"。我最喜欢她的第三本书——出版于1908年的《结合》，讲的是雕塑家特丽莎和画家罗勒之间的婚姻故事，这个故事正是以奈特自己的婚姻为雏形的。

特丽莎在20来岁的时候，是个很独立的姑娘，婚后也坚持要有一个独住的卧室，这样才能有一些属于自己的时间（和奈特的经历简直一模一样呢）。她的姑妈索菲亚是个政客，虽然也结婚了，却坚信女性一定要经济独立，不能在钱上依靠丈夫，在这一点上，姑妈认为特丽莎迟早也会觉醒。"你那么聪慧，肯定很快就会领悟到这些的。"有一天姑妈对特丽莎说，"婚姻和任何其他关系都不同，它能够让你清清楚楚地看到女性的真正地位是什么。一旦你看清了这一点，特丽莎，你就会为女性奋起了。"

这篇小说从头到尾把特丽莎和罗勒跌宕起伏的爱情故事讲了一遍，里面充满了关于婚姻的种种思辨，支持婚姻的也有、反对婚姻的也有。姑姑索菲亚就是站在"反婚姻"的角度上的，她认为婚姻"是个可怕的束缚"。而罗勒呢，他是个喜怒无常的家伙，和哈钦斯特别像，他认为在过日子上浪费了太多时间。

费尔法克斯认为，婚姻是必需的，它有利于社会的正常运转，且对抚养孩子也有益，反而"夫妇关系"在婚姻中只是很小的一个组成部分。特丽莎反驳说，婚姻应该基于共同兴趣和平等的社会关系，"要源于生理需求，却又高于生理关系"。正如这本书的书名《结合》，"生理需求"就是奈特的核心主题，因此主人公特丽莎才会考虑如果她和罗勒没有孩子，日子会不会过得更开心些？最终特丽莎意识到，虽然她是个独立女子，但她与罗勒的关系大于一切。"否则他会出去花。"特丽莎这样告诉自己。

但她无法收住罗勒的心。这份感情债啊，早已超越了情感、意愿和同情心，罗勒身上原本有很多毛病都令特丽莎深深厌恶，却抵消不了她的这份爱。这可比真的欠钱令人难受多啦，这是在吞噬灵魂啊！多么奇怪，多么可怕！

最奇怪的是，感情债会令人觉得付出多少都是值得的。在这本小说的最后，特丽莎坐在房间外，沐浴在月光中，竟然认为"夜晚的喧嚣会给人带来深深的愉悦，生活中的种种动荡和不确定也如这喧嚣一样，不会令人疼痛，反而令人振奋"。

从奈特时代到如今，婚姻已走过了长长的一段历史进程，但有一点却是始终未变的：我们都希望婚姻能够坚如磐石。20世纪80年代因"七年之痒"而分手的离婚率达到峰值，打那以后逐年下降。这种下降真的很令人震惊，我们是如何巧妙地接受——而且这种接受是大众化行为——我们对婚姻的期待和它本身的大相径庭呢？哲学家告诉我们，自由是婚姻不可承受之轻。我们也确实在不知不觉中验证了他们的观点，在婚姻中学会了闭目塞听、装聋作哑、假痴假呆，甚至轻信了"想要什么样的日子就要靠自己去过"这样的鸡汤话。如果不是秉持着这一信念，我们就会发现，生活中的很多痛苦其实都是令人无法忍受的。

奈特之所以肯嫁给哈钦斯，原因之一就是她一直怀疑自己与生俱来的内敛气质和对稳定有序生活的渴望会使她对女性自主权的追求跑偏，最终变成一个生活孤苦的畸零人①老处女。奈特想要的是积

---

① 即多余的人、边缘人、孤独的人。

极入世而非消极遁世，所以，如果能够有一个情投意合的伴侣，会有助于她做一个世俗之人。而且，这个性别歧视很厉害的社会也令她做女人做得相当艰难，在这种情况下，哈钦斯这个颇有社会地位的男人可以为她在世间争取一席之地，还会给她提供更多更真实的信息。而对奈特而言，婚姻于她，不仅是问题制造者，也导致了生活的不稳定，毕竟哈钦斯是个仍秉持着男权主义的传统男人，时常就会感情走私。

奈特敢把自己置于这种不稳定的生活之中，在我看来真是勇莫大焉。

2001年8月，在我搬来纽约差不多一年之后，R回到了布鲁克林的家里。那年夏天和R分手后，弟弟一直陪我住在这里。既然他来了，我和弟弟便打算搬走，我们带走了我自己的东西和曾经属于我和R的共同财产：许多只咖啡杯。

在奈特那个年代，想要租一间工作室真是难上加难，而我比她更惨，连个宿舍都没有，还得自己不情不愿地做饭吃。于是，当年29岁的我只得做了最不愿意做的事，找了一个室友合租。最终选定的是美利山北边的一套有露台的单卧公寓，隔壁就是个超级吵闹的爱尔兰酒吧，里面挤满了形形色色的不晓得来自哪所大学的男生。不过好在从这儿走着就能上学，而且夏天窗外绿叶茂密，稍一俯身就能够到这一片郁郁葱葱。我的室友住在起居室里，把唯一的一间卧室让给了我，幸运的是这屋还能贴墙放下一张大点的写字台，还有一对朋友不要了扔给我的宜家沙发，正好能够摆在床的两头。

搬进新居的第一晚，我去参加派对了，凌晨四点才回家。我在28街下了六路公交车时，看到一家通宵营业的麦当劳，那感觉简直犹如见到了海市蜃楼。从麦当劳里出来，我坐在人行道上，把书包往旁边一丢，拆开尚有余温的纸袋，咬了一口，这是我有生以来吃过的最美味的巨无霸！我尽可能地细嚼慢咽，磨蹭着不想回家，因为回去也是孤枕难眠。可是宿醉的我和其实很难吃的快餐，都令我觉得万分恶心。

从那以后我重拾之前和 R 同居时的看家本领，尽可能地自己在家做饭，但饭后不洗碗，待餐具堆满一水槽后才洗一次。我对这样的生活很满意，打算先好好享受几年，然后我会再度陷入爱河，和一个男人安居下来。

第五章

我一直都是个坏姑娘

1920年的一个冬日，那时美国刚刚颁布了禁酒令不久。夜很深了，但在华盛顿广场附近的一家两人合租的小公寓里，一男一女却仍依偎在一张长椅上。屋里的铁皮炉子烧着通红的煤，闪烁的橙色火焰映照在窗上。女人身穿丝质的长袍，在火焰的阴影里，袍子上相映成趣的粉色玫瑰花和勃艮第玫瑰花几不可见。

女人忽然站起身来，将手里一杯假冒伪劣的杜松子酒泼到了地板上。她的长袍令她看起来犹如修女。暗夜之中，那男的无法欣赏到长袍下的美人肩、杨柳腰，如果这儿能有盏灯该多好啊。

女人抬起手臂，一边喝着酒，一边聊着天，一边从领口开始解扣子。她的长袍前襟是从头到脚一溜儿扣子，她一粒一粒地解着。

仿佛永远也解不完……她的手指光滑细腻、白如象牙。一粒、两粒、三粒……她的领口敞开了。四粒、五粒、六粒……她的胸脯伴随着呼吸轻轻起伏。七粒、八粒、九粒……十、十一，长袍从她的身上滑了下来，堆在地板上。女人瘦弱的胴体冰凉清爽，在火光中显得白皙透亮，与一头铁锈红的卷发相配得宜。

我在读这段文字时，脑海中便不由自主地描绘出这样的画面，埃德娜·圣·文森特·米莱宽衣解带的迷人场面恐怕会看瞎所有男人吧！20世纪早期的情色风情就是如此柔美带感。

独处时的所有白日梦都只剩下这一个。我发现，在我们这个时代，"单身"就意味着"可以约会"。在结束了一段长期固定的男女关系之后，这种不受约束的生活反而令我有些不安，就好像在时代广场的广告牌上看到身着露点装的巨大画像一样。

在美国文学史上，很难找到一位作家能如埃德娜般，以自己迷人的外表既惹男人迷恋，又令女人倾慕。但凡知道埃德娜的人都一定会被她深深吸引，而在她的有生之年及过世之后，描绘她外貌的人更是不计其数。她白皙娇小（才一米五高），火红色的头发与神秘的灰绿色眼睛非常相称，声音更是清脆入耳。埃德娜的长相介于娜塔莉·波特曼与朱丽安·摩尔之间，其实不如她俩漂亮，但她就是有种强大的吸引力，犹如华丽的气场般，令人对其魅力深信不疑。

在那个尚且相信女人只能在"聪慧"与"漂亮"中居其一的时代，埃德娜首次证明智慧与美貌并不冲突（至少公众广泛认可），因为她就同时兼具这两大优点。埃德娜出生于1892年，比奈特小了20岁，比梅芙小了24岁。埃德娜不仅拥有罕见的天赋，她的温婉柔弱也成为保证其一生顺利的有用护照。随着埃德娜年纪的增长，"坚强独立的新女性"开始渐渐取代了对"女人味、单纯可爱"的追求，而她的那份温婉正处于"新女性"和"女人味"之间，显得格外恰到好处，这又成了她可以大加利用的一份原始资本。1912年春天，20岁的埃德娜写了一首诗《重生》，凭借这首诗，她参加了著名的抒情诗年度大赛。后来，当大赛组委会的一位男编辑给她写信、表扬她文学功底好时，她的回信是一张自己的照片。埃德娜问那个男人，你想不想要这张照片？

在那次抒情诗大赛中，虽然埃德娜只得了第四名，但她却是真正的大赢家。那年秋天，取得名次者的作品被结集出版。埃德娜的诗打动了传记记者丹尼尔·马克·爱普斯坦，他认为埃德娜作品的价值堪比《荒原》《嚎叫》。在他的"煽动"下，读者们也纷纷写信叫板，力挺埃德娜，以至于那次比赛的冠军认为自己名不副实，不好意思出席颁奖宴会。

对任何人而言，这当然都是大大的收获，对埃德娜这样一个身世可怜的年轻女子尤其如此。埃德娜的母亲科拉在她八岁时就和她父亲分手了，那是20世纪初的事情，当时虽然离婚并非天外奇事，但也确实是罕有人做。事实上，从1870年到1900年，离婚家庭虽然从11000个飙升到55751个，却仍只占了人口的不到1%。而到了1981年，离婚家庭则达到了243800个。在当时，如果一个有了孩子的妇女提出离婚，且还真离了，她就会受到谴责，被看作少女梦永不死、不肯接受现实的家伙，即使现实是痛苦的、折磨人的家庭生活。不过埃德娜的父亲其实并不坏，也没有暴力倾向，只是一个无能的弱者罢了。

父母分居期间，孩子们跟着母亲回到了纽伯里波特，有时住在姥姥家，有时也住在舅舅姨妈家，过着不安稳的日子。直到1904年，离婚终于得以实现，他们才又一次回到缅因州。母亲科拉既聪明又勤奋，她在沿海地区找到了两份工作——护士和编织假发，但这就意味着她得把女儿们放在卡姆登的家里独立生活。科拉能给女儿们买得起的唯一房子是位于巴蒂山的棚户区，周围邻居都是些很"江湖"的产业工人。

根据传记作家南希·米尔福德所写，埃德娜只有一次直言不讳地写到了当时的生活。她说自己与两个姐妹——诺玛和凯瑟琳——"死死顶住前门，不仅要锁死，还要拿东西拴住"，为的是不让躲在外头的陌生臭男人进来。

虽然埃德娜念书很好，却实在没有钱去读大学。因此，1909年，在以优异成绩从卡姆登高中毕业后，她便只能留在家里通过写诗和写日记来倾诉委屈。正是在那一时期，她起草了长达214行的诗《重生》。

我在缅因州读了四年大学，太知道那里的冬天是如何把人冻得皮脱骨裂的。因此，年轻诗人那种一想到自己再也无法离开这个荒凉的鬼地方就简直郁闷到生病的心情，也是很容易想象的。她最终还是走出了家门，勇敢地穿上靴子，跋涉在结冰的烂泥路上，走进了一家廉价商品专售商店，在那里买了本电影杂志。

这是1912年，这一年因为玛丽·碧克馥的电影《美国甜心》，纽约式帽子在美国大流行。那部电影其实是一部讲女孩和帽子的故事的无聊脑残片，但埃德娜却多少看到了些不同的东西——她与玛丽·碧克馥是同年出生的，且玛丽·碧克馥也是个身高不足一米五、体重不过百的娇小女人，面孔甜美，头发丰盈。"贫民窟里的一抹温柔月光"，当时的一位影评家给予她如是评价。埃德娜给她的热巧克力奶付了钱，就急急忙忙赶回家去。此时，"打颜值牌"的种子已在埃德娜心里种下，她做出了给抒情诗年度大赛组委会的编辑寄照片的决定。

埃德娜的所作所为是她的发明创造，但在埃德娜和玛丽·碧克馥之间，确实有些异曲同工的相通之处，让她们可以达到同一个闪耀制高点。玛丽·碧克馥也是由贫穷的单亲母亲带大，依靠美貌和演技为自己打开出路，成为现代美国最持久的童话故事之一[①]。而埃德娜的故事则更接近霍雷肖·阿尔杰[②]，依靠脑力和努力工作来获取财富。

接下来的一切顺利得近乎一场美梦。在埃德娜把《重生》交给抒情诗年度大赛组委会三个月后，即1912年8月，因为妹妹诺玛的工作关系，埃德娜参加了卡姆登白厅酒店的季度员工派对。大家在派对上大跳交际舞和假面舞，然后又一起聚在钢琴旁唱歌。诺玛还邀请埃德娜给大家背诵了《重生》。当时距离她被那位男编辑捧红还有三个月的时间。

我们的诗人埃德娜披着长长的、有青铜色光泽的金红卷发站在那里，她的周围簇拥着好多情绪高涨的朋友和邻居，端着冷彭趣酒坐在椅子里。当埃德娜缓缓发声时，刚才兴奋的吵闹渐渐安静下来，变成了长长的、凝重的沉寂，大家只听到她的声音，清亮地响在温暖、安宁的夜晚：

这个世界宽广无比，

却不会比心更宽；

这个世界高耸入云，

---

① 因为玛丽·碧克馥是靠演甜美可爱的童话人物出身的。

② 霍雷肖·阿尔杰（Horatio Alger Jr., 1832 — 1899）：美国儿童小说作家。其作品大都是讲穷孩子如何通过勤奋和诚实获得财富和社会成功的。作品有《衣衫褴褛的迪克》《运气与勇气》等。

却不会比灵更高。

埃德娜朗诵时，周围观众中有一位中年女人名叫卡罗琳·B.道尔，过去曾是一位仙女教母[①]。埃德娜的才华和美貌给仙女教母留下了深刻印象，次日她便去拜访了埃德娜母女。那天，埃德娜在日记里这样写道："道尔女士来访，让我去纽约的基督教女青年会培训学校读书，她在纽约的阔朋友还会送我去瓦萨学院[②]上学哩！"埃德娜只要接受这份好意就可以了。1913年9月，她入学了，此时因为抒情诗年度大赛的事情，她俨然已是名人。

在一所全是尖子女生的学校里读四年书，为埃德娜建立了强大的知识体系，也教会了她何为"罗曼蒂克"。她忘情地投身于校园生活，演戏、写诗、进一步提升自己其实已令男人不可抗拒的女性魅力。那时的埃德娜是一个艳名远播的最会伤男孩子心的女生。

从某种意义上说，埃德娜简直伴随了我的整个人生。小时候躲在被子底下读的第一本书就是她的第三本诗集，《奶蓟草的几个果实》。

在我尚不懂事之时，就已经从父母的书柜里读到了埃德娜的作品。那时我是个脾气不好的小孩，每次乱发脾气被强行扭送回卧室关禁闭的时候，我总会把门一摔，然后开始为自己所谓的爱情抛珠洒泪：我爱上了我们班坐我后头的那个男生，我对他的爱炙热到令人难以忍受，我简直要为他而死了，没有人会懂我的心，永远都不会有人懂。

我四岁那年，爸曾教我读过一本经典英文儿童诗。我们最喜欢

---

① 给临死儿童充当教母的女人被称为"仙女教母"。

② 建于1861年的美国高等私立文理学院。

的一首，是克里斯蒂娜·罗塞蒂[①]的《谁曾见过风？》，很简单的押韵诗，却有很多神来之笔，读来给人一种无形的力量感，令人如见其形、如闻其声：

> 谁曾见过风？
>
> 我不曾，你也不曾；
>
> 但看木叶舞枝头，
>
> 便晓风穿过。
>
> 谁曾见过风？
>
> 你不曾，我也不曾；
>
> 但看万木垂梢首，
>
> 便晓风吹过。

每每想起这首小诗，我就会觉得学校里教的诗歌都实在太八股啦。

我是在七年级时真正受到埃德娜的震撼的。她的诗歌令我把童年时喜欢的克里斯蒂娜·罗塞蒂丢到了脑后，犹如流行歌曲般抓住了我的心。真正摄住我的，是她诗歌里的那份激情。

> 玫瑰花枝上新绽的第一朵花，
>
> 蓓蕾初开，娇红欲流，残红衰败。

这是她早期作品中的一句。埃德娜作品的这份魔力，再加上那时的我对生活的领悟力，令我能够从她的作品中获得巨大的快感，仅仅捧起书就会感到既快活又紧张。这真是前所未有的感受。

---

① 克里斯蒂娜·罗塞蒂（Christina Georgina Rossetti，1830－1894）：英国女诗人。作品有《妖魔集市》《王子的历程》《赛会》《唱歌》《会说话的画像》等。

如今的社会学家又创造出一个新说法："扩展青春期"，这个阶段从上大学开始。在从真正的青春期往"扩展青春期"过渡的那段时间里，我一度屈服于评论家把埃德娜看作"二流作者"的结论，慢慢地也就不看她的书了。

　　后来我搬到了纽约，83年前埃德娜也是这样从纽伯里波特搬到了纽约。这时的我已完全被大学时代那种"什么书该读，什么书不该读"的教条观点慑住，更是把埃德娜忘得一干二净。

　　纽约有条"75 ½ 樱桃巷"，里面的房子人称"本市最窄住宅"。20世纪20年代时，埃德娜曾住在这里。而我搬到纽约这一年，网络上借着埃德娜的名声，又一次把樱桃巷炒热。一天下午上课前，我溜达到那里瞧了一眼。这是一栋窄得不可思议的三层小楼，被两栋红砖楼挤在中间，只有两米多宽，一共才92.8平方米，幸而房子正面的两扇窗户十分宽大。

　　如果埃德娜是一座房子的话，她肯定就是长成这栋小楼的样子：结构紧凑，精致可爱，小巧却掩饰不住其强烈的个性。这座房子由红砖砌成，恰和她的头发同色。（2013年，这栋楼又被卖出去了，售价高达325万美元，平均每平方米35017美元！）

　　对埃德娜故居的喜爱，令我再一次对她的作品产生了兴趣。重读埃德娜的书，我惊讶地发现，这些作品帮我拨开了青春期遗留下的厚厚迷雾。十一二岁时，我并未察觉她与我住得这么近，我们都在缅因州的卡姆登生活过呀！不过那会儿就算我发现了这一点，估计也不会放在心上。我俩也都在新英格兰住过，"满地烂泥、漫天飞雪"，"河水冲击堤岸的巨大声响"，埃德娜作品里的这些内容，其实都是我过去生活中出现过却被我忽视了的细节呀！

在这个世界上，只有家乡的那片海会让我的心为之波动，后来我发现埃德娜也是如此，可能因为我们都是看着海边的岩石长大的吧！举目远望，海边波涛汹涌、味道独特、声音深邃，简直像只动物，那么深、那么冷、那么宽广，但仍可以游过去，也可以坐船穿越，也许这已经给我们心里种下了"可以到大海对岸去"的想法，所以我们才会离开海滨小城到同一个大城市纽约来呀！

即使是在1910 - 1920年那个崇尚波西米亚风格的曼哈顿，写作也还是入行门槛最低的职业。诗歌编辑哈里特·门罗在1924年曾写过一篇文章，文中指出："当代的某位女士可能要成为萨福①之后最伟大的女诗人啦！"其实她有些开玩笑的成分，但毕竟女诗人数量很少，重要的只有艾米莉·勃朗特②、伊丽莎白·勃朗宁③、克里斯蒂娜·罗塞蒂和艾米莉·狄金森④。在她们之后，哈里特·门罗认为，"埃德娜拼命深入生活，不断地在生活中冒险"，但这样做也是有风险的，因为"生活可能会把她的注意力从艺术上分散开来"。哈里特·门罗还写道：

柴米油盐的庸俗人生——为食宿挣扎、苟延残喘地过日子，连调个情都没法踏踏实实的，在这样的生活中，诗人怎么会提炼出美

① 萨福（Sappho，约公元前630或612—约公元前592或560）：古希腊著名的女抒情诗人。

② 艾米莉·勃朗特（Emily Jane Bronte，1818—1848）：19世纪英国作家与诗人。作品有《呼啸山庄》等。

③ 伊丽莎白·勃朗宁（Elizabeth Barrett Browning，1806—1861）：英国诗人。作品有《葡语十四行诗集》等。

④ 艾米莉·狄金森（Emily Dickinson，1830—1886）：美国传奇诗人。作品有《云暗》《逃亡》《希望》等。

丽如鲜花的作品？

哈里特·门罗深知，与埃德娜不佳名声相比，作为一个白手起家的女性，她具有非凡的职业道德，完全可以靠才华生存。不论男女，能做到这一点，都是一项罕见的成就。

我常用埃德娜的例子鼓励自己，既然她能够靠才华，我也一定可以！

2002年春天，我完成了研究生课程，开始成为一名在家办公的自由撰稿人。因为我上学时就一直为报纸和杂志写稿，所以此时转型为专职写手也显得顺理成章，并不需要大肆宣扬。

格林尼治村的房租逐年上涨，后来我终于意识到，房租飙升的原因就是人们有个约定俗成的观点：艺术家就愿意住在曼哈顿下城，尤其是布鲁克林、皇后区和新泽西州。就像很多创意产业，哪怕是徒有其名的，也要分布在旧金山和硅谷一样。（但事实上，"格林尼治村"早已不复它1916年的时代意义啦！）

我们这一代写作者面临的挑战远比房租之类的事情更抽象难办。20世纪初，报刊业大爆炸，它的蓬勃发展造就了奈特和埃德娜，把她们拱上公众视野的宝塔尖。而我们这些20世纪90年代中期大学毕业的家伙进入这个行业时，正赶上它逐年走衰，虽说身在其中仍可闯出一番事业来，但确实远不如以前了。

"数字化"对这个行业的冲击，简直给我们带来了无底深渊般的威胁！如今这个行业竞争十分激烈，同行相轻相妒，且我们的生活成本又超高。为了参加礼拜二晚上的"快乐时光"派对，你得置办衬衫、西装，然后跑到派对上去喝用塑料杯子装的鸡尾酒。你偶尔说两句话吧，还会被打断，因为某个更有名的作家或编辑忽然从你肩膀旁边探出头来对房间那边发声，抢了你的话头，你只好不介意。派对一搞就搞到晚上10点，可你明早还要早起，因为明天是给一个线上杂志交稿的最后期限。虽然他们稿酬支付得很不痛快，但毕竟那也是一份收入啊！

所以，我现在仍过着白天坐在桌边读书、记笔记，晚上到老同学家去吃吃饭，然后再到流动图书馆里读书的生活。我把我遇到的每一个人都看成潜在的约稿者，或者，潜在的男朋友。

我惊讶地发现，如今的男女约会仍行的是老规矩，男孩买单，女孩全程不花钱。

上大学时，我和男朋友经常相携从食堂逛到宿舍楼的咖啡厅，但很少去校外的饭馆，因为到了那儿我们俩就得AA制。男朋友负责支付全部账单并不会让我觉得受了冒犯，事实上，如果他不这么做我才郁闷哩！在我们这里，还是习惯男性主动提出、女性被动接受、男人给女人付账的传统模式。

有时男朋友也会邀请我去看电影或展览，但通常都是吃吃喝喝。先喝咖啡，然后吃饭，然后去喝酒，坐在一只小船上喝上一晚上的伏特加，往往能喝一两瓶呢！我对这样的生活蛮喜欢的，一点儿也不反感。相比平淡无奇的日常生活，约会简直就是一种奢侈，在剧院自带的酒吧里，餐巾雪白，侍者周到，灯光低柔，冰块在玻璃杯里慢慢融化，开葡萄酒瓶时软木塞发出"噗"的一声，走出酒吧时微风拂过，清凉与微醺一起融化在迷离的夜色中……我是多么喜欢这种感觉啊！

那是我第一次喜欢上现实世界中的人，我喜欢和他聊天，觉得这比其他任何琐事都有意思，也喜欢和他一起买东西的那种感觉。我发现，成双成对是非常稳定的、值得鼓励的一种关系，两个人可以相辅相成、互补所短。在结识新朋友的同时，我也逐步寻找到了一个崭新的自我。

一开始，我还是习惯性地坚持付一半账单，但慢慢地我认识到，不管我怎么解释，这样做都会给对方一个错误的信号，让对方觉得我是在证明我们俩"没关系"，是他"想多了"。而让他一个人买单，则意味着我懂了他"想交往"的意思。这令我左右为难。

后来，我在一个讲座上遇到了T，一个触动我的男人。他比我大十岁，是一家私人调查公司的合伙人，长得很像哈米特①小说里的硬汉侦探，非常神秘，一副不可能动情的样子，仿佛是已婚人士，可其实还没结婚。相比之下，R开朗奔放、一往情深，眼睛里分分钟都流露出深情厚谊；而T则把自己藏得很深，为了让女人上钩，脸上一丝表情不露，神秘得犹如一扇紧闭之门。但是，他的所谓高贵、优雅和暧昧，他的带着挑剔神色的眼睛，他的强壮有力的身躯，在我看来却犹如牛魔王。我第一次去他家时，我们吻了对方。之后，事情一发不可收，每隔一两个星期，他就会带我去一些我绝对没钱去的餐馆里一边享用美食一边聊天。我俩的想法迥异，这令我很喜欢和他聊天。然后，我们再打车回他家……次日早起，我会赶在他睡醒前赶紧起床，穿好衣裳，怀着满足而愉快的心情，徒步穿越30多个街区（简直就是横穿整个城市啊），回到我的住处。

① 达希尔·哈米特（Dashiell Hammett, 1894 — 1961）：美国侦探小说家、硬汉派小说鼻祖。作品有《马耳他之鹰》《玻璃钥匙》《瘦子》等。

我俩一直这样好着，几周过去了，几个月过去了，我们俩的关系好像循环播放的单曲似的，没有更进一步，也没有分手，只是我感到越来越不爽。这算什么啊？

　　很明显，我不能再这么跟他下去了。

　　一个令人窒息的八月，一个我偶尔约会的男人约我出去喝一杯。他是个很帅气的律师，人蛮灵光的。我俩的交往方式虽然老套倒也挺甜蜜。他时不时约我出去吃个浪漫大餐，然后手牵手送我回家，在我家门口的台阶上吻别，十次有九次他连房间都不进。我们都很享受在一起的时光，但似乎缺少一点儿最原始的冲动。

　　一个特别的晚上，他对我提出了一个超级维多利亚式的请求，令我大受惊吓。他说，如果我可以嫁给他的话，就再也不用为钱操心，这是任何一个作家都没办法提供的优厚条件。我们可以在西村的上流社区拥有一套房子，再去康涅狄格买一栋乡间别墅。他现在当然还没有买，他解释道，因为想和我一起去挑选。

　　当时我俩坐在一张小圆咖啡桌边，听了这话，我无言以对地放下咖啡。这些屁话都是从何而来呀？我确实很喜欢他，但他凭什么以为我以后也会和他一起过？

　　我不知该怎么回应他的话，只得有气无力地哼唧说，我会好好考虑这事儿，然后再和他联系。

　　坦陈上述这些并非是想让读者觉得我矫情。我的目的，是想告诉读者，人是既聪慧又敏锐的生物，所以千万不要忽视了我们自身的复杂性。譬如说那个律师吧，他显然并没有爱上我，只是因为交往了，他认为该有个结果，所以就提到结婚。他简直就是给了我一面反射出我们这代人复杂的性别政治的哈哈镜呀！男人喜欢抱怨女人总是一味要承诺、要婚姻，我现在方知结婚必须得是双方都有此意，愿打愿挨才成。

我的日子过得乱七八糟，当时的状况真是表面光鲜内里凄凉，白日欢笑夜晚流泪。当然我最最想要的还是自由。我希望自己能有埃德娜一半那么会经营人生，哪怕四分之一也好。想来想去，越发觉得埃德娜从这种跟我类似的浪漫关系中得到的比我多，虽说她是那会儿的激进派，而我只是这个时代的普通人，但似乎原因远不止如此哩！

凯瑟琳·本奈特·戴维斯[1]是那个维多利亚时代开创性爱新风的人，她做了美国历史上第一次也是最重要的一次女人性行为调查，发现在1890年以前（只比埃德娜早了两年）出生的女人里，有四分之一都承认"屈服于性爱之下"，虽说她们会为自己的"不节欲"感到害羞，但还是很享受激情，所谓害羞，也不过是心里不好意思罢了。

奈特和她的追随者们，比如玛格丽特·桑格[2]和维多利亚·伍德胡尔[3]，一直都在为社会改革而不懈努力（虽说常常会吃力不讨好），终于把女性性压抑和男女授受不亲的老法观念都留在了19世纪。到了20世纪的第一个十年，"弗洛伊德热"的狂潮席卷全美，即使在

---

[1] 凯瑟琳·本奈特·戴维斯（Katharine Bement Davis，1860 — 1935）：美国社会改革者、女性主义代表。

[2] 玛格丽特·桑格（Margaret Sanger，1879 — 1966）：美国妇女节育运动的先驱。

[3] 维多利亚·伍德胡尔（Victoria Claflin Woodhull，1838 — 1927）：美国著名的女权运动家和废奴主义者，美国第一位参选总统的女性，亦是华尔街的第一位女老板。

公开场合，男男女女也可以无所顾忌地交谈。根据当时的一份杂志所说，1913年是"美国的性爱之年"。在接下来的一年中，"约会"一词首次出现在公开出版物中。1916年，第一家节育所在美国开张，1920年，女性获得了选举权。到了20世纪20年代，美国的社会文化已发生了天翻地覆的变化：能够满足夫妻双方的性生活是维持美满婚姻的关键所在之一。

"我一直都是个坏姑娘。"埃德娜在《忏悔》一诗中写道，在这首诗里她企图表达一下对自己所犯的一些"小小罪过"的内疚之情，却实在表达不出来，最后只好总结道："我实在不内疚呀，怎么办呢？

1923年，31岁的埃德娜荣获了普利策奖的最佳诗歌奖，开始在全国巡回朗读其诗作。米尔福德曾在其著作中说，埃德娜用朗读和表演把观众拦在了自己的私生活之外，他们只能看到她的艺术。在舞台上，她是个特别地道的纽约人，笃信宗教，以一袭宽松的天鹅绒长袍示人，显得娇小玲珑。相形之下她的声音就显得格外洪亮，非常动听。那时她已剪短了头发，因此在她访问过爱荷华州的安科大学后，校园报指出，剪短发的学生竟然从9%猛增到了63%！

20世纪50年代的社会学发展妖魔化了"青春期"这一概念，仿佛青春期的少男少女就是被荷尔蒙操控了的男女流氓。而事实上那是人生中一段高尚、勇敢又有点儿危险的时光。青春期特有的焦虑感令少男少女把摇滚明星当成偶像，这也是为什么当时的学生都喜欢埃德娜的原因。在那个年代，埃德娜就等同于叛逆的摇滚巨星。人们说起这些，往往会大赞埃德娜那时多么受欢迎。而我却觉得，作为维多利亚时代"摇滚巨星"的埃德娜，其意义是：她为青少年扫平了很多阻碍成长的陈规陋俗。

当时正在成长中的那一代女性，刚刚有了自己的需求，特别需要埃德娜那样的声音，她用传统的、人们都熟悉的写作形式——押韵对仗的十四行诗向读者传播女性独立的新观念。

所以，我在想，埃德娜的秘密是什么呢？难道她可以掌控自己的情感，可以在必要时关上心灵之门吗？如果埃德娜能够做到这些，那我一定也可以。

那么新问题又来了，她那时到底是怎么做的呢？

如果不是遇见了埃蒙德·威尔森①，我可能永远都没办法找到答案了。

关于埃德娜的文章，一般认为威尔森于1952年（埃德娜去世两年后）写的那篇最好。但就像对待奈特的小说一样，我迟迟不愿读威尔森的这篇回忆文字，总觉得他作为求婚失败的可怜虫（他俩都二十出头时，埃德娜拒绝了威尔森的求婚），写出的文字会缺少客观性。而且，那个年代的男人一说起女人，总有种居高临下的愚蠢态度，这也会令我腻味。但当我最终坐下来读这篇文章时，一下子就发现，自己真真是太浅薄、太低估威尔森了，他实在堪称20世纪最值得敬佩的评论家之一。

这篇文章收录在著名的威尔森著作集《光明海岸》里，其中全是他从1920年到1930年间的作品，而书名则来自埃德娜1922年所做的一首未发表诗作的最后一行。

威尔森是在1920年时第一次注意到埃德娜的，那时他们都在纽

---

① 埃德蒙·威尔森（Edmund Wilson, 1895 — 1972）：20世纪美国著名评论家和随笔作家。作品有《到芬兰车站》《三重思想家》等。

约参加一个派对，有人请埃德娜为大家背诵一首她的诗（埃德娜在朗诵方面显然是天赋异禀），威尔森记得当时的情形是这样的：

她身穿明亮的蜡染布料衣裳，映衬着她双颊闪闪发光，犹如青铜般恰到好处地衬托着一头红发。她是那种单看并不完美，甚至都算不上"美人儿"，却因其多血质、生气勃勃的特性而显出一股超乎相貌的美好气质。她身材娇小，也不够丰满，但气场却十分强大，长长的脖子优雅可爱，令她看起来很像缪斯女神，朗读起自己的诗作来更是令听者如痴如醉。

我之前的想法是有多荒谬呀！一个男人能如威尔森般看到女性超乎相貌的气质之美，当然是很值得喜欢的啦！

当时埃德娜和母亲姐妹同住在西19大道尽头，就在哈德逊河附近。而威尔森则是著名杂志《名利场》的编辑，他打算通过替埃德娜在《名利场》上发表文章来跟她套近乎。这样做的时候，他认定自己是陷入了"不可救药的热恋之中"，那时的他，"非得认识她不可"。

威尔森还在文章里回忆了萧伯纳的新戏《伤心之家》在纽约上映时，他带埃德娜去看戏的情形：那是1920年秋天，他俩才刚开始交往。戏剧才开始没一会儿，埃德娜就迅速地、全身心地被这出戏深深吸引住了，这令威尔森十分惊讶。这也是评论家威尔森第一次见识到诗人埃德娜对自己感兴趣的事情能多么投入。

第二幕快演完时，威尔森发现埃德娜是一个特别神经质的人。当时戏里正演到晚餐后，主人公们聚集在一座英国乡间别墅的会客厅里，戏中的冷酷美女阿里阿德涅开始对她大伯子兰德尔冷嘲热讽，那个可怜的男人因为追求不到她已经郁郁寡欢了好长时间。

"那些爱我的家伙把我的生活搅了个一团糟。"阿里阿德涅埋怨道，然后又说出一堆的冷嘲热讽，竟逼得兰德尔眼泪直流。而阿里阿德涅却愈发变本加厉，站起来指着他鼻子骂道："爱哭鬼！"

这时大幕徐徐落下，埃德娜转向威尔森说道："你知道，我是有多讨厌那样的女人呀！"

这些年来，肯定也有过很多的"兰德尔"追求她，但她处理这帮人的方式与萧伯纳笔下的阿里阿德涅大为迥异。其实她完全有能力把这些追求者玩弄于股掌之中，用残忍的态度对付他们，但她并没有折磨他们，也没有挑逗他们彼此相妒、彼此憎恨。埃德娜是个才华横溢的女人，因此也很要面子，绝对不会像有些女人那样残忍易怒，反而能够用她的宽大雅量来取代女性在这方面的残酷，变得公正、和蔼、亲切，充满了幽默感和同情心。

暂且不说萧伯纳刻画"暂时性的女性的残忍"行为中所包含的性别歧视，他细致入微的描写令读者发现，原来女性可以同时具备无情挑剔和善良温柔的特点，它们并不对立，在女人身上出现时绝不是非此即彼。但是，这只是萧伯纳一个人的观点，不足以说明问题，我需要更多的证据。

1920年年底，埃德娜28岁了，《名利场》的高额稿费令她第一次有足够的钱买下一套属于自己的公寓，两室且有卫浴设备，就在西12街上，离华盛顿广场公园特别近。新住所令她更有资格拒绝向她求婚的男人了，她绝对不想嫁给他们中的任何一个，虽然在特别困难的时期，她曾对威尔森告白："我愿意成为你的另一半！"（这句话一下子就打动了我的心，在婚姻中成为与男人完全平等的"另一半"，也是我的底线。）

威尔森对这句话相当重视："结婚这事完全取决于她是否愿意。"

他当然有理由重视埃德娜，此时《名利场》以支付埃德娜欧洲旅行费的方式向她约稿，让她写些讥嘲派杂文（但我没有看到这些文字）。作为美国最著名诗人的她，智慧非凡，连获两届普利策奖，能给一本时尚杂志写愚蠢的幽默小文字实属屈尊。我觉得换我当她，决不肯如此。

正因如此，出版商请求她在文章后署真名，也就不难理解了。但是埃德娜一如既往地坚持维护自己的名誉，坚持只用笔名——她奶奶的名字南希·博伊德。1921年1月4日，她动身去了巴黎。

1924年，两年间陆续写成的24篇署名南希·博伊德的文章结集出版，书名为《令人心痛的对话录》（下称《对话录》），此书如今市面上早已没有了，但我却在网络上轻而易举地找到了它的电子版。前言也是埃德娜自己写的，且署了"埃德娜·圣·文森特·米莱"的真名，落款是"写于东京"，有人推测说当时她是去领普利策奖了：

博伊德小姐请我为她的《对话录》写一篇序言，这些文章都曾在《名利场》里发表过，我也曾急切地追过文，因此对它们的内容早已了然于心。我不擅长写序，但如果是为这本书写，那我当仁不让，因为我是作者最早的铁杆粉丝。很荣幸能够由我来向公众推介本书，因为我对这位作者的文章永远不会腻烦，读来总是心生欢喜的。

这篇序言把《对话录》从无聊层面拔高到如此高大上，令我不禁哈哈大笑。《对话录》中时间最早的一篇文章名为《无情的阿芙洛狄忒》，于1921年3月首发于《名利场》，读来就像一篇精致含蓄的虚构小说，但是里面却又一次写到了埃德娜与威尔森的相遇。

这个故事由一个名叫怀特先生的人开场，他是个"浑身上下一个零件也不缺，但组合起来就十分难看"的家伙。他对"优雅的雕塑家"布拉克小姐说，她是所有他认识的不婚女人中最有意思的一个。这情景发生在布拉克小姐的工作室里，当时布拉克小姐正用茶点款待怀特先生。

她问："哦，是吗？"（一边说，一边懒洋洋地掸了掸烟灰。）

"唉，如果你知道你的不婚主义之外还有什么就好了！有的女人不肯结婚，有的女人是从来没有结过婚，还有的女人是——没有坚持要和我结婚！"

"我知道啊，我替她们感到遗憾哪。"布拉克小姐真的挺同情地说，"但我和她们不一样，因为我有点儿小才，所以可算是另走一路的女人。我是否有足够的才华都没有关系，只要够我用就好啦。"

说罢这话，布拉克小姐沉思了一会儿，而怀特先生则第一次注意到"这间工作室里有很多人形雕像"。他没有夸赞布拉克小姐的艺术作品，而是问，她的雕塑模特是谁，因为这位模特真的很漂亮。布拉克小姐承认她雕塑时是以自己做模特的。怀特先生听了，整了整领带。

布拉克小姐继续挑逗怀特："事实上，你是我认识的所有男人里，已婚的未婚的都算上，唯一没有强求要我的一个。"

怀特先生的呼吸开始变得粗重，诱惑布拉克释放出更多的娇媚。

布拉克貌似不经意地承认，自己"一天到晚被追求者打电话纠缠"，他们都想要跪在她面前，把自己的一片真心献给她。

但她却开玩笑说，与其爱他们，还不如爱自己的茶点呢，茶点这东西可真是"不婚女的帮凶"呀！她笑道："如果喝茶这事儿能让我终身不嫁，那么我会一辈子保持这个习惯的！"

然后布拉克一边执刀切开了一只柠檬，拿一只用毒蜥蜴后爪做成的糖勺往柠檬上撒糖，一边说起她马上要动身到欧洲去，一来看看那边的艺术，二来也是想冷一冷那些讨厌的追求者。

怀特先生张口结舌，对着布拉克极尽呻吟、低吼、嘲讽之能事。他嘲笑说她的身子"活像石膏做的"，可过一会儿又跪在她面前求婚。他恨恨地说："你就喜欢折磨男人！"

"不是这样的。"她说，"我向你保证，你这样，我既心痛又害怕，不明白你为啥会如此这般，我我我……"

怀特先生咆哮着摔门而去。

房中只剩下布拉克一个人了。她给自己倒了一杯冷茶，用手指轻理云鬓。

"上帝啊，我真心希望自己不是现在这样不贤淑的女人！"

能在成长过程中读了那么多埃德娜的作品，这让我很开心，但直到读了这样的小故事后，才终于瞥到了她作为诗人背后的真实生活。虽说埃德娜顶着"无情女神"的诨号，早期的诗作也曾充满了放荡不羁、游戏人生的态度，但她后来所写的却都是些一往情深、满怀激情的十四行诗，让读者看到一个真诚表达自己的女人，自重且尊重他人。

埃德娜不仅是她那个时代"自由恋爱"的典范，在后来的很多年里，直到21世纪，她的影响力仍然存在。2009年，文化评论家克里斯蒂娜·乃林发表了一篇提倡恋爱自由的文章《爱的辩护》，其中把埃德娜作为明智的典范，认为我们都该向她学习。

总的来说，乃林认为当代的所谓"爱情"都是非常缺乏血性的，已经没什么情欲可言，且在"爱"时考虑了很多政治因素。她的这一观点和我的想法令人沮丧地一致。就拿埃德娜来说吧，其作品中最闪光的一点便是情色描写，然而在她去世后，这一点却遭到清教徒和性别歧视者的批判。就如乃林所写："埃德娜的诗歌，如今被这帮所谓高明的道学家看作讨巧、轻薄，他们批判她花哨的文笔、矫揉造作的风格、太露骨的情色描写。"唉，我正是受了这帮人的蛊惑，才会在上大学后，抛弃了中学时代曾经喜欢的埃德娜呀！

埃德娜曾说过，诗人的生活是"火热的、虚度的、华丽的、危险的"，一言以蔽之，她的诗作《第一棵无花果树》里所写的是她真正的终身信条，而并非只是狂飙青春时期的狂想。

> 如果我是蜡烛，我会两头同时燃烧，
>
> 这种烧法，当然还没到晚上就燃尽了，
>
> 但是啊，我的敌人，我的朋友——
>
> 只有这样我才能发出最可爱的光芒呀！

很显然，埃德娜是在一个心碎的状态下写这首诗的。据米尔福德回忆，有好几位倾倒于她文字之下的可怜虫——约翰·皮尔·毕肖普①、弗洛伊德·戴尔②、埃德蒙·威尔森都对她恋恋不舍。"他们给她写信，倾诉自己的伤心绝望与哀愁愤恨。"米尔福德写道。

但令人惊讶的是，埃德娜五光十色、自由自在的生活其实很短暂：总共才六年（其中还有两年是她在国外的日子）！1923年1月，就在她31岁生日前的一个月，她返回美国，同年四月认识了比她大

---

① 约翰·皮尔·毕肖普（John Peale Bishop, 1892 — 1944）：美国诗人、文学家。

② 弗洛伊德·戴尔（Floyd James Dell, 1887 — 1969）：美国编辑、文学评论家、小说家、剧作家和诗人。

12岁的荷兰进出口贸易商人尤金·扬·博弈斯文。四月底，她荣获普利策奖的消息公布，五月她便与尤金住在了一起。那年的7月18日，她在一间小教堂里嫁给了尤金。埃德娜当新娘的那天下午，纽约竟有五家报纸同时报道了这一消息，其中三家给了头版，还有一家居然以"著名抒情诗人背叛其爱情哲学今日终出嫁"为标题，准确表达出埃德娜粉丝的失望之情。

但埃德娜的行为并没有严重到"背叛"的程度，虽然我并不敢说自己知道她为什么结婚，但现在我想要斗胆猜测一下：尤金是一个慷慨的有钱人，自称是女权主义者，对他充满传奇色彩的夫人满怀热情，心甘情愿地承担一切家务事以支持她写作。事实上，在她1931年发表的著名十四行诗集里，有一首诗名为《致命的采访》，写的是她与一位比她小很多的年轻诗人乔治·狄龙之间的情事，而尤金竟然对这首诗大加赞赏。

我的这种猜测意味着，虽然组织了新家庭，但埃德娜在婚姻中始终以她自己和她的工作为上。就如威尔森不厌其烦地指出的：埃德娜把"过多的激情"都用来写诗了，精神生活支持她走过艰苦的少女时代；在她的现实生活中，除了母亲和姐妹，其他的一切都并不重要。

埃德娜住在格林尼治村的那段日子，从头到尾，都有至少一个姐妹同住，有时甚至她会把姐姐、妹妹、妈妈都接来一起生活。而这家母女姐妹一旦分开，便会不断地写信，在信里开着彼此的玩笑、喊着对方的昵称。她从刚出道时就开始供养母亲和姐妹，待手头宽裕了，对她们更是大方到不可思议的地步。其实母女姐妹四人之间，并非没有竞争和矛盾，为什么她们还能那么亲呢？虽然埃德娜很早就离开了母亲凯瑟琳，但她仍对母亲和姐妹保持着不容置疑的忠诚和爱意，不管她在这世界上的什么地方，她们都是保护她的坚强后盾。

长久以来，埃德娜之所以可以自由地在爱情中冒险，当一个充满激情的单身女人，就是因为她身后有母亲和姐妹的爱在庇佑着她。荣获普利策奖不仅是个巨大的荣誉，同时也是一个警告：如果想要留住广大读者对她的喜爱，她就必须越来越深地陷入激情的陷阱之中，为她的写作不断加料。

埃德娜和尤金夫妇在纽约的奥斯特利茨买下了4000多亩的地产，里面设计了面积相等的工作区、居住区和娱乐区，打算一起在这儿过日子。埃德娜原本是想在缅因州的海边买房子的，但尤金说服了她，因为她的工作需要她离曼哈顿近一些。但他们在纽约的新家里植入了全部缅因州风情：泥土、白松树、蓝莓树。在这一片缅因风物中间，他们建了一座小房子，有一条石子路通向外面。一周六天，埃德娜每天都会在这小屋里整整写作五个小时。

他们家的房子（如今已对公众开放参观了）很大，足有13间屋子，却洋溢着温馨低调的新英格兰居家风情，有品位，又绝不炫耀。那也是我成长的氛围，令我感到很亲切。上了楼梯，两侧的房间分属夫妇二人。埃德娜的房间是典型的作家风格，卧室里有壁炉，从卧室的窗可以俯瞰菜园；贴着雪白瓷砖的大浴室（他们家是全国第一个使用淋浴的家庭哦）；还有一间工作室，这是埃德娜房间的重中之重，长长的桌子上铺着稿纸，都是些即将出版的埃德娜的作品；另外就是一间摆着一张小扶手椅的舒适图书馆，埃德娜随时可以在椅子上小睡片刻。

家里当然还必须要有请朋友来同欢乐的地方。楼下是木质结构的餐厅，刷了奶油色的油漆，吃饭时使用的淡粉色、遍及花纹样的描金餐具，就好像埃德娜是个瓷器收集者似的。起居室里摆满了舒适的软垫座椅，还有两架钢琴，一架专属于埃德娜，另外一架则是供客人们弹奏的。

再来就是室外了：除了网球场，还有七个不同的游乐场，分为"穿着衣裳来玩""全裸来玩"两种类型，户外酒吧正对着游泳池，周围密布着玫瑰花丛，鲜花怒放。

有评论家说埃德娜后期的作品中有很多是平庸的应景政治诗，甚至有人将她创作水平走低的原因归咎于她的婚姻生活。但其实这种情况的出现只是因为作家埃德娜受公众过度关注而导致过劳，况且1936年她还遭遇了一场车祸，造成了严重的神经损伤，从此慢性疼痛一直折磨着她，导致她染上了吗啡瘾。

这时就显出了尤金的价值。尽管这对夫妇备受埃德娜病痛的折磨，但他们还是幸福地过了26年的二人生活，一直没要孩子。他们大部分时间都住在家里，直到尤金1949年去世前的最后几年，才开始去位于缅因州卡斯柯海湾的私人小岛——拉吉德岛消夏。尤金去世一年后，埃德娜也随之而去，至死她都笔耕不辍，从未停止过对真实自我的表达和追求。

第六章

一个人的纽约

我想当自由书评人，但这个计划并没有真正实现。在此之前，我已做过多份工作。《波士顿环球报》给了我一个专栏让我写回忆录，还有其他几家报刊（其中甚至包括《时尚》，虽然时间上相距甚远，我和奈特也可算是同事哪），但是我真的缺少天赋、信心、承受能力和一个如埃德娜家那样全家团结地住在一起、能给予我支持的家庭，所以我没办法接这份工作。那段时间，我的收入特别不稳定，且每到傍晚，我便会焦虑不堪，什么事都干不下去，只想到沙发上歪着，必得像个小孩似的睡一会儿才成。在这样的状态下，更甭提什么社交了，连谈个男朋友都谈出问题。那时我正和T交往，但因为我的状态不正常，所以和T的关系也成了我痛苦的源泉，令我更觉孤苦，我一次次闹分手，理由是想要"更多"。我渐渐认可了人们为婚姻中"夫妇财产个人归个人"而奔走呼吁的行为，但每天早上醒来时，一想到自己可能会孤独终老，我还是会恐惧到想吐。

我已自信全无、经济困窘，2003年秋天，我怀着复杂的心情在

151

一家小日报社找了份文化副刊编辑的工作（现在该报社已经倒闭啦）。那个单位位于曼哈顿下城一个混乱的街角处，还是那种19世纪一半白砖一半钢筋的老房子，办公室的风格十分科幻，简直就是各个不同时代室内布置的混搭，特像乔治·吉辛①写于1891年的关于伦敦的小说。在这里工作，我就得忍受这种19世纪80年代的工作环境。空调和上下水整天坏，冬天，我在办公室里必须穿着红皮袄、黑皮帽方能保暖，手指在敲击电脑键盘时冻得发抖，简直是天天都在为20世纪40年代的老歌《得力女助手》上演现实版MV，我要负责编辑音乐、建筑、书评三个板块的文章，而我的上司，那两个和我同龄的家伙，则整天开会，凑在会议室里抽着60年代风格的雪茄烟，大喝马提尼，发着梦。这样的会是绝对没有我的份儿的。能够与其他大报和著名杂志的编辑建立关系是非常不容易的，所以我并没有全身心投入到这家可笑的报社，而是利用每天早上上班前和周末的时间为其他报刊写书评，因为晚上我往往要在报社里加班到八九点。

我的情况和很多城里人相反，如此繁忙的全职加兼职工作并没有影响我谈恋爱。现在我已脱离了之前那种无比焦虑的状态，可以常常去约会啦！有一天，我看着日历，忽然发现自己约会得有点儿太频繁了，不过这倒不是我故意为之，而是我的大部分朋友都搬去了布鲁克林。

这时，我和室友合租的公寓房子快到期了，因为我已有了全职工资，可以整租了，所以我决定一个人搬到布鲁克林去。不过布鲁克林高地是住不起的啦！自从三年前我和R分手之后，我只回去过

---

① 乔治·吉辛（George Gissing, 1857—1903）：英国小说家，散文家。作品有《四季随笔》等。

布鲁克林那边一次。当时是去参加一个派对，但一从那个地铁站出来，我的心就开始抽紧疼痛。这里真是好漂亮啊，而且十分静谧，离开住在这里的那个男人的我，会不会实在有些太傻了？

之后，我花了一两个月的工夫，在网上找房源，找得眼睛都痛了。我利用午休时间坐地铁到布鲁克林的最边缘地带去，但净受房地产中介的骗。所谓的"舒适工作室"，其实就是无窗地下室；所谓的"就它了，交通特别便捷"，其实就是一间六层上的阁楼，离地铁站还有15个街区的距离。不得已，到了七月，我只好请房地产经纪人替我打理租房事宜，虽然我都不晓得自己能否付得起她的佣金，毕竟在纽约，佣金的起价是一个月的房租呀。

房地产经纪人来为我工作的第一天，我们用很快的速度看了七处公寓。后来，她把车停在了一栋很漂亮的棕色砖房的楼下，对面的街角正是当年一到礼拜六早上我和R就去买法式吐司面包的地方。

"啊，可这儿是布鲁克林高地呀。"我说，之前明明已经对她说过了，我唯独不想租布鲁克林高地的房子嘛。

她翻翻眼睛，仿佛在说："你没什么其他选择了呀。"

她在一座巨大的雕塑下停了车。那是一扇宽大的拱门，因为门后做成了壁炉的形状，所以我们走进去的感觉，好像不是走进大楼，而是走进了壁炉似的。进去之后，她又打开了另一扇大门，然后又是一扇……终于，我们站在了一间带有旋转楼梯的清净大厅里，开始盘旋上楼。

我们踩着厚厚的栗色地毯往上走，一点儿脚步声都没有，令她的声音显得格外亲切入耳。她告诉我，这栋房子原本是独门独户，建于19世纪中叶，直到20世纪70年代才改为公寓单间出租。此时我已被房间的种种细节吸引，渐渐听不进她的话了。木质踢脚线上刷了白漆，还雕刻成海浪的形状；楼道里的每一扇门都是漂亮的拱形；楼梯的木栏杆是抛光的，愈显优雅华美（后来我才知道，20世纪80年代时，这栋房子曾被男同性恋们称为"百花楼"）。待我们走上三层，走过一段黑暗狭窄的楼道，走到一扇高大厚重、装饰着白色门框的棕色大门前面，她打开门，引我走进去。我真的、真的一下子腿都软了，不得不撑在门框上才勉强立住。

这个房间犹如漂浮在布鲁克林上空的一个漂亮的肥皂泡泡，面积很大，厨房大到足够在里面吃饭，厚重且带雕饰的天花板足有3.3米高，而且呀……这明明就是我梦想中的房子嘛！三面墙上都有宽大的、高高的窗户，供我俯瞰窗外全景，也让我一望便知外面天气如何。

虽说我目前尚未在这样的房间里生活过，但这儿绝对是所有单身女子的理想家园！

因为，这个房间简直就是为愉快的独身生活打造的呀！

我只顾着看那些漂亮的细节，其他一些细节则被直接忽视了：油漆的斑驳、取暖器的噪音、地板的磨损，还有厨房，当然没有洗碗机，且里面的设备竟比我往生多年的爷爷奶奶家的厨房还破！另外，如果住在这里，我就必须得把衣裳送去洗衣店清洗。不过，没有关系，我一点儿都不介意。

我在房间里走了几圈，新家的床窄窄的，下面的床屉很像个首饰抽斗。阳光照射进来，在房间里映出细长的影子。微风从开着的窗户徐徐吹入，在这样舒服的风里我可以读几个小时的书。而且，如果住在这儿，我就有地方给留下来过夜的朋友们支张床了，省得他们在宜家沙发上凑合。

"其实，"我开口了，"我想租下这间屋。租金得多少呢？"

房地产经纪人道："那个啊，对你而言有点儿贵……"

我的心一沉，只好跟她说那我再想想。

"快点做决定哟，这地方挺抢手的。"

那天夜里我失眠了，一早起来，我便下定决心，如果能再跟房东砍一百块钱的话，那间屋的租金就只比我能承受的上限高一百了，我一定能多赚一百元回来交房租的。

房东同意啦！

几个礼拜之后，我和当时已交往了一段时间的男人吃过晚饭，鼓起勇气邀请他上楼。

楼下的大厅本身就很有看头。站在一层回头看去，你会觉得这房子已历尽沧桑；然后，抬起头，往天花板那里瞧，离天花板很近的窗户都用了彩色玻璃，勉励保持着这房子的体面。

"住在这种房子里，谁家做了啥饭菜都能够闻得到呢。"其实我撒谎了，这味道虽然在慢慢变淡，比如今早就比昨天味道小了，但现在我忽然意识到，那绝对不是饭味儿，很可能是一只死耗子或死猫散发出的恶臭。

虽说跟我没关系，但我还是有点儿不好意思。

所幸我房间里倒闻不到这股味道，我们俩共度了一个愉快良宵。

次日早起，他穿好衣裳，背好包，打开前门准备出去时，却又一下子窜回卧室里！这时我才刚起，正穿着睡衣迷迷糊糊地站在那儿醒神儿。

如果你是一个已有点年纪的单身人士，那么约会不过就是打个电话的事儿。他是个混蛋，你也够坏，这些都没有关系，只要这场约会有头有尾、中间别发生什么意外尴尬之事就好了。没人不爱听约会故事，和你一道吃晚饭的伙伴们，围桌坐一圈，摇曳的烛光晃在他们脸上，一边听你讲故事一边点头，同时暗暗庆幸自己不是你。不过也有时候听众会对你羡慕不已，这就要看你所讲的内容啦。你讲着讲着停顿了一下，抿了一口酒，再继续。

"然后那个男人说：昨儿那味儿根本不是饭香，是这楼里有人死啦！咱俩闻到的竟然是死尸腐烂的恶臭！"

"啊，不会吧！"你的听众既兴奋又恐惧地尖叫。

"所以我打电话叫来了警察，他们说他们就在楼里呢，那天早上我们俩睡醒前他们就来验尸了。过了一会儿，警察中有个级别高的，跟我说是一位住我们家楼下的我从未见过的老先生去世了。他们抬尸时只拿起了羽毛般轻飘的脊梁骨，而肉身部分早就烂在床上啦。"

"拜托别说了，我吃饭哪。"

"我打赌，那男的再也不搭理你了吧？"

是啊，他还真是再也没理过我。

2004年秋天的一个刮大风的日子，我坐在桌边拆开一个黄色信封，直接丢进垃圾桶里。在报社工作的一个好处就是能够获得出版商送给业内人士的新书单，为他们即将出版的图书做推介。正是看了这些新书单我才知道，梅芙·布伦南的传记即将出版了。

虽说我一直钟情于奈特和埃德娜，但我也从未忘记过梅芙。梅芙集中了我们家几代女人的特点：她过的日子正是我期待以后能够过上的；她比我姥姥玛格丽特·希利奥基夫只年轻了八岁，姥姥和梅芙一样是第一代从爱尔兰来美国定居的新移民，且在梅芙去世一年后，姥姥也死了。然而这时我心里忽然掠过一片阴云，令我既痛苦又饥渴，简直都没办法好好思考了。要是有人能陪我看这本书该多好呀！这念头令我好痛苦、好焦虑，所以只得赶紧翻开了《时尚》杂志。

每当我遇到一个对文学史感兴趣的人，哪怕只是与《纽约客》杂志略有关联的人，我会立刻询问他是否听说过梅芙。如果对方知道她，往往是知道她的两件事：其一是她打扮得很漂亮，作家威廉·马克斯韦尔[①]曾替梅芙的书做过编辑，他说看了梅芙便知现在流行哪种穿衣风格；但第二件事却是说梅芙曾经调戏过纽约街头的流浪女。

关于梅芙的第一桩逸事，我倒是很愿意相信的，但第二个传闻我绝对不能够接受。从她写的散文和小说来看，梅芙应该是我有生以来见过的最健康独立的人，她写的一切文字都是非常真诚、宣扬善和美的。她很搞笑，思路也开阔，善解人意、慷慨大方，打扮精致但绝不矫揉造作。如此出色的她，绝不可能做出那般丑事！现在，终于有人替她作传啦，我马上就可以挖到真相了！

我原本相信，自己拥有冲破迷雾与偏见、看到他人真心的能力。然而可悲的是，我对梅芙的信任成为讥讽我很傻很天真的又一例证，我到底还是缺少衡量一个人的作品与其真人之间差距的能力呀。

爱尔兰学者安吉拉·伯克与我大约在同一时期发现了梅芙这个人物，不过她对此比我更感惊喜：因为她家住在都柏林市中心，离拉尼拉（梅芙孩提时代的家）只有三公里远！七年间，伯克不断寻找并采访所有与梅芙稍微能沾上点边儿的人，亲戚、朋友、同事，

---

① 威廉·马克斯韦尔（William Maxwell, 1879 — 1964）：第一代比弗布鲁克男爵、英国政治家、报业大亨。

甚至还有一位曾在阿冈昆酒店大堂和梅芙喝过酒调过情的政府官员！最终，伯克得出了如下结论：梅芙虽然在世时名气相对小了些，但作为一个作家的她，敢于在美国纽约这个国际大都市里一个人生活，单凭这一点就足以使她成为20世纪的标志。

和前辈奈特、埃德娜一样，梅芙也是20来岁时移居到纽约来当写手的。虽说她比埃德娜小了25岁，比奈特小了20岁，远非同代人，但这三个人追求独立的背景倒是颇为相似的。

1890年到1920年这30年间，是单身女性的黄金年代，在这以后长达20年的时间里，单身女不断受到争议。1920年，女性取得了选举权，不管是从政治上讲，还是从女人本身讲，这一"进步"都导致如奈特和埃德娜这样的自由思想家消失了，取而代之进入公众视野的女性都是轻佻浮躁之流。就像"剩女"一词，原本发源于19世纪90年代的英国，原意是指非常年轻的风尘女，但到了20世纪20年代，这个词开始被用来形容那些过着与母辈迥异生活的年轻姑娘，因为在疑神疑鬼的公众看来，这些不肯墨守成规的女孩没准儿就是靠卖身过活哩。

摩登女很容易被人误认为就是"新女性"，当她们的母亲还穿着紧绷绷、硬邦邦、特别突出女性曲线的内衣时，她们已倾向于更加自然的女性形象：露出胳膊肘和膝盖，穿柔软宽松的内衣，把自己打造成平胸的中性美人。和以前的叛逆女子一样，摩登女也喜欢挑战老法、打破传统约束，她们在公共场合吸烟喝酒，再加上爆炸头、露脐装，以示叛逆。但她们的叛逆是多么无稽和没有意义，又怎么可能领导女性解放运动呢！

随着大萧条时代的到来，摩登女渐渐消失不见了，毕竟那样的时代是容不下轻浮虚荣与享乐主义的。因此，到了20世纪40年代初期，单身女性又回归了过去那种"反传统女英雄"的角色。大萧条时期，成千上万的人失了业，工作成为养家糊口的男人们的特权，这种情况把单身职业女性生生挤出了办公室。按照弗洛伊德的理论，男女搭配方是维持民众心理健康的法宝，因此失业导致更多的女性走上了终身未嫁的孤苦之路。但很快，第二次世界大战爆发了，美国需要越来越多的人上战场，这给了单身女性一段甜美幸福的"中兴"时期（到了20世纪50年代，她们被彻底驱逐出了职场）。及至梅芙搬来纽约时，美国已卷入第二次世界大战好几年了，杂志业正处于鼎盛时期，单身职业女性们正享受着美好而短暂的黄金时代。

除了事业起步时，正赶上历史造成的偶然机遇以外，梅芙还拥有奈特和埃德娜也有的另外两大优势：首先是她的父母亲。梅芙也生在一个鼓励女儿做事业的家庭里，父母都曾投身于爱尔兰民族解放运动，追求男女平等自然也是其中重要的一个方面。其父罗伯特曾在爱尔兰内战期间任外交事务司副秘书长职位，1930年，他又创办了《爱尔兰新闻报》，1930年至1934年期间任该报社社长。之后，他以外交官的身份举家迁至美国的华盛顿特区。梅芙从美国大学毕业后，先做了一阵子图书管理员的工作，然后于1942年独自搬去了纽约，那时她正值25岁芳华。再五年后，梅芙的娘家人返回了老家爱尔兰。

梅芙的另外一个优势，便是身后有实力雄厚的女人支持她。大约和其家庭背景有关，梅芙获得了一次采访《时尚芭莎》总编辑卡梅尔·斯诺的机会。卡梅尔·斯诺也是爱尔兰裔，采访之后，她聘用梅芙做时尚类文章的撰稿人。很快，梅芙买下了自己的公寓，地段相当好，离华盛顿广场公园和第五大道只有几个街区的距离。伯克这样描述梅芙的新家："是一栋房子的顶层大屋。"虽说梅芙家的壁炉只是个假的装饰，楼梯扶手上也有灰，却有整整一面墙宽的落地窗，往南看视野非常开阔，就如梅芙后来描写的那样："能看到很大一片不断变化的蓝天。"

梅芙非常爱美。伯克曾细细地描画过，她才到了纽约便已拥有自己的穿衣风格了。她留长了黑色的卷发，将其高高束成马尾；涂最黑最浓密的睫毛膏和深红色的口红；高跟鞋几乎不离脚，配着尼龙袜；红玫瑰或红色的康乃馨别在领口。在其他人的回忆录或给她写的信里，她被称作"小精灵""童话公主""小傻宝贝"，她在自己的风格中融入了前辈桃乐茜·帕克①和杜鲁门·卡波特②小说主人公霍莉·戈莱特利③的风格，像霍莉·戈莱特利一样慢慢地抽着一根细长的摩尔烟，夹烟的手指亦是修长迷人。所以难怪伯克这样描述梅芙："她的文字之所以魅力持久，皆因其散发出20世纪中期那种最迷人的女人味。"

我自己初到纽约时，恰逢贵得要命的牛仔布刚刚开始时兴，所以我花了150美元的高价买下一条深蓝色低腰紧身牛仔裤。R那时常说，就算买裤子时的我尚未形成自己的风格，但至少我在一步步追求时尚，从这一点他就看出，我永远都不会再从纽约回去小城波士顿了。

---

① 桃乐茜·帕克（Dorothy Parker, 1893 — 1967）：美国作家。作品有《足够长的绳索》等。

② 杜鲁门·卡波特（Truman Garcia Capote, 1924 — 1984）：美国作家。作品有《蒂凡尼的早餐》《冷血》等。

③ 即《蒂凡尼的早餐》的女主。

梅芙的家和她本人一样漂亮。她很强调居室的格调，努力把家布置得很有整体感。租的每处房子都一定得有壁炉（至于这壁炉是真能用还是纯装饰，她倒无所谓），厨房反倒是可有可无的。有一次，当她搬进自己喜欢的新家时，发现房东把一面华丽的镶金边的镜子搬走了。"我恰恰正是因为喜欢那面镜子，才租下这房子的！"于是断然离去，又重新在城里租了一套两室无厨房的大房子（当然也有壁炉啦）。后来，梅芙到《纽约客》杂志社工作了，有了自己的小办公室，她便把办公室的墙壁刷成白色，天花板则用了灰蓝色，与几盆盆栽相映成趣。

梅芙每天抽一包百乐门香烟（她的同事保罗·汉堡会在头天晚上偷偷把烟放在她的办公桌上），虽然我并没有因为读到梅芙的这段逸闻而学着抽烟，但另外一个关于她的故事——她的香水味会蔓延在杂志社的楼道里，令人意乱情迷——却打动了我，鼓励我争取能在精美的女性杂志《气味名片》上发表文章，这样我就可以获得梅芙喜欢的香奈儿"俄罗斯皮革"香水的小样。

《气味名片》把香水给我送来了，他们竟然慷慨地送给我一大瓶方方正正、容量为192毫升的香水！我哆哆嗦嗦地拆开包装，想要从里面闻到梅芙的味道。终身未嫁的可可·香奈儿于1921年来了一次香水行业大革命，她第一次在香水里加入一种名为"醛"的物质，香水不会一下子就干在皮肤上，而是会令涂抹过香水的皮肤闪闪发亮。1927年，她又创造出了适合吸烟女性使用的香水，可以用其来掩饰身上的烟味儿。为香奈儿作传的海宁·皮卡曾说，杂志送给我的那种名为"俄罗斯皮革"的香水"是为了纪念香奈儿与俄罗斯大公德米特里洛维奇的浪漫情缘"。黑色的香水瓶盖厚重结实，拧开它时我手腕都痛了，但一打开，空气中顿时就氤氲开了一种豪华的香气，和我以前闻过的任何一种香水的味道都不一样。然后，我周身都香了，但我却仍不知该如何描述这种味道。香奈儿说这种香水是"野马、烟草和桦树皮靴子混合在一起的味道，俄罗斯士兵身上都是这个味儿"，但是我不大灵光的鼻子却闻不出。毕竟如今是快时尚和互联网时代了嘛，家具多半成套，衣裳是氨纶的，而不再用羊毛织成，我们周围使用的都是环保材料，因此空气里也都是这些东西的味道。

　　梅芙在《时尚芭莎》工作的那段时间，开始创作一批短篇小说，这是她写得最好的一批作品。这部短篇小说集名为《年轻女孩容易失去机会》，完成于20世纪40年代中期，但直到20年后方才发表出来。伯克解释说，之所以用《年轻女孩容易失去机会》这个书名，是因为这是梅芙小时候在爱尔兰常常听到类似的故事，主要内容就是"对维多利亚时代进行批判，那时的年轻姑娘是很难竞争过男性的"，同时书里还提到了"受太多教育是很危险的"。男女理所当然地不平等，这种态度会对战后的美国造成危害。"想象一个爱尔兰女人得意扬扬地预言这事儿，梅芙这么做其实真是'任性地毁了自己的机会'。"伯克如是写，"不过也很容易想到为啥梅芙那么气愤，因为毕竟这与她的生活息息相关。"

　　梅芙的故事讲的是一个婚姻不幸的女人把自己的愤怒都发泄在了母亲身上。女主欺负母亲的行为仿佛是一种戏剧性的宣言，通过讲故事而不是喊口号来描写家庭生活的残酷和令人窒息的氛围，虽然这残酷是无形的。正因如此，梅芙才绝对不给自己选择这样的人生之路。伯克指出："只有在纽约，她才不用烧饭缝衣，可以过着十指不沾阳春水的生活，也没有人要求她必得结婚不可。"

梅芙过着单身贵族无拘无束的日子，一段接一段地谈恋爱。早上去《时尚芭莎》杂志社上班，晚上下班后，一周里总会有几天出去耍。梅芙认为自己蛮喜欢这种生活的，但我需要指出的是，她可不是和自己的女同事们去耍哦。因为尽管女人们白天会一起做伴儿，逛街啦、吃饭啦，但晚上却很少会在一起。两个女人一起去酒吧喝一杯，这事儿听起来都怪搞笑的。下班后，和男人约会才是让女人愿意走出家门的动力啊。

梅芙在纽约的第一个朋友是《纽约客》撰稿人布伦丹·吉尔，他把自己的同事约瑟夫·米切尔、菲利普·汉伯格和漫画家查尔斯·亚当斯都介绍给了梅芙，几个男人竞相讨她欢心。梅芙从来不肯直白地描写自己的爱情生活，但是菲利普·汉伯格告诉伯克，她真正爱上的是查尔斯·亚当斯（亚当斯当时已是有妇之夫，妻子名叫莫提卡·亚当斯，他却隐瞒了这一情况），而且，菲利普·汉伯格怀疑梅芙与有家室的布伦丹·吉尔也有过一段情。

著名的巴比松妇女酒店是一栋华丽的哥特式建筑，这座始建于1927年的酒店，并非第一家为职业女性开设的"女人专享"酒店，第一家是创办于1903年的玛莎·华盛顿，第二家则是建于1910年的斯洛马特旅馆。但到了20世纪40年代中期，巴比松妇女酒店却已成为最大的未婚女性聚集场所。

这家酒店建于63街和列克星敦大道相交的拐角处，是一栋粉红珊瑚色的砖楼，有23层共700个房间。它的广告单印刷精美，为全国各地的女孩描画出住在这家酒店里所能够享受到的那种闪闪发光的奢华生活和甜美烂漫的美好时光。住在这里，不仅没有男人骚扰，而且也不强制非得一起喝下午茶。这里简直是集精英联谊会、宿舍、女性魅力培养学校和修道院于一身，酒店工作人员会根据申请人的容貌、气质和她的三封推荐信来判断她是否符合"大家闺秀"的标准。从1940年到1960年，从格蕾丝·凯莉①到西尔维亚·普拉斯再到琼·克劳馥，都会强调说自己是"巴比松出来的"。

然而到了1957年，我的一位校友却在《纽约邮报》上发表了系列文章，暗示巴比松的悲哀现实：虽然笼罩着神秘的光环，然而巴比松不过就是一大堆恨嫁女焦急等待真命天子降临然后赶紧正常过日子的暂时栖身地。虽说巴比松打着"美妙不可言传的旗号，在这里你可以找到薪水足以支付房租的工作，可以开始一段罗曼史，可以把自己从小家碧玉修炼成为大家闺秀"，然而事实是，巴比松女孩只有几年的好日子，一旦过了25岁还未嫁，她就会变成一个令新来的姑娘既同情又害怕的可怜虫。

这就是为什么同样是单身女的梅芙没有选择这里，而是住到了别处。还有一种微乎其微的可能性，巴比松的房间对她而言不够漂亮。

1954年，梅芙接受了圣克莱尔·麦凯尔维的求婚，那是一个富有魅力、不负责任、酗酒成性、三次离异的作家，也在《纽约客》工作。这一年，梅芙37岁，而圣克莱尔·麦凯尔维49岁。他们在位于市中心的巴黎风情尼科尔森咖啡厅举行了婚礼。尼科尔森咖啡厅坐落于一片时尚艺术风格的建筑中间，被梅芙称为"梦幻般美好"。2000年时，这座咖啡厅结束了运营。按他们的朋友——《纽约客》

---

① 格蕾丝·凯莉（Grace Kelly, 1929 — 1982）：演员，摩纳哥王妃。

作者罗杰·安吉尔的话说，这对新人就是"两个喜欢冒险的小朋友，所做之事充满了危险，可又偏偏那么迷人"。

婚后，这对夫妇搬到斯尼登，和《女权的奥秘》一书的作者贝蒂·弗里丹做了邻居，从这里往北再有50分钟的车程就是艺术家和作家聚居的托尼小区。从这时开始，梅芙写东西少多了，而且《唠叨夫人》专栏也停笔了。伯克推测，圣克莱尔·麦凯尔维热情似火的性格和他们这对夫妇繁多的社会活动，令梅芙很难控制自己的时间了。没多久，圣克莱尔·麦凯尔维开始酗酒，所以1960年，43岁的梅芙与她先生和平分手了。

据很多人说，离婚后的梅芙每况愈下。对此伯克解释说，梅芙的人生轨迹很难追踪，也许当时她是出现了一点儿很难检查出来的早期心理疾病，但到了60年代末期，"梅芙的生活更加扑朔迷离起来"。因为欠了人家钱而被四处追债，梅芙只得在她租的公寓和酒店之间来回倒腾，今儿住这儿明儿住那儿，然后又迅速扩大了居所改变的范围，从新罕布什尔州的作家村到科德角再到朋友们在汉普顿的避暑山庄（当时非暑期，所以避暑山庄空着）。不管搬去哪里住，她都会随身带着至少5只小猫，有时甚至多达12只！这时的梅芙又开始写作了，且写得越来越多，她紧随时尚，自有忠实读者追文，但越来越多的民众却已不知道梅芙这个人了。

1965年，她给麦克斯韦写了一封信，里面有这样耐人寻味的一段：

后面我会给你列个单子，详数拥有自信心的天才作家与因为有勇气才写作的人之间的不同，这二者就如同走钢丝的人一般，有的人会一直走下去，哪怕最后发现这根钢丝根本不存在，也不会放弃。

1969年时梅芙已经52岁，她终于有两部著作出版了。一本名为《进出想象国》，里面收录了22篇她为《纽约客》写的短篇小说；另一本就是《唠叨夫人》啦，里面收录了47篇专栏文章，是梅芙第一次以自己的名字公开发表。后来《大西洋月刊》曾以"对话伤心镇"为题发表采访文章，约翰·厄普代克①回忆起他20世纪50年代时在《纽约客》做记者的日子，"疯狂地从艾森豪威尔②身上榨取猛料、大搞纪念欧·亨利③、纪念菲茨杰拉德④和埃德娜·米莱的活动"，而梅芙则被他称为"叫好又叫座的布伦南小姐"，她"来到纽约，加入《纽约客》"。

　　但是，作为《纽约客》作者的梅芙的情况并没有约翰·厄普代克形容得那么好。不过据伯克所写，后来约翰·厄普代克也发现，梅芙真的已是在"惨淡经营、苦苦维持"，当时的西40区位于第五大道和80街之间，"满街都是拆了一半的小旅馆、低级地下室餐馆和古旧的货币交换机构"，梅芙几乎整天常驻在这个怪异的地方，"整天住在这儿的短租公寓或小旅馆客房里，欠了一屁股债"。此时的梅芙梳着"蜂窝式"发型，且头上的造型越做越高，口红也用得越来越凑合了。

---

① 约翰·厄普代克（John Updike，1932—2009）：美国作家、诗人，曾获两次普利策奖、两次获国家图书奖、两次欧·亨利奖。作品有《兔子富了》《兔子歇了》等。

② 艾森豪威尔（Dwight David Eisenhower，1890—1969）：美国第34任总统。作品有《远征欧洲》《受命变革》《缔造和平》《悠闲的话》等。

③ 欧·亨利（O Henry，1862—1910）：世界短篇小说巨匠。作品有《麦琪的礼物》《最后一片藤叶》等。

④ 菲茨杰拉德（Francis Scott Key Fitzgerald，1896—1940）：20世纪美国最杰出作家之一。作品有《了不起的盖茨比》《夜色温柔》等。

曾经她那份迷人的如火激情，如今已变成了诡异而不可抗拒的偏执。伯克就曾写过这样一件小事：梅芙喜欢上了比莉·荷莉戴[1]，于是便一口气买下了她所有的唱片，"一连几个小时，她一遍又一遍没完没了地放这些唱片，甚至在办公室里也用便携式留声机听歌"。

　　我读到这个细节时停了下来，希望能想明白梅芙这个行为的含义所在。在这里伯克提到了两个女人，她们都是大胆追求自我、敢于表达自己的艺术见解、灵魂充满了创造力却又十分脆弱的女人。荷莉戴1915年生于费城，只比梅芙大了两岁。20世纪40年代时，荷莉戴成了美国最出名的爵士乐歌手之一，成了她那个时代的传奇明星，而那时梅芙已搬到了纽约。只可惜荷莉戴英年早逝，44岁即死于肝、心衰竭。荷莉戴和梅芙都有过短暂而痛苦的婚姻。在此我也只是单纯地拿她们两个人作一下对比，所以看不出什么太多的东西。其实如果从政治、社会、经济压力的层面来比较，荷莉戴作为非裔美国人，她的故事就足够写一本书啦，且她所承受的痛苦当然也远远大于梅芙，相比之下梅芙也许略微夸大了自己的坎坷。

　　最后，梅芙的行为简直像《唠叨夫人》里的人物一样怪诞了。1967年11月的一个夜晚（当时她正独自一人住在朋友乡下的公寓里），为了欣赏隔壁客厅里鸡尾酒会的音乐，她竟在瓢泼大雨里坐在绿色天鹅绒沙发上强挺着听完。而做这一切时，她留声机里的比莉·荷莉戴的唱片一直在播放，且一直没有换过，仍是她那天早上听的那张。

　　音乐时而高亢时而又低沉下去，我看着房间里的一切，书籍、

---

[1]　比莉·荷莉戴（Billie Holiday, 1915 — 1959）：美国女爵士歌手。作品有《低声呢喃》《飘》等。

仿佛炉火已燃尽的白色大理石壁炉。现在，我所在的这个地方已不再像个简陋的山洞了，它变成了一个可以让我安安静静听歌的房间。我听着音乐，眼前随之出现了相应的画面。这乐声简直是从我心灵深处流淌出来的啊！比莉·荷莉戴在歌唱，别人可唱不出这样的歌呢。

梅芙的两部著作出版的次年，《纽约客》的其他职员，除了马克思塞尔和博茨福德（整个报社只有他们俩和梅芙走得近，知道她工作时多么努力），都认为梅芙以后的作品会比这两本更好。于是，1972年3月18日，梅芙发表了一篇改变她生活的小说。爱丽丝·门罗[①]说这是她有史以来最喜欢的短篇小说之一。

这篇名为《爱之泉》的小说占了《纽约客》27页的版面。小说以终身未婚的87岁老人敏·伍兹贝格的角度，从她的龙凤胎弟弟的死亡讲起，讲了爱尔兰的两个家庭三代人的故事。敏·伍兹贝格在弟弟生命的最后几个月一直精心照顾着他，因为半个世纪前嫁过来的弟媳妇迪莉娅早已在六年前就去世了。迪莉娅当年迷上本打算终身不娶的马丁弟弟，这真是出乎所有人意料呀！如今，敏就是这两个家族里这一辈人中唯一活着的了。

她是他们中唯一活到现在且终生未婚的，她就是顺其自然地没结婚，并非自己多么不想结，更不是因为某些原因"必须不结婚"。她为其他已婚者感到羞愧，情欲兴奋时他们简直都变成了动物，完全不在乎别人会怎么看待自己。好恶心，那些人似乎也知道自己挺恶心的，所以他们假装只喜欢新买的衣裳和自家花园里养的花草。

---

① 爱丽丝·门罗（Alice Munro, 1931 —）：加拿大女作家、诺贝尔文学奖获得者，被誉为"加拿大的契诃夫"。作品有《快乐影子之舞》《逃离》《石城远望》等。

他们并不知道，其实他们早已被情欲牢牢控制住了。

敏对情欲这玩意儿深深反感，以至于都把厌恶挂到脸上了。

"这小说就是一篇对冷感无情的怪物的研究报告。"伯克这样描述梅芙的作品。小说里的敏到底是有多不正常啊，她曾经甚至相信"自己可以用心灵的翅膀飞上高空"。每个人都喜欢看她倒霉，都认为她"心比天高，命比纸薄"，而敏却无力改变这种命运。"想向别人证明你不是一个满心失落的老剩女，这简直是不可能的事情。"敏这样告诫自己，"农民的女儿永远都是乡下妞，就算她进入了洛雷托修道院，拥有了那里给的可以证明她受过良好教育的证件，她也仍是个土丫头。"

这个故事不只是梅芙在本人的成长经历上加以提炼和虚构的产物，用伯克的话来说，它"是一篇千古绝唱，是梅芙与这个世界的决斗，也是她与自己家庭决裂的标志"。小说中描写的人物事物都直指现实生活，虽说小说纯属虚构，但梅芙的每一个亲戚从书中女主眼里看到那份不依不饶的恨意，都会受到残酷的惊吓的。每个读过小说的人都知道敏其实就是以梅芙挚爱的老处女姑妈，85岁的南·布伦南为原型的，而他们也都一致认为南不该受到那样残酷的苛待。这部小说发表后，南姑妈在梅芙的小照背后写上了一行字："1972年，情况愈发恶化。"

伯克则认为："此后一段时光，梅芙的纽约朋友们除了痛苦什么都没记住。"梅芙变得更加偏执，一晚上一晚上地待在办公室里，甚至还会从街上捡受伤的鸽子回来照顾。每每拿到稿费，她会拿了钱站到44街或第五大道的街角上去，谁跟她要钱她就把这钱给谁。朋友们对她这一行为十分无奈，只好尽力相帮，《纽约客》杂志社甚至开了一个银行户头给她，每月把钱打进去（她在《纽约客》工作到1980年）。但是，梅芙一次又一次地推开了好心帮助她的人。现在无法了解当时的具体情况了，不管是来自家庭压力还是自我折磨，又或者是两方面原因兼而有之吧，她的心理健康状况越来越恶化。

1973年7月，梅芙56岁了，尽管所有人都知道家人已不再搭理她了，她还是回到了爱尔兰，住在都柏林的姐姐家里，守着一台打字机待在后花园的木屋里。1975年，马克思塞尔来了，还跟梅芙的弟弟见了一面。之后，梅芙再次离开纽约，住进了伊利诺伊州的弟弟家里。谁知一年后，梅芙谁也没告诉，就悄悄返回了纽约。

《唠叨夫人》里的文章出现在《纽约客》上的频率也并不高，只比过去多了两倍。1976年9月的那篇讲的是梅芙"独自躺在东汉普顿海边"的白日梦。梅芙曾在东汉普顿住过，而此时她却是躺在纽约的家里，"拂面的海风其实是空调吹来的冷气"。梅芙认为，这个白日梦"只能说明我想念家乡了"，但她还说"对我而言很多地方都是值得思念的家乡，东汉普顿只是其中之一"。

再后来，整整五年的时间，《唠叨夫人》没有再受到关注，它的文章最后一次在《纽约客》上出现是1981年1月5日，梅芙在这篇文章里向读者分享了她的一些观察心得。她认识了一帮住在吊脚楼里的家伙，都是一幅特别不高兴的样子，好像他们穿着不合时宜的礼服去参加自己不喜欢的派对一样。他们都穿着深浅不一的绿色的塔夫绸礼服，打扮得像18世纪的人。梅芙转身去冲个咖啡的工夫，他们就消失不见了。但梅芙认为他们走了也好。

这一段是梅芙童年的想象，她把它写出来是为了忽略都柏林的大年夜。在这篇文章的最后，她这样写道：

我必须要告诉你们，我为你们的吊脚楼向上帝祈祷，还有更多的祝福，祝你离开家的时候、任何时候都会很安全。

再次祝福你的吊脚楼。新年快乐。

1981年下半年，《纽约客》的一名新职员玛丽·霍桑有一天早上下电梯时，发现一个身材娇小的女人坐在门房外的一张椅子上，双眼紧盯地板。玛丽·霍桑后来在一篇文章里这样描述当时的情形：她头发灰白，好久没洗头的样子，穿着一件大大的黑色夹克衫和长长的黑裙子，从早起一直在那儿坐到晚上，然后第二天又来了。"她一脸的若有所思，从不肯抬眼看人。"这个女人当然就是梅芙啦，霍桑在此之前从来没见过她，也从未听说过她。

之后，梅芙消失了。

1990年前后，一个名叫查理·加斯提斯的二战老兵上交了他收藏的照片。查理·加斯提斯是梅芙的粉丝，他曾在二手书店里寻找梅芙的作品，后来居然找到了一只蓝色的盒子，里面是梅芙青春期时写的日记、她在《纽约客》工作时所写文章的校样、她给妹妹和侄女写的信。盒子最底层，是她父亲所写的关于爱尔兰革命的自传式回忆录（1950年时她父亲的作品已出版，书名为《效忠》）的影印件。

查理花了五美元买走了这只盒子，然后他打电话喊来好友理查德·鲁普——阿巴拉契亚州立大学爱尔兰与英国文学系教授。理查德·鲁普从未听说过梅芙父亲所写的《效忠》，但他读后认为写得难以置信的好，非常值得公之于众。在他的努力下，他找到了位于纽约的梅芙曾经住过的劳伦斯护理之家，并直接打电话给她的哥哥，又写信给她外甥女伊冯娜·杰罗尔德（就按照梅芙曾经与外甥女通信时信封上所写的地址），提醒梅芙的家人寻找她的下落。

1992年，伊冯娜·杰罗尔德收到一个小包裹，里面是一张梅芙笑嘻嘻地对着镜头的照片，另附了一封信，用无力、颤抖的字体写道："我每天都为《爱尔兰新闻》写文章，有稿费……我和约翰·克耀司结婚了，'克耀司'我拼得不太对。另外我有了好多孩子，儿女都有。"

据伯克推测，所谓"克耀司"，很可能其实是"贾宙斯"，是在梅芙生命的最后时光里，她给自己幻想出来的丈夫。而《爱尔兰新闻》其实是她父亲早年创办的报纸。

1993年11月1日，梅芙忽然因心脏衰竭去世，走前她外甥女都没来得及探望她。

这简直太可怕了，令人难以置信。梅芙死得简直就像纽约街头无家可归的流浪猫。这令很多单身女性开始担心自己以后的命运，且这一问题后来成了单身女的老生常谈。

难道，我就想当这样的女人吗？

但是，我没办法忘记理查德·鲁普曾经说的关于梅芙的话："她曾经有过好日子，但总体而言她的一生是很不幸的，因为她在感情方面总是不顺。"

这么多年过去了，我发现只有男人会用"感情不顺"这个词来形容单身女性。因为他们无法理解一个没有男人的女人怎么会心满意足、生活幸福呢？甚至连我爸都曾在我和一个男朋友分手时这样跟我说，他当然也是好心。我当时跟爸说，分手当然使我难过啦，但我也觉得这样挺好，因为我交往了这么有意趣的男人，有了这么丰富的情感经历啊。

很显然，是梅芙精神上的问题导致了她最终的毁灭。但我绝不认为这一切都是"感情不顺"引起的。

第七章

怕什么，就越要做什么

在一个由稳定家庭为单位组织起来的社会里，选择独身生活实为特立独行、标新立异。会做出这样选择的人是真正的喜欢清幽之人，比如隐士或避世之人，采取各种手段回避接触社会的人，他们往往被视作畸零人，受到大众的鄙视。当然也有些人被大家很浪漫地看作叛逆者，但这样的人毕竟是少数，只有詹姆斯·邦德①、独行侠②、万宝路男人③和唐·德雷珀④，而且其实这几位都是精神上有点儿问题的。

还有就是那种被称为"槛外人⑤"的，他们和一些志同道合之人

---

① 《007》系列小说、电影的男主角。小说原作者是伊恩·弗莱明（Ian Fleming）。

② 美国西部动作冒险影片《独行侠》里的主角。

③ 香烟品牌万宝路广告中的演员。

④ 美剧《广告狂人》里的男主角。

⑤ 即不计较功名利禄、看破凡尘之人。

搭帮，过着独身生活，修女和僧侣都属此类。几个世纪以来，单身女子若想脱离母家独立生活，无论她是否笃信宗教，也不管她是否真的愿意守住贞洁、安贫乐道，真的视婚姻为苦差事，她唯一可走的路都只有进修道院。还有一等槛外人的境况会比较好些，但只在特定年代会出现在某些特定的地方，比如格林尼治村里的那些艺术家。

这些独身者往往有超乎一切的自我意识，譬如19世纪中期在费城长大的玛丽·卡萨特[①]，身为富家千金的她自幼便坚定地立志要成为一名职业画家，这就意味着她为自己选择了不婚、自己养自己的道路。1866年，玛丽22岁了，她移居巴黎，一直混迹于激进印象派画家之中，奋斗了十几年，直到19世纪70年代晚期才终于在这里买了房子安居下来。19世纪80年代，玛丽因为在母子情深这个主题上有深切的感受，且也做了大量探索，终于凭借这类题材作品一举成名，成为那个时代最著名的画家之一。

单身的另一项"红利"就是可以享受"因感情不稳定、跌宕起伏而产生的孤独失落"，这种体验会让人始终对自己所爱保持新鲜感和浪漫感，让因亲密而稳定的关系活跃起来。弗里达·卡罗在1929年嫁给了迭戈·里维拉[②]，当时她才22岁。十年后这对夫妇离了婚，然后，又在离婚一年后复婚。这样不稳定的感情生活给了她（其实也给了她先生）很多艺术上的创意，因此即使复婚之后，他们还是

---

① 玛丽·卡萨特（Mary Stevenson Cassatt，1844 — 1926）：美国女画家。作品有《园中母子》等。

② 迭戈·里维拉（Diego Rivera，1886 — 1957）：墨西哥画家、墨西哥壁画运动的发起人之一，被视为墨西哥国宝级人物。作品有《墨西哥的历史》《十字路口的人》等。

各住各的家。

第一个公开选择夫妇分房而居的"先锋人物"是20世纪上半叶收入最高的小说作家范妮·豪斯特[1]。1920年5月（这一年埃德娜18岁，刚刚成年；而奈特58岁，梅芙才是个刚刚出生的小宝宝），《纽约时报》爆料说这位著名的"单身"作家其实早已结婚五年，但是他们夫妇虽然同住西69街的一栋公寓，却分居于两套单元里。文章开头说：

范妮·豪斯特爆出惊天秘闻

与钢琴家隐婚五年

夫妇分房而居

定时约会——

这可是打破陈腐老套的夫妇生活的新方法呀！

豪斯特对此做出了解释，她认为十有八九的婚姻都是"夫妇彼此失去新鲜感，漠视对方却仍拼命维持，简直就是一项对忍耐力的长期考验，非常恶心"。而他们夫妇二人不住在一起，才能够保持"最高激情"，不会把婚姻生活过成"粘了煮鸡蛋污渍的破餐巾"。

这篇报道导致很多道貌岸然的卫道士和道学家纷纷给其编辑雅克·丹尼尔森（他也是范妮·豪斯特的坚定支持者）写信，表达对范妮的愤怒之情。但雅克却认为范妮这种生活既能够保鲜爱情，又很经济实惠："有人认为我这篇文章似乎是亵渎家庭、褒扬欺骗，但事实是每当我想找个好地方舒舒服服地休息一下时，豪斯特小姐家一定是我的最佳选择，她有女佣，已为她服务了五年，很知道该如

---

[1] 范妮·豪斯特（Fannie Hurst, 1885 — 1968）：美国小说家。作品有《后街》《模仿生活》等。

何准备一顿美味佳肴。"一时间，只要是能够支付得起两处开销的夫妇，都热衷于选择"范妮·豪斯特式婚姻"。

如今，这样的夫妇生活方式有了一个专有名词来形容："分居式婚姻"，也称"LAT（Living Apart Together）"。想要统计选择这种生活的夫妇到底有多少确实很难，因为人口普查机构尚未做过这样的调查。但有调查表明，确有6%～9%的美国人现在都是和配偶或男女朋友分居的。

当然就和以其他形式相处的伴侣一样，"分居"的界限于他们而言其实是蛮模糊的。虽说玛丽大多数日子都是在国外过的，但她和家人的关系始终非常亲密。1847年，她取得了法国的永久居留权，于是妹妹莉迪亚（莉迪亚也是终身未婚）便搬来法国与她同住，姐妹同居的日子一直过到1882年玛丽去世。还有西蒙娜·德·波伏娃，她与爱人萨特①也是终生保持开放式的男女关系，他俩与奈特夫妇、埃德娜夫妇、弗里达·卡罗夫妇都不同，他们俩从未正式结婚，当然更无子女，而且终身分房而居。另外，我还想介绍一个名叫艾格尼丝·马丁②的不婚主义女人，1967年，55岁的她离开纽约去了新墨西哥州的陶思，在那里独居到92岁过世。虽说过着槛外人的日子，但她却选择把自己献给了艺术而非献给上帝，她不排斥用任何形式来表达艺术理念，虽从不和同代艺术家直接交流，但她身上却始终

---

① 让·保罗·萨特（Jean Paul Sartre，1905—1980）：法国哲学家、无神论存在主义代表人物、西方社会主义鼓吹者，一生中拒绝接受任何奖项，包括1964年的诺贝尔文学奖。作品有《存在与虚无》等。

② 艾格尼丝·马丁（Agnes Martin，1912—2004）：美国极简抽象派画家。作品有《晴朗的一天》等。

洋溢着波西米亚人放荡不羁的气质。

单身就跟当个艺术家似的，倒不是说"不婚生活"也是一种艺术形式，而是因为单身和搞艺术一样，要求人对自己一个人的需求更关注，让人乐于满足自己、致力于只让自己满意。正如艺术家会把自己的生活安排得充满创意性，牺牲传统的舒适生活，甚至不为社会接受也在所不惜，吃睡都按照自己的独特规律来，让生活中的一切都为自己的才华发展让路。艺术家对待自己的方式有点儿像父母养育孩子，单身人也是如此，她会尽力满足自己，让自己过得开心。历史和研究都证明，单身生活更容易让一个女人比同龄已婚妇女拥有活跃的社交，且她们与娘家人的关系也会更亲密。这不仅因为她们有更多的时间，也是因为社交和娘家就是她在这个社会上的立身之本啊。

听我这么说，您一定觉得我在这方面是个明白人吧？其实，我也是花了好多时间才想清楚这一切的。

2005年，我离开了报纸的文化版，转而去做生活版了，正是从这时开始，我爱上了报社编辑这一职业。我负责编辑主编分下来的故事、与相关作家密切合作、为每篇文章寻找合适的照片或图片、设计标题和图片说明。我精力旺盛地忙工作、学技能，每天都能获得关于这个城市的新知识。

虽然我仍渴望写作，但还是不知道我到底该写些什么。这时的我终于可以一个人住在一套我喜欢的公寓里了，这一进步令我更加贪婪，希望能够继续得到我所渴望的一切。曾经，我和R也同居一室、相处甚欢呀，但当时我们创造出的不过是一种虚假繁荣，很快就破灭了。相比之下，反而是与其他人暂时同租让我感觉清爽，但最终因为同租期间的种种生活杂事，它终究没能给我真实的家庭生活感。反而是在我自己的小工作室里，我会有种自己想要的生活已触手可及的愉快感，仿佛那种日子已非遥不可及，而是明天就会来临。如果能一直待在我的工作室里倒也不错，只要房东不涨房租、不卖房就好。

但是，"渴望做一件事"当然与"真做了"还差得远。"我们所谓的'想做'，其实是欲望的表达，而欲求是永远不满的。"诗人罗伯特·哈斯[1]如是说。我知道，只靠当自由撰稿人，写写散文书评的那点微薄的稿费，我是没办法在纽约生活下去的。我想，如果我更擅长写些更多人感兴趣的内容，比如政治、科学、时尚、流行文化，那我的作家之路可能会走得更顺畅些。可惜我只对文学感兴趣，就算死了，人们也只能记住我是个女作家，和商业完全不沾边，清高到可笑的地步。

一天下午，我正拆着一堆黄色的快递和邮件，忽然无意中发现了一本书，包装得好像一件礼物似的：包装纸是亮粉色的，上面洒满了白色的小圆点，撕开来，里面的书是《娱乐是种快乐！》。我把书翻过来看封底，竟是写于1941年的，作者名叫桃乐茜·德雷珀[2]，

_____

① 罗伯特·哈斯（Robert Hass, 1941 — ）：美国桂冠诗人，麦克阿瑟奖、全国图书评论奖、普利策诗歌奖获得者。作品有《时间与物质》《人类的愿望》《赞美》《野地向导》等。
② 桃乐茜·德雷珀（Dorothy Draper, 1889 — 1969）：美国室内设计师，开创了"现代巴洛克"风格。

是一位室内装饰专家，但我以前从未听说过她。

关于桃乐茜的信息对我产生了非常奇怪而直接的影响。我过去一直以为，所谓室内装饰者，不过就是上门推销员，希望能够利用那些毫无想象力的社会名流来推广自己的产品。我曾经见过一个所谓的"名媛"，其实从某种程度上讲她也不过就是个"装饰"。然而，虽然我不知道是因为什么，但这本不知从哪儿冒出来的室内装饰指南确实突然给了我很大、很重要的启迪。

于是我决定研究研究桃乐茜·德雷珀，这样我就可以为报纸写一篇关于她的文章，算是为自己"转型"所做的努力。以"女作家"的身份过世，和以"女室内装饰家"的身份过世，其实是差不多的，反正都是身为女人且在一定条件下拥有专业身份，但这一身份与她们的性别并不搭界，其实是为了谋生才取得的身份。也许，我可以让自己介于这二者之间，创造出一个新的专业身份。

关于桃乐茜·德雷珀的文章发表出来那日，《纽约时报》生活与园艺版的编辑便给我打了电话，说他很喜欢这篇文章。他的话让我想到，如果我能在这个新发现的兴趣上有所发展，也许我就可以辞职当自由撰稿人了。在接下来的六个月里，我尽力攒钱，然后，五月的时候，我提前两周发出了离职申请，并把家里的书桌从卧室搬到了阳光较少也相对比较凉快的厨房里，又花钱装了空调。其实，建立一份全职的SOHO（Small Office，Home Office，家居办公）生活，与开办一个小型企业也没啥不同，只是全职写作不需要投资而已。

这是一个良好的开端。在我为《纽约时报》写与房间装饰相关的文章的同时，仍在继续写内容涵盖世界各地作家的书评，还在每校纽约大学修读艺术评论的本科课程。另外我也申请了艺术家研究领域的奖学金。我写了梅芙、奈特和埃德娜，正是这些女人影响了我的婚姻观。我把这份写作事业昵称为"已过世剩女的写作工程"。

那年六月，我童年时代最好的朋友维丽跟我说，她的大学同学正在帮忙创办一本居室装饰方面的杂志，这本杂志归属于康泰纳仕集团旗下，维丽愿意推荐我过去。我当然要去啦！尽管从未读过家装方面的杂志，也从没有想过要以这些婆婆妈妈的内容为职业，因为我希望比奈特晚生了一个世纪的我也能够在工作中回避那些脂粉气的内容。但是如果能够为这本杂志做事，那我就有前所未有的十足底气做自由撰稿人了。再说了，现在我不是忽然对家庭装饰的历史感了点兴趣吗，我觉得家庭装饰领域的所谓"流行"也是轮回着来的。

第一次去面试时我穿了什么衣裳？如今记不清啦，只记得面试到第四关时（去面试花了太多钱，我的钱包都希望这是最后一面了），我见到了这份刊物的总编辑，且我也穿出了我的最后一套好衣裳。那天上午，我冲进我最喜欢的古董衣店，买下一条20世纪50年代的那种黑色条纹棉布质地的连衣裙，在我想象中梅芙就应该穿这样的衣裳：上身紧紧的，短短的盖肩袖，领口宽而方正，褶子捏得窄窄的齐膝百褶裙。然而，这一次面试时我才发现，这份工作不是自由撰稿人，而是资深编辑，我真心不愿做，但每个我认识的人都劝我，让我别放弃，坚持到最后一关。

整个面试过程中，我发现对于像我这样从未读过任何装饰学方面杂志的人来说，我的很多观点都略显古怪。所谓"居室装饰"不过是个英语和法语名词混合的恶心词，根本不可能提升那些绣花小枕头或刷墙漆颜色的品位，也不可能掩饰其所显示的恶趣味。还能有什么比这更不重要的事情吗？这些内容只会助长一时的炫富性消费，但绝对长久不了。难道我以后只要是醒着的时间都要贡献给这样一份工作吗？它诱导人去喜欢雕着牵牛花纹饰的窗框，而不喜欢到户外的野花丛中奔跑。它其实是在诋毁、嘲讽我的价值观呀！

我也有自己的"居家装饰"风格，比如我会不顾一切地喜欢上一个绿色天鹅绒沙发，为了它我会花上几个星期的时间和卖主讨价还价，直到对方给出一个我能承担得起的价格为止，如果可能的话我还会缠住他给我免费送货上门。一旦得到了它，我就会视若珍宝，把它放在我喜欢的位置上。这样也挺好，我至今仍喜欢这样淘物美价廉的好东西，此时此刻我就坐在自己买的第一件全新家具——一张漂亮的茄紫色亚麻面料沙发上。我是在ABC地毯＆家居用品店看到它的，幸而当时我能够买得起，如今它仍在尽职尽责地为我所用。

好吧，好吧，显然我对自己这种因陋就简的"能力"还挺自豪！现在再回过头去想想，看来我这一辈子都改不了这习惯啦。女孩子嘛，总归是喜欢收拾自己的房间的。小学六年级时我就曾用攒了好久的零花钱把我的房间重新粉刷成了"新艺术风格"：墙壁是粉红色的，窗户框上装饰着绿松石和亮粉色塑料火烈鸟。其实更接近《迈阿密风云》里的"迈阿密南滩风格"，但我当时还不知这二者的区别。20来岁正是我最优哉的一段时间，我喜欢去二手市场淘古董，在那种地方一个摊位一个摊位流连的我，不管买下的东西多么花哨可笑，还是会珍之重之。我简直是把这些假古董当作宠物一般地喜欢哩！

但这些都属于休闲性娱乐，没办法提升我的自我价值感，也对我当作家的理想并无帮助。而且，我也很担心若把这么一个消遣性爱好当了正职，别人会看不起我。因此，当着众人，尤其是男人，我会说自己是潜力无限的未来编辑，这很令人信服，因为现在报刊上的时尚版、生活版都是女性来负责，她们都在拼命努力想要获得出版界的尊重。

话虽如此，然而，随着一轮轮面试的推进，我越来越明白地看出我是不可能永远靠当自由撰稿人过日子的。大学毕业至今，我的薪水都少得可怜，因此我只得自欺欺人地忽视自己欠下的高额学生贷款。但现在催促还款的自动录音电话已经多到令我忍无可忍的地步，它恳求我至少先按还款下限还上一部分也好。我还真照做了一段时间，但后来实在一分钱也掏不出来了，只好继续欠下去，当然录音电话也随之又出现了（当然啦，过了貌似比100万年还难熬的时间之后，我终于勉强还完了所有的钱）。

因此很快我就认识到，我必须重新再找一份编辑工作，毕竟当编辑比写稿子还是赚得多些。令我开心的是我已获得了不少职业技能，这就意味着除了当编辑之外我还可做其他兼职来养活自己。有时我会想，如果奈特能够再多赚点钱，也许她就不会结婚了呢！至于梅芙，她为《纽约客》工作所赚的钱其实足够她一个人过日子，哪怕离了婚也没有关系。但每个人都是边过日子边向生活妥协的，我亦如此。为了支付在纽约生活的高昂成本，我不得不放弃了全职写作的理想，其实我想写的那些东西对我而言是多么重要啊！但全职写作确实一时难以达到，所以我不得不做着编辑兼写手的工作。这样兼职是很常见的，并非太糟糕，所以我只得妥协下去。

在填写工作申请表时，有一栏是"预期薪金"，我不顾一切地填了我原来在报社工资的两倍。

那年七月，天气出人意料地温和舒适，所以我才得以每次挤地铁去参加面试。虽然我的廉价鞋特别磨脚，以至于当我走到乌泱乌泱的时代广场时，腿都有点儿瘸了，但为了把自己的形象从"书蠹头①"提升到有点时尚品位，我不得不穿着20世纪50年代的连衣裙，搭配20世纪70年代的柠檬黄高跟鞋和21世纪的奶黄色书包，按时尚杂志上的说法，我这是"复古风与现代感混搭"。当我走进康泰纳仕大厦时，我看到了一个比我高出三头的女人，穿着打扮无可挑剔，正从旋转门出来要去吃午饭。看完了她，再低下头去看自己的黄鞋黄包，忽然感到好自惭形秽呀！

　　总编辑让我在大厅里等了足足一个小时，然后才终于挤出时间来见我。但是，当我走进她巨大的洒满阳光的办公室时，她坐在宽大无边的白色办公桌后瞧了我几眼，竟出言讽刺："穿得真热闹呀。"

　　后来我终于接到了编辑主任的电话，说我被录用了，且薪水比我要求的还高出三分之一。

　　一周后，我入职了。

　　从布拉格街到时尚杂志，对我而言这一"飞跃"绝非易事。我的第一个发现，就是杂志业是靠读者的不安全感生存的；而我的第二个发现则是，在制造这种不安全感时，我竟把自己的不安全感也扇乎起来了。我从未在同一场合见到过这么多精心修饰的女人，大约女性沙龙就该是如此景象吧，染指甲、烫头发、高跟鞋、深乳沟、洁白晶莹的贝齿、闪闪发光的金刚钻。

---

① 即书呆子。

我手里忽然有了钱，但我根本顾不上用这些钱去做点更有意义的事情（比如还学生贷款），而是开始不断地添置新衣，买得一点儿也不开心，反而是满心负罪感，时不时还会想起妈。我几乎已放弃了文学上的理想，妈该对我多失望啊！而且，现在我竟变成了这样一个人，估计妈都会认不出来了吧。现在的我，是一个单身、无子女、30出头的女人，足蹬高跟鞋，头顶烫发卷，每天早上搭地铁赶往时代广场的双子塔去上班。我竟已在不知不觉中变成了另外一个女人。妈在我这个年纪，和我现在真是截然不同的两种人，甚至我自己都对自己好陌生。

犹记得我是这样向男朋友（就是当记者的那个）描述我的这份感受的：好像是我所乘坐的地铁列车进入轨道后，对面轰隆隆地来了另外一列地铁，在两车平行的瞬间，我被移魂了。更可怕的是，我的灵魂并不认识我。这份想象力是我在高中时代发展起来的，后来，在和R分手后我也常常会运用它，把我自己一分为二，"肉体我"每天正常过着日子，而"灵魂我"则一直自我禁锢着。之所以会告诉记者男朋友这些话，是想拉近我俩的关系。没想到，他竟浑身发抖，说听我这话就知道，我根本不是他想要与之亲密接触的女生。于是，我俩……分手了。

至少这次分手没让我觉得太难过。因为我知道梅芙、奈特和埃德娜都曾是公司里的中流砥柱。在外工作时，我的手指拼命打字，写长沙发的图片说明或"对绸坯的狂热"。回到家里，我会喝杯威士忌，然后和朋友大聊几句，把分手的秘密压在心里。

那年秋天我加入作家协会的申请被批准了。此时，我仍未找到一个务实的单身理由，所以开始用我的木鱼脑袋思考这个问题，进而我又想到，既然我也想要读这方面的书，那么还不如亲手写一本，写写我的故事。写这样的题材正当其时，毕竟我已四年没有认真谈过男朋友了，至于我思考到底要不要单身这个问题，更是已长达八年！我早已算得上名副其实的剩女啦！

那年圣诞节，我把平日里攒的年假连上法定假期一并休了，用这段时间把我的研究材料打包装箱，还特地租了辆车来拉这些东西。离开新罕布什尔州的那天早上天色阴沉得像混凝土似的，路边的树湿漉漉黑乎乎的，活似一根根的电线杆子。最后我终于拐上了通往早先殖民地的肮脏马路，路边开始渐渐呈现出了乡下风物：鼠尾草、蘑菇、猫柳、斑鸠……（普拉斯曾为这里的冬日树木写过这样的诗句："年轮渐增，记忆渐长，见证了一场又一场的婚礼。"）

我熄火下车后方才闻到烧木头的烟味儿，同时也听见冰在脚下碎裂的声音。我现在这样算是"独享孤寂"了吧？对每一种颜色、每一帧景象、每一个声音，都保持着无比敏锐的洞察力，广阔宇宙间，除了我本人，就只剩下我的衣裳、我的靴子，我的生活必需之物。

我把我的小家安在了白雪覆盖的密林深处。次日晨起，我坐在桌边，无比得意地看着我那堆码放整齐的书籍，它们犹如许诺帮助淘金者掘到黄金的寻宝图一样指引着我的写作方向。我打开了笔记本电脑，后面两个星期，我也许会边写自己的故事边掉眼泪，但我会努力控制情绪的。

我真没想到描写不婚者的独身生活原来是这么难的一件事！事实上，我发现自己根本就不知道该写点啥。在我的幻想中，我和埃德娜等已经过世的骨灰级剩女一起分享着她们的精彩，因此我非常乐观自信。然而在现实中，我其实根本不知道自己该如何选择，还时常会觉得独身生活很痛苦呢。

现在的我已经33岁了。和妈比一比，我就会更加不安。每年我都在为自己做加法，妈在我这个年纪已经怎么怎么样了，而且我也会保守地估测自己的寿命，如果我在妈去世的那个年纪去世的话，那我还剩下几年的时光？

在这剩下的人生里，我又该做些什么呢？我目前只是一场接一场地谈恋爱，根本不知道自己想要什么，在寻找什么。干的工作净是些自己不喜欢的，对这个世界也根本没做出什么有价值的贡献。

我的人生已然脱轨，这似乎是因为我把很多事情的顺序弄反了。人家都是20岁时放荡不羁、颠沛流离地闯荡人生，而到了现在则会安定下来，我确实跟人家反着来的。人家的船只都已靠岸停泊了，而我的人生小船却被卷入了漩涡激流。

那年夏天，我弟弟29岁了，他决定和他的女朋友结婚。他们俩是四年前在布鲁克林认识的，就是他来纽约陪我住之前。现在，我的大部分大学同学和几乎所有的高中同学都结婚了（至少是喜事将近）。即使是后来到纽约后才认识的好朋友，用奈特的话说，如今也"加入了绝大多数"。虽说我们都希望朋友结婚也不会改变彼此的友谊，但其实或多或少肯定都会有所改变。幸而我们都是很真心的朋友，且是独自一人在纽约打拼时结下的友谊，彼此间情深义厚，所以不管对方生活发生了怎样的改变，还是会保持着一点点的交集。然而，婚姻导致我们彼此间的关系改变了，新的联盟重新结成，旧日情义也渐渐由浓转淡，新爱人终归还是代替了旧朋友。

如今我和那些朋友算是都断了往来啦，她们都有老公给支付房租、还信用卡，我又真的无法忽视彼此间的这种差距，总觉得她们害我落了下风，将我们彼此置于一种难以言说的不公平的地位上。没想到，这种状况竟在我进入新杂志社工作半年后就得到了根本性的逆转：此时的我已是一个吃得起高档餐馆的家伙了，而她们却要把自己的收入拿出来和丈夫一起养家。我能够感受到她们对我那种只可意会不可言传的妒意，就像我半年前对她们的感受一模一样。

有一个新婚的朋友曾抨击我，说我从不肯带她去参加派对。我想要解释，难道她就看不见我之所以能去，是因为有人邀请吗？如果没人邀请，我便没得去，只好孤零零地一个人回家，而她家里却是有老公等着她的。曾有个好朋友说："你知道，就算我现在结婚了，我也要过你这样的生活，想干吗就干吗！"我没吱声，因为这位朋友最近总是表现得特别自我。难道她就不知道，当个单身女人可不仅仅是随心所欲呀！单身就意味着，没有人在你做决定时和你有商有量，也没有人在你过完糟糕的一天后对你轻怜蜜爱！

就算是不恩爱的夫妇，也会因觉得自己"结婚是应该的"而倍感安全。

有些日子里，我会在我家的壁炉边一坐就是一整天，满心都是看不上自己。自打搬来纽约，我就马不停蹄地工作着，希望能够攒下一笔钱，让自己最终能够成为一个"真正的"全职作者，现在我明明可以达成心愿了，却一直在浪费自己的好机会。

如果你有老公，尤其是有了孩子后更是如此，时间就会变成奢侈品，两口子会为了多争取点自己的时间而争论不休。为了让自己多点时间，你会哀求、会讨价还价，甚至会在对方不注意时偷偷扩大自己的占有权，让自己能够去和大学时代的室友一起度过一个"女生周末"，能够去爬一下午的山，或者哪怕就享受几分钟的偷闲时光也好，比如去美容院洗个头。一个杂志社的高级编辑在结婚生子之后曾说，她最大最奢侈的享受就是一个人坐飞机时，因为没网没电话信号，所以整个飞行时间都是她自己的。

单身的时候，有大把的时间充斥在周围。当时我都烦死这漫漫长日了，想方设法地消磨时光、谋杀时间，拼命工作、狂饮烂醉、一睡睡一天。

我对我的人生还没有得出任何结论，目前仍是满心问号，也许是因为身在此山中，没办法跳出来看清楚状况吧。

我想，单身的生活可能就是如此。你是坚强的、独立的，寒夜漫漫时，也许会突发一些状况，比如忽然有一大股煤烟夹杂着冷风呛进我的林中小屋里，这时单身的我别无他法，第一要务就是得冒着严寒把房间收拾好。

我的单身生活过得实在失败。假期一结束，我便回到纽约，放弃了目前手里的这个写作计划，努力让自己投入到家装杂志编辑这个角色中去。

有时候我在想，也许童年时我们听过的童话、神话会给我们造成一种潜意识吧。果真如此的话，我受两个故事影响较深：《美女与野兽》奠定了我对男性类型的取向，我会比较喜欢那种悄悄来到我身边、令我无限惊喜的男人；还有就是著名导演、演员艾伦·阿尔达翻唱的歌曲《亚特兰大》(收录于《自由地去做你和我》专辑中)，歌里面那个公主一定要求婚者在赛跑中得胜才肯结婚，其实这不过就是给自己结婚找一个体面的台阶罢了。

梅芙最喜欢的童话故事是安徒生的《海的女儿》。在她的传记里，安吉拉·伯克重新刻画了小美人鱼当时所面临的两难选择：是留在她深爱且安全的海底家里，还是失去一切（连美妙的歌喉都要失去），只为了去看看大海之外的大千世界？其实这也是梅芙所面临的选择。

而奈特则喜欢《蓝胡子》，这一点很有参考价值哦，因为她自己便是如蓝胡子的夫人那般好奇心特别强的女人，而她所嫁之人则很像蓝胡子，竭尽全力地制约她的好奇心。

埃德娜在作品中，特别频繁地引用童话故事和古典神话中的典故，以至于我没办法果断地说她最喜欢哪一个。不过据我想，她应该最喜欢达芙妮和阿波罗的故事，而她正是阿波罗苦苦追求的达芙妮。她1918年发表的诗歌《达芙妮》曾这样开篇："为什么你一直对我苦追不放 / 我随时都可以变成 / 一棵月桂树 / 在你追逐我的时候 / 我随时可以躲开你 / 只剩下粉红色的树枝让你拥抱。"

伊迪丝·华顿在回忆录《回首一瞥》中曾提到，民间神话《鹅妈妈》的故事留给少女时代的她一种"漫不经心、冷漠平淡"的印象，而当时"国内的影视剧编剧新秀海选激发了我全部的创作热情"。其实这并没有让我特别惊讶，因为孩童时代的我也曾努力想要喜欢上希腊诸神，而伊迪丝·华顿竟会对这些神如此熟悉。如她所说，她对他们的了解已十分深入，就像对来家吃饭的那些男男女女一样熟知。

因为这样的差距，我当然会把伊迪丝·华顿列为值得我崇拜的女性之一啦。

至少我是这样认为的：伊迪丝·华顿其实就是天生的文学创作界的宙斯，是一位举世闻名、实力雄厚的小说家，她生来就是要人崇拜的，绝非那种供人茶余饭后侃大山的谈资。在一个不断失去传统的城市里，伊迪丝·华顿的作品犹如地质学标本般亘古不变。如果你把她形容为镇守公共图书馆的花岗岩狮像，或者是经过中央车站的滚滚车流，我都会同意你的看法。就如梅芙指引我来到纽约一样，在大学里读过的伊迪丝的小说则告诉了我纽约是什么，这就足以令我对她心存感激啦。

伊迪丝塑造的那个纸醉金迷的世界是否对我产生了影响和诱惑呢，我很难自己判别出来，也许多少有点儿影响吧。有传闻说，伊迪丝·华顿出生于一个"名门望族"。1866年，伊迪丝年仅四岁，她的父母就已经相当阔绰了。因此他们领着她和比她大两岁的哥哥从曼哈顿的高等住宅区搬到了欧洲去生活，目的是躲过内战后国内重建的艰苦时期。伊迪丝一家旅居欧洲，辗转于各大高档酒店和朋友们的乡间别墅，过了六年的奢华生活。虽说从未正式上过学，但回到曼哈顿之后的伊迪丝·华顿却是古典音乐和美术方面的尖子生，而且不久又迅速学会了法语、意大利语和德语。到了18岁时，伊迪丝已在《大西洋月刊》上发表了五首诗，都是围绕一个主题写的，只可惜并没有得到太多的关注。她的世家背景赋予了她一种不容反驳的观点：女性是纯粹的观赏品，女子无才便是德。尤其是伊迪丝·华顿的母亲，对女儿的杰出才华特别恼火。对伊迪丝的妈妈而言，女儿存在的唯一价值便是出嫁。

于是，1885年，23岁的伊迪丝·华顿结婚了，比当时富家女的最晚结婚年龄还大了四岁，因此这门亲事完全不容她反对或细想。除了"结婚"之外，还有一个理由也令我不把伊迪丝·华顿看作自己的人生标杆。

事实上，在重读了《欢乐之家》（一本很适合单身且初来乍到纽约的人阅读的书）后，我发现伊迪丝这本书完全就是为单身女性而写的。第一次读这部小说时，我不喜欢丽丽·巴特（因为我特别不信任那些靠脸打天下的高颜值女主），但是现在，作为单身狗的我，开始对丽丽这个迷失的女人产生惺惺相惜之情。我想，华顿应该是借写这个故事来抨击那种被自己的出身限制得很死、一辈子墨守成规的女性吧。另外，这篇小说的结局其实对女性是个大羞辱，更遑论女权主义啦，完全就是一个对女性起到威慑恐吓作用的结尾！

后来，我在一本杂志上读到一篇文章，这才知道其实伊迪丝·华顿并非天生的小说界的宙斯大神。她直到36岁那年才发表了自己的第一部作品，而且那本书并非小说，而是一本家庭装潢手册。又过了七年，她终于成了畅销书作家，而她在家装方面的名气至今仍十分响亮。

读者应该也可以想象得出吧，当我知道一位美国贵妇人的写作生涯是靠写些什么窗帘啦烛台啦之类的内容起步的，我是有多惊讶啊，真是再也没法崇拜她了！但其实是我太偏执了，我以为她有钱就等于有了一切，而忘记了其实富有高贵的她原本也只是个平凡人。

"琼斯是经历了一段很长很痛苦的时光之后，方才涅槃成为伊迪丝·华顿的。"她的传记作家赫敏·李如是说。

我很快就喜欢上了她，开始昵称她为"伊迪丝"了。

在动身前往艺术家聚居地之前，我在一个朋友举办的假日派对上遇到了一个男人J。J个子高高，微微含胸，有一双大得不同寻常的深蓝色眼睛，我所遇到的男人里，他算得上是最最真诚的一个。我们在朋友家的厨房里小聊了几句，过了一会儿，他要走了，临走前他过来跟我说："我特别想请你吃个饭，能给我留个联系方式吗？"

我已不太习惯同男人打交道了，所以这几句话答得含含糊糊，因为我通常都是跟人用电子邮件沟通的。"嘿，咱俩出去玩玩吧！"J如此直接爽快的方式，令我又惊讶又迷恋。

　　后来，待我搬到艺术家聚居区之后，他还曾给我电话留言，祝我新年快乐。当时正值我诸事不顺、几欲崩溃的一个时期，因此这通留言令我的心情无比矛盾。但等我回去纽约，下定决心要做全新的、没有痛苦、不再写作的女人时，我接受了他的约会。

　　第二次约会时我们去了位于翠贝卡的一家法国小酒馆，不知为什么，那天我俩真是欢笑不断。他是个超级搞笑、颇具个性、有点儿外貌协会且很有远见卓识的男人（他甚至还能发明出一些新技术哪）。和他聊天，话题可以跨越很多个不同的文化领域，我真是闹不懂，这些高深到我都听不太懂的话题，他怎么就那么了解、能够一直滔滔不绝呢？

　　后来他才告诉我："我是一位供应商，我的全部生活就是拼命工作。因为只有我工作足够努力，以后嫁我为妻的女人才可以随心所欲地过日子啊。"

　　我哈哈大笑："这样啊？为什么直到今日，男人仍会把自己定位为养家糊口的人呢？"

　　他道："我也不知道啊，不过我真是这么想的。"

　　这话如果换个人说，可能会令人觉得十分乏味无趣，但J一贯温柔诚恳，所以他这么说也令人比较容易接受。

　　那天晚上，他问我："你以前想过和喜欢玩电子游戏的男人约会吗？"

　　还真没有，但我现在已经这样做了。

J是继R之后第一个令我相处起来如此舒服的男人。我们都很喜欢寻珍猎奇，因此我俩一起在这城市里散步，净逛些日本玩具店啦、老档案打印复印馆啦、露天二手市场啦……他还会带上照相机，给我们所见的这些"奇珍异宝"留下数字影像资料。和我一样，他在内心深处其实也是一个文化的记录者。

另外，我也很喜欢他野心勃勃、斗志昂扬的样子，就在我们交往的那段日子里，他还在家研发出一项新技术哪！当然他的这种雄心壮志也源于与我不同的原生家庭，他是有钱人家的儿子，而我呢，全职在杂志社上班，一直在延续我的关于全球女性文学家的写作，另外还在纽约大学教艺术评论课。从我的日程表即可看出我是怎样的一个货真价实的工作狂。我每晚都要熬夜工作到子夜一点多，次日六点又起床了。他倒不介意我这样的作息规律，有时我因为太累了，吃不下晚饭，他便会说那咱们吃点点心当晚饭吧，于是我们俩就吃点饼凑合一顿。

我的朋友和家人也都蛮喜欢J。另外，被他呵护照顾的感觉也真是蛮好的，他天生就很会照顾人。一天下午，我终于完成了手头所有的工作，他竟然像哄孩子一样把我高高举起，在他家的起居室里一圈圈地旋转，不断说："过去的你不过就是个乡下的凯蒂·伯里克①，而现在你来到了美国最大的城市，看看你的变化多大啊！简直是脱胎换骨呢！"他的做法虽说有点儿荒唐，却给了我无尽甜蜜之感，令我不禁含泪微笑。

---

① 作者凯特的昵称。

伊迪丝嫁的男人名叫泰迪·华顿，来自波士顿一个很著名的家庭，据说是1873年哈佛大学最英俊的毕业生。靠财势上大学的他没有伊迪丝的才华，却是一个很好的伴侣，与伊迪丝一样热爱旅行。他配不上她，可惜伊迪丝一开始并没有看清楚这一点，她曾在婚礼前给自己的家庭教师写信，信上说："多么不可思议啊，一个男人竟会为我如此大手笔地投入，且他还是个好脾气、甜美不自私的人哦！是那种令你一望即知他的魅力的男人。"（当看到她说自己不喜欢他的家乡时，我不禁笑了，因为她开了自己一个玩笑，说自己在波士顿时，"因为显得太时髦，所以人家都看不出她的才华了"；而在纽约，她又变成了"因为太有才华所以显得土里土气的"。）

泰迪根本无须上班，他母亲给了他一笔很大的津贴。所以新婚的头几年，华顿夫妇就到处旅行，夏天去华顿家位于新英格兰的赵大避暑山庄去避暑，冬天则直接飞到欧洲去。伊迪丝在《大西洋月刊》上发表了第一篇文章之后，着实过了很长一段时间，才又发表了第二篇。而在1889到1891年间，她只给《斯克里布纳尔杂志》投去了一篇故事和几首小诗，然后就再无作品问世了。

当然这段时间的伊迪丝还是很忙碌的，旅行啊、娱乐啊，毕竟给社会名流当老婆可是一份需要全职投入的工作哦！另外，这时的她还变得多愁善感，时常抱怨说自己好累。但真正令我惊讶的是，此时的她还在为恢复自信心而苦苦挣扎，譬如她曾给《斯克里布纳尔杂志》的编辑去信说："我已经摸索了一段时间，也许，待这几篇拙作发表后，我会找到更加适合我且更加安全有保障的发展方向（安全感和保障是我现在最最需要的）……目前，我真是已经对自己完全失去了信心啊……"

初到纽约的我，最惊讶的莫过于发现《大西洋月刊》在人员结构上实为主流。在当时的出版机构里，绝大多数员工是白人，且都来自中产阶级以上的家庭、毕业于常青藤大学。一开始，我很羡慕这些同事的理直气壮，就好像这个职位天然就属于他们，无须他们努力争取一样。渐渐地，我开始深信，如我这般打多份工，肯定会比那种游手好闲的人更有安全感。

现在我更加明白了，对于我们这些纽约新移民而言，我们是在一个相对宽松的环境里长大的，而纽约土生土长的人的生长环境则比我们紧张得多。纽约本地人比我们拥有数不清的优势，唯一比我们差的地方也不过就是他们没有"北漂"过，一直固守在此地而已。但他们拥有各种优势，如我们想赶上他们，肯定速度会慢得多，付出也会多得多。

爸常常会说一句话：生活发生改变时，一个人需要"内外兼修"才成。伊迪丝有内在条件，有才华，也有前进的意愿，却没有外在的条件——必要的经济基础、外界的鼓励和认可。而且她还有大把的放弃写作的理由：她的父母崇尚"女子无才便是德"，不喜欢女孩子工作，就算女儿工作了，他们也不会太把女儿的事业当回事；还有那种"英才天生，成功天赐"的老法观点；另外，当时的人也认为写作是一门充满风险的事业，想一举成名根本就不可能。

1893年，伊迪丝的生活终于有了一点点进步：她和泰迪在罗德岛的纽波特买了自己的房子。罗德岛是十分摩登的度假胜地，她的娘家人和朋友都曾来此避暑。因为这所新房子，她发现了自己在家庭装修方面的天赋。她不能满足于仅仅装修自己的家，在后来的几年中，她与做建筑师的朋友奥格登·科德曼合作写了一本相关方面的指导手册《房屋装修》。

《房屋装修》出版于1897年，很快成为家装指南书籍中最具影响力的一本。它为读者提供了很多使居室看起来"更有品位"的好点子，这些建议至今仍很有指导作用。虽说它只是成百上千的家装指南书之一，但它囊括了欧美建筑史方面的内容，十分具有权威性，且文风幽默，令人读来不会有任何枯燥之感，只觉得十分享受和愉快。

不管是伟大的画家还是作家，还是博学的知识分子，甚至包括头发乱蓬蓬的爱因斯坦，都只会注重精神层次的东西，不会对自己坐过的一把椅子上心。而伊迪丝却能在其作品中妙趣横生地描述这些"俗物"，板凳啦、沙发啦，还有地毯、帽子、衣裙……她的小说里若出现这些细节，我总会觉得理所应当，以为是她独具语言天赋才会写得如此细腻。现在我才知道她可不仅仅是有点儿表面上的文字功力，而且确实对生活细节有感知力和个人兴趣，甚至这种细节描述的表达方式正是她的重要特质。她的这种叙述方式也引发了我对这些细节的兴趣。虽说这种兴趣看似肤浅，但我真心喜欢。

装潢设计的历史并非充满戏剧性，我也不得不承认，家具原是个死物件，不管如何拟人化，我都不会对它产生多大兴趣，反倒是从19世纪末到20世纪初①的那几年时光颇令人着迷。

那时正值工业革命后、中产阶级人数持续增加的阶段，美国家庭逐渐摆脱了维多利亚时代的传统，开始染上了不加选择的恋物癖：

----

① 即伊迪丝写《房屋装修》的那几年。

工厂里源源不断地生产现成的家具和小摆件，全部都是一个模子套出来的，装饰着树叶啦、紫藤啦之类的图案，从天花板到茶杯再到椅子腿，上面全是这些玩意儿（在伊迪丝那本书里，有一个章节名为"金砖和古玩"，我深信她其实根本不屑这些）。

不可避免的时尚变迁是自上而下的，其实变化速度并不快，从镀银壁纸开始，一样一样地演变。到了伊迪丝那会儿，她和时人继承了这种墙壁装饰的风格，大部分家庭都开始选择四白落地的粉刷方式。但是，待新技术发展起来，壁纸的价格变得十分低廉且花样愈来愈繁多时，美国便陷入了一片华丽丽的鸢尾花图案的毡花缎海洋，每个人都开始使用这种物美价廉的壁纸。

反对使用壁纸的也大有人在，且遍布全国，因此反对之声可谓十分响亮：这些愚民家里的壁纸图案都难看到炸裂！也有卫道士危言耸听：那些上门推销的壁纸商人可是十分贪婪的呀，他们可能会勾引我们的老婆和女儿呀！更有房屋改革者抱怨纷纷：壁纸后面会藏害虫！他们反对得如此不亦乐乎，就好像人们过日子全靠这一张壁纸似的。不过也许它真的会直接影响我们的生活哟！医生开始在报纸上发言了：印刷壁纸图案所用的油墨，在遇到高温时会释放有毒物质，危及我们的生命。

待伊迪丝也加入这场辩论时，壁纸时尚并未有减弱的趋势，而她则力挺反对方的观点。她在《房屋装修》一书中写道："除了不卫生之外，壁纸也会破坏所有好的家装设计效果……一间糊满壁纸的屋子绝对没有再精雕细琢的余地了，因此，它永远达不到没壁纸的房间所能装修成的那种令人满意的效果。"

壁纸时尚是在20世纪的头十年间大肆兴起的，不过这并不重要，重要的是，从这时开始，家装逐步趋向于简约化，一步步接近了现代风格。

1901年，伊迪丝的装修事业又推进了一步：她亲自设计了自己的乡间别墅。伊迪丝的这间别墅位于马萨诸塞州西部，规模可着实不小哩，占地130亩，全部铺着草皮，别墅内足有42个房间！

伊迪丝给自己的房间取名为"山"，沿用了她曾祖父的别墅名字。作为时尚创造者，她会把"山"设计成偏向古典美的风格其实是一点儿都不奇怪的，因为这正是她在作品里表达和崇尚的观点。如今伊迪丝的别墅已对公众开放了，它是一栋白色外墙的房子，仿照17世纪的英国农庄建成（其实伊迪丝希望用石头垒外墙，但她实在没那么多钱），充分体现了伊迪丝的激进家装理念。在她看来，美国19世纪的房子全都长得特像避难所，好像每间房子的作用都只是把野蛮的原住民入侵者挡在门外似的。然而意大利风格就完全不同了，意大利人拥有理想主义的人生观，认为"街道上、角斗场上和浴场里皆有人生"，正是因为他们拥有"宏伟大气的竞技场，所以社交生活在那里得以大力开展"。因此伊迪丝想要在自己的别墅内部复制这种和谐交融的开放式空间，像用许多面窗和许多扇法式大门令房间连贯通透，而花园则与房子截然分开。这正是她在1904年出版的《意大利别墅及花园》一书中大力提倡的风格。

伊迪丝的"山"远不止是她家装成就的体现，亦是那种所谓的"自传式建筑"，即能够充分体现装饰者喜好的房子，与那种"精装修、拎包入住"型的房子截然相反。

托马斯·杰斐逊①的种植园位于蒙蒂塞洛，40年间，他反复对这座院子拆了建建了拆，使之成为与菲利普·约翰逊②的素有"现代标志"美名的玻璃屋（玻璃屋的特点是"以临终美景为墙"）齐名的、美国著名的"自传式建筑"经典案例。在更远的地方，还有位于瑞士苏黎世的荣格③的波林根塔，也属于此类建筑。1923年，波林根塔还只是一座独塔，但在后来的几年间荣格把它改建为一个小小的城堡，尤其是在其夫人去世之后，荣格又在这座建筑中融入了"妻子生命和意识的延伸"这样的理念。另外，还有位于墨西哥城的弗里达·卡罗的蓝房子，由其父建造而成，弗里达·卡罗则是生于此殁于此，一生绝大多数时间都是在这所蓝房子中度过的。她也一直都在对其进行修修改改，将这座建筑改造得更有自己的风格、更能体现自己的形象。

　　在参观这样的房子时，最显著的印象便是能够直观地感受到其别具匠心的创造性。譬如"山"就会令人深深感到，伊迪丝绝非想要设计出一种鬼魅的、令人汗毛凛凛的风格，而是想要通过别致的布局和精巧的细节，创造出她自己真正想要的生活环境。

　　"山"和伊迪丝一样，都行的是"混搭"风。其实对于大气、有智慧的伊迪丝而言，所谓"财产"反而会令她故步自封。因此她虽然尽职尽责地扮演了近20年名流夫人的角色，却始终远离纽波特和

① 托马斯·杰斐逊（Thomas Jefferson，1743—1826）：美国第三任总统，《美国独立宣言》主要起草人。

② 菲利普·约翰逊（Philip Johnson，1906—2005）：美国建筑师和评论家，曾获普立兹克建筑奖。

③ 卡尔·荣格（Carl Gustav Jung，1875—1961）：瑞士心理学家、精神病学家，首创分析心理学。作品有《人及其象征》等。

她阔绰的婆家人，反而在此建起豪宅"山"，一时间奢华展会和大型派对不断，令她终于过上了自己真正想要的生活。伊迪丝是为了归田园隐居和工作方才建造了"山"的，因此这里只接待她的密友，其中最有名的朋友当属亨利·詹姆斯。一到夏秋时节，她便会大宴密友，而这些活动却也从不曾耽误了她的工作。

"混搭"绝非"混乱"，正如伊迪丝在书中所写："虽说要有创意思维，但也绝不能一点儿必要的条理都没有。就算表达创新理念，也一定要遵循一定的规律才可以。"因此，她并不想完全放弃曾经那种风尘仆仆的草根生活，而是取其精华，将这种草根感融入现在的豪奢生活之中，并将其称为"复杂的文明生活艺术"，这就将工作、娱乐和社交很好地结合在了一起。毕竟，住所归根结底不过就是一个能够为生活和工作提供足够大的空间的地方啊。

整座房子的心脏当属位于二层的伊迪丝的套房：一间前厅，能够通向两间主卧和一个浴室；主卧颇为宽敞，天花板足有3.2米高，另有四扇大窗，使得卧室里一到清晨便阳光普照，傍晚时分则是一派夕阳西下、彩霞满天的景致。若少了这四面窗子，这两个房间必定是白天如黑夜一般死气沉沉的模样。

往左走的那间是伊迪丝的"闺房"，墙壁刷着饱满的蓝绿色，上面精心描绘着条纹和图饰，还在墙上挖了壁橱，里面摆着大瓶大瓶的玫瑰花。红白相间的大理石雕砌的大大的壁炉，与垂到地板上的棉质印花窗帘相映成趣。窗外，高大的常青灌木敲打着窗玻璃。这样的细节令这个舒适的、适宜谈话的避风港愈发凸显遗世而独立的风情。因此，伊迪丝往往喜欢在这儿处理家庭事务，听佣人回事啦、写信啦、会见密友啦……

相比较而言，她的卧室（泰迪自有他的一间）走的是清心寡欲的路线，这是她最私人的地盘，只有女佣人和她心爱的狗狗可以进入。这也是她在文章中最常提及的一个房间，譬如《伟大的房子》一文中，她借此来描述女人的天性：

大厅是人人都可以出来进去的地方；接待厅则是正式待客之所在；而起居室是家人的共处之地。剩下的那些房间，有些是从来都没人进去的，也不知其通向何方，甚至连怎么走都没人知道。最最里面的那个房间，则是最神圣之所在，主人的灵魂会独坐此处，等待着永不会来的脚步声响起。

在伊迪丝那个时代，几乎每个妇女家里都会有一个"最里面的房间"，以便女人们在里面修身养性。伊迪丝为自己的那间投入了最大心力，力争把它打造成如现代写字楼一般简单实用之处。没有贴墙纸，天花板光秃秃的，壁炉是不起眼的灰色大理石砌成的，窗户上挂着朴素的白窗帘，窗外的风景成了这个房间唯一的装饰（这可算半个世纪后的菲利普·约翰逊"以风景为壁纸"装饰风格的先行者）。天清气朗之时，这间屋就会显得格外安静，且空气无比清新。

伊迪丝每每会在床上写作，时间通常是"晚上洗澡后或早上吃饭前"，这是她亲口对一个朋友讲的。一般的早上，她都会于太阳升起之时醒来，枕着她喜欢的鸭绒枕，盖着她喜欢的亚麻被，娇慵地伸伸懒腰，然后便起身把写字板放到腿上，开始写作了。她的写字板上夹着页面颇大的稿纸，任凭她龙飞凤舞地写满一页便随手丢到地板上。这一写便到了中午时分，她会到露台上去吃午饭，而秘书则要帮她把上午的稿纸收集在一起，按顺序装订好。

除了佣人之外，几乎没人能够亲眼看见伊迪丝的写作过程，但这场景却被朋友们口口相传下来，成为伊迪丝的"必杀技"之一。如果说艾米莉·狄金森的形象是喜欢在胸前缝大兜，里面装上旧信封拆出来的白纸和一支铅笔，随时记录下自己的灵光一现，马克·吐温①是酷爱穿白色西装，那么伊迪丝则是：皇后般的身姿、钢铁般的意志，房间里摆着的银器皿和古瓷盘闪闪发光，与她的一双美目交相辉映。但这只是表面现象哦！她实为一个目光犀利的评论家。

下午她会做些运动：长距离散步、搞搞园艺、骑着马或摩托车到村子里去逛逛。丰盛的晚餐之后，她会和客人们退到书房里一起读读书（通常他们会选择沃尔特·惠特曼②的著作），也有不读书的时候，他们会到露台上去观星。

她的生活大概就是如此。1902年到1911年，是伊迪丝整个人生中最明快的几年。出了书，离了婚（1913年正式办理了离婚手续），第一次从一个名叫莫顿·富勒顿的美国记者那里享受到了爱的激情，甚至还和他好了好几年。最重要的是，她养成了一种工作和社交习惯，令她可以高高兴兴地把独身生活过到了75岁，比奈特和埃德娜的单身时光可长多啦！

1905年，伊迪丝的《欢乐之家》出版了，立即成为畅销小说，令她一举成名。她在回忆录里写道："奇迹发生啦！我的作家身份彻底改变了我的人生……我终于为自己摸索出一条路来！从今以后，

---

① 马克·吐温（Mark Twain, 1835—1910）：美国著名作家和演说家。作品有《百万英镑》《哈克贝利·费恩历险记》《汤姆·索亚历险记》《败坏了哈德莱堡的人》等。

② 沃尔特·惠特曼（Walt Whitman, 1819—1892）：美国著名诗人、人文主义者，创造了诗歌的自由体。作品有《草叶集》等。

文字便成了我的新国度，我为自己能够成为文学王国的公民而深感自豪！"

1911年，泰迪拿走了伊迪丝名下的物业并卖掉了，因此她只好移居法国，从此再也没有回来。但是，20年后，她却这样写道："'山'是我所拥有过的第一个真正的最爱，它至今仍被我记在心上。"

她梦想着再把"山"变为现实，并一直为此梦想努力地做着准备。

伊迪丝的新家设计得好到令人难以置信的程度。她曾敦促美国人不要再因循守旧，本人则如回忆录里所写的，"就像一根长久沉睡在我心里的锁链忽然断掉了"，房里原本挂着的维多利亚时代熟女布鲁斯·班纳图像被换成了绿巨人，而卧室和餐厅的风格也都与之配套。

然而，屋里的主人却并没有从维多利亚贵妇变成绿巨人。伊迪丝仍是窈窕淑女，只是比过去健壮、强大得多，眼界也开阔得多。这种变化似乎是对伊迪丝脱离家庭行为的一个反讽：她重获自由，为她自己，也为我们，重新定义了家庭关系。

这段故事令我颇有醍醐灌顶之感：品味就像胃口一样，虽说我们天生就有，但都是要经过文化熏陶和培养的。就拿那些优质的室内装潢来说吧，它们的设计者必得是对色彩高度敏感且有很强空间感的人。

杂志社的工作需要我花很多时间细细观察每一栋楼里的每一个房间，因为我要弄清楚为什么有的房间充满戏剧感而有的房间却很宁静，搞明白之后，我才能够把这些内容转化为文字写到杂志上。我发现室内装修就像科学一样，也要遵循必要的法则和规律才可以，这令我非常惊喜。虽说装潢不似火箭研究那般高深，却也是一个完整的系统，如果能够对其正确理解并加以合理利用的话，我们就有能力随心所欲地装修出合自己心意的房子啦！

除了死规则以外，显然还有一些室内装修元素是可以无穷变化的：成对的灯会因其对称性而令人赏心悦目；浅色调会使房间显得宽敞，而使用深色则会带来亲切舒适之感。更有意思的是"比例"概念的应用。据我所知，如果你想要把多种元素综合在一个房间里，只要比例分配得当，房间就不会显得凌乱。举个例子来说，一小块碎花装饰当然可爱，但如果整张墙纸都是小玫瑰花图案，再与床罩床单上的碎花"交相辉映"，就会让人生出严重的视觉疲劳感，甚至还会引起头痛哪！

在艾尔西·德·沃尔夫[①]的自传中，曾讲过这样一个故事：有一天艾尔西·德·沃尔夫从学校回到家里，发现她父母重新布置了客厅。她在讲这段往事时像奈特一样把自己设定为第三人称：

她跑进房间，环顾了一圈，墙上换了赭石色底、上面印着灰色棕榈叶和大红大绿圆点图案的壁纸。这景象犹如一把刀深深刺进她的心里！她不由哭倒在地板上，脚蹬手拍，一遍一遍地哭喊："太丑了！太丑了呀！"

读者，无论您怎么把这段故事里的艾尔西·德·沃尔夫解读为"任性"，它仍是早期室内装潢开始萌芽的证据，就看您是怎么理解的吧！不过对我而言，这个故事简直就像在写我自己一样。

它令我回想起自己的一小段往事。我的故事当然很不值得一提，

---

① 艾尔西·德·沃尔夫（Elsie De Wolfe, 1865 — 1950）：现代装潢设计师，被称为"美国室内装饰第一人"，开创了室内装修这一职业。她是伊迪丝的铁粉。

毫无铭刻在心的意义，更没有任何戏剧性可言。几年前我就曾把它写下来过一次，当时是R的妈妈邀请我去参加位于伯克郡的一个为期一天的写作研讨会（开会地点与伊迪丝故居离得不远，只是当时我还不知道罢了），会上要求我们"随便写写"，我特别腻歪这样，所以一赌气就写下了当时脑海里闪过的第一件事。其实那是一段毫无意义的无聊记忆：

我七岁那年，有天放学回家，把书随随便便往楼梯上一扔，然后就像每天一样，钻进了我最喜欢的起居室里。一进门我就叫唤起来了。

壁纸换了！那天早上我临走时它还是一贯的深沉色调——深橙色，而此时却变成了满墙的蔓越莓！

深橙色原是这间屋子的基调，是其灵魂的体现！原来每晚晚餐后，我都会拿着课本坐到壁炉旁边去读，而爸爸妈妈则坐在扶手椅里读书，亮橙色的炉火映照着深橙色的壁纸，忽明忽暗的，令房间里的地毯、令这段美好的睡前时光、令我的爸爸妈妈，都蒙上了一层温暖的光芒。在做完功课之后，没有什么比这份温暖的享受更能令我大脑放松的了。

可是现在，一切都没有了！

那种莓红色真真是对我刺激颇大呀！超级晃眼，还令房间顿失所有私密性和温馨感，简直就像在一个特闹腾的舞台上又烧了个明晃晃的壁炉似的！以前，这间屋子的高高的天花板和厚重的窗户都显得凝重庄严，如今却苍白僵硬、杀气凛凛的，还被硬蒙上了一层欢乐的假象。为什么会这样子呢？之前我那个美好的小世界怎么会突然坍塌的？之前怎么就没人问问我的意见啊？

不过最后一个问题也真是讽刺，谁会想去咨询一个七岁小屁孩的意见呀！

当时写作研讨会让我们随便写写，旨在互相鼓励，所以大家看完我的文字都点头称好，就好像我的这段回忆多有价值似的。只有一个女人忽然尖叫出声："80年代！莓红色可不就是80年代的代表颜色嘛！"包括我在内，每个人都大笑出声，当时我还真没想到我们家的墙纸和80年代有啥关系。

艾尔西·德·沃尔夫可比我小时候谨慎多了。作为成年人的她发现自己特别讨厌的那种墙纸是威廉·莫里斯设计的，那可是经常被她在报纸专栏里嘲讽的人哪！因为艾尔西·德·沃尔夫和伊迪丝一样，一直公开反对过度堆砌的家装风格，她认为过于花里胡哨反而会令客厅显得跟墓地似的。换言之，她非常腻歪维多利亚风，因为那会勾起她童年的不快回忆。

孩童时代的伊迪丝也是对环境超级敏感的小家伙。她曾在回忆录中这样写道："我对屋子啊、房子啊，都有照相机般的准确记忆力。小时候所见的那种特别简陋的房子，或者是好多年前见过的某间屋，往往会给童年时代的我一种阴森之感，因为其丑陋，我会觉得特别害怕。"伊迪丝也像艾尔西·德·沃尔夫一样讨厌维多利亚风："我童年时代最糟糕的回忆之一，就是关于当时纽约丑陋的市容，街道那么窄！房子那么小！完全狭小到毫无体面和尊严可言，可屋子里却堆云砌雪，装饰得满满当当。"

直到伊迪丝和艾尔西·德·沃尔夫进入到家装领域之后——如今她们这样的女人被称为女设计师——才打破了建筑业只能由男人从事的规律。原先，不管是房子由里到外的设计也好，室内家具的摆放也好，都是由男人来完成的。虽然不能说伊迪丝关于家装的小册子的出版是一种激进行为（而且，她的第一本家装书是与一位男士合著的），但她的出书行为确实为同时代女性打开了一道作为专业设计师进入家装领域的大门，为她们开创自己的家装事业提供了便利条件。

然而，这一发展带来了令人意想不到的结果，即设计界的性别分化。直到如今，建筑学和工业设计仍被认定为属于男性，原因在于那些计算尺和重金属都非常沉重，女性无法驾驭。而室内装潢、装饰材料设计则归属于女性（现今女建筑师在建筑领域内所占的比例仍非常小）。

因此，室内装修根本发挥不出其在建筑界应有的影响力。自打发现了这一点之后，我就对这一现象怀有鄙夷之情，这其实就是防不胜防的隐蔽性别歧视的一种呀！正如进化心理学家史蒂芬·平克[①]在《白纸一张》一书中所写："我相信，人们的品位有可能会导致文化上的偏好，这又会影响统治者对国家的治理方式，而治理方式反过来又会作用于人们的生活。"这样的结论完全无视人们为了获得自己渴望的事物而付出的代价。

然而，一直到了21世纪初，科学家才开始关注人类与周围物质环境之间的关系，最终证实了伊迪丝与艾尔西·德·沃尔夫曾经得出的关于人与环境的结论。研究表明：天花板比较高的房间会激发人的创造性思维，有利于精神健康；光滑冰凉的材料，例如玻璃或铬合金则有助于人们保持冷静，这也许是因为这些物质会令人想到

---

① 史蒂芬·平克（Steven Pinker, 1954 —）：著名的心理学家，广泛宣传演化心理学和心智计算理论的心态而闻名于世。作品有《语言本能》《心灵如何运作》等。

冰吧；而木材因其体表温度高于金属，则会给人以温暖之感；现代家具往往是棱角分明、线条笔直的，很容易令人想到坚硬的岩石或尖锐的树枝，刺激人们时刻怀有警惕之心，根本无法放松下来；刷成红色的房间会让人下意识地想到危险，因此会特别谨小慎微、注重每件事的细节，哪怕一个单词拼写错误都不会放过；而房间刷成蓝色则会令人放松，仿佛置身蓝天或大海之中，更容易富有创造性地解决问题。

因此，我们很容易看到上述发现给我们的生活或工作场所带来怎样的变革。两间面积相同的屋子，一间塞满了东西，仅有一盏昏暗的小灯，房间里色彩鲜艳、色调繁多，令其显得格外拥挤，住在里面的人也会因此心绪繁乱。相形之下，另一间布置得十分明亮，宽大的窗十分通透，人们也会因此变得心思澄明起来。

换言之，伊迪丝在自己的卧室里创造出一个完美的工作环境：最里间是充满私密气息、让她可以浮想联翩的闺房；然后是她写作用的卧室，她在这里把闺房里的想象付诸纸上。

于是我也开始享受自己的空间。我们的办公室是由许多灰色格子间组成的，因在28层的高楼之上，仅能乘电梯上下，所以给人一种出世之感。在我的办公室里，地毯和坐垫是非有不可之物，政客、银行家、制片人或作家反倒是可有可无之流。一天天的日子是从丝绸及比利时泡泡纱上溜过去的，一小条流苏都会被郑重对待。但这种物质化并不能被定义为"没有生命力"，而是将情感倾注在这些物化的装饰品上了。市场情况比较好时，我们便会满心欢喜，兴致勃勃地拍摄照片，然后把照片上的风景用昂贵的手绣方式绣在枕套上，或者制作出价值400美金的天价垃圾桶。市场情况不容乐观时，我们便会把这些都做成DIY材料，借人们的动手热情来抢占市场。

那年夏天，我34岁了，那是几年以来，我第一次有心思给自己过个生日：我在J所住的公寓屋顶上（那可是个相当可爱的地方哩）开了个派对，还特地聘请了调酒师，定制了鸡尾酒，买了许多好吃的小食。

因为那时我终于认识到，我长大了。

但是，在接下来那个月我弟弟的婚礼上，我却在祝酒时出了丑。那时我为弟弟的婚礼已经忙了几个月，因为我很为我的弟弟骄傲，甚至对他怀着母亲般的深情，总以长姐为母自居，所以我把祝酒词写了一遍又一遍，涂了写、写了涂，直到婚礼那天还没写好，在接待客人时还匆匆忙忙地补充着内容。因此，当我起身向宾客祝酒时，只能临场发挥，那情形真的好可怕哦。我说了一堆废话，车轱辘话来回地说，可是竟忘记提及新媳妇了！

至今我仍不愿承认自己给弟弟的婚礼（还有弟弟弟妹的感情）带来了极其恶劣的影响，因为我真的无法接受妈死后我唯一的亲人离我而去，虽然这是事实。

弟弟结婚后的那年秋天，我第一次去了巴黎，同行的除了J，还有他的父母和两个兄弟，都是我喜欢、敬爱之人，我开开心心地跟着他们逛了一家又一家博物馆。J的家人性格开朗大方，为人慷慨热情，幽默友善。能有这样的婆家人是多么理想的一件事，我心里暗想，多好的大伯子小叔子呀！

然而我们的旅行还是出了点状况。那时我工作特别忙，根本没有时间提前为这次旅行做什么准备，只能傻傻地跟着走。这其实也不算什么大问题，毕竟 J 的父母是艺术品交易商，对巴黎熟悉得就跟自己家似的，但也更加凸显了我的无知。我几乎没有自己的生活，整天在办公室里坐到三更半夜，然后出去吃个饭、喝杯酒，回来就在办公室的沙发上凑合睡一宿。

感恩节时，我飞去看大学时代的好友迈克尔，他现在已是一位英文教授了，和他的同性恋男友生活在多伦多。拖着自己的带轮小行李箱走在机场里，我觉得自己十分轻盈，就像《欢乐满人间》里托着无底宝箱的仙女玛丽，仿佛我不是坐飞机来的，而是被一阵清风吹来的。整整一个周末我都无所事事、优哉游哉，然而令我惊讶的是，这个周末其实过得特别没劲。迈克尔了解我从 19 岁至今所经历的每一段男女关系，所以我在他面前当然会停不住嘴，不断地、不断地分析自己的每一桩情事。

"我看 J 接下来就会想要跟我结婚了。没准儿我也挺乐意吧？该不该结婚呢？我到底要不要嫁给他？"这个问题我问了无数遍。

"你真心没必要非得嫁给谁呀。"迈克尔说。

"可我都 34 啦。"我回嘴。

"那怎么啦？"他反问。

"等等，我刚才问得不对。我的意思其实是，为什么我和 J 的关系又演变成了当年我和 R 好时的那种样子？"

他说："你别无选择，因为你在男人眼里是值得娶回家的那一类女人。"

"你这话听着真顺耳呀。"我笑道，"可是每个我爱上的男人似乎都并不想娶我，我其实也不太确定 J 是否真的想和我结婚。我刚刚的意思是说，如今我又陷入了过去曾有过的困境中：再往下走就该

210

结婚了，可我并不知道自己到底想不想为人妻。"

　　说这话时我俩正在厨房里穿鞋，打算出去遛狗。忽然我又加了一句："所谓'值得一娶'的女人这种说法，也许本身就是一种贬低！谁愿意当天生'煮妇'呀？"

　　"可你就是天生好媳妇嘛。"迈克尔坚持，"因为你一直在追求自我价值的实现，这你不能否认吧？而且你真的为此付出了巨大的努力。这一行为就令你成为值得娶的女人。因为没有人真的会愿意娶那种庸庸碌碌、俗气乏味的女人——虽然确实有不少人这样做了。简·奥斯汀在《爱玛》里不是有提到吗：'理智的男人，不管你怎么看，他都决不会娶个缺心眼儿的媳妇的。'"

　　"哈！真的？你知道得还真是比我多哪。"我说。

　　他继续解释道："老姑娘们的困境，往往在于空怀一颗恨嫁的心。她们获得男人的爱越少，就会越饥渴，恶性循环，白白耽误工夫。"

　　我俩爆发出一阵大笑，笑够之后，稍稍沉默了一时，便又继续争论下一个话题：在婚恋市场上，年龄对于想嫁人的女性，是否更加重要？

　　"而且呀，"他道，"不管你怎么努力，想要和一个男人长相厮守都只有一条路，就是结婚，绝无第二种选择！至少这条法则适用于绝大多数男人。"

　　这话在我听来，真是一语惊醒梦中人。我注意到一个规律：通常情况下，如果一个男人和我约会了七次，我们就差不多等于开始搞对象了。而好了六个月左右的时候——有研究表明，这是一个人能"装绅士""装淑女"的最长时限——我俩一定会因为彼此间的误会啦、指责啦而大打一架。如果没有因为这次打架而分手的话，我们会再甜蜜上三个来月，但三个月积累的压力最终会爆发，无论是大打出手还是哭哭啼啼，总之我们一定会分手。

感恩节之后，我又回到纽约，收到了 J 不断发来的许多他和家人一起过节的照片，有一张钻戒的照片也夹杂其中被发过来了。那戒指颇具古典美，似是家传之物，但我却假装没瞧见。谁知道那戒指是给谁的？没准儿真跟我无关哪。

那年圣诞节，他父母带我俩去了一趟墨西哥奢华游。在这趟旅行中，我俩可以独享一座庄园，里面有挂着雪白帐子的大床，浪漫得像度蜜月一样。

虽然不知道为什么会有这种感觉，但我发现自己真的不想要这些，我不想成为 J 家的一部分。我终于发现，我爱的还是我自己的家庭，虽然也许曾经爱过 J 一家，但现在其实已经可能不爱了。这种口是心非的感觉令我特别不爽。

我羡慕我弟弟对婚姻的忠诚，也羡慕弟妹坚决地想要孩子的那种心情，我猜想自己其实也想当妈妈。说到"当妈妈"，在这趟墨西哥之旅的每天下午，我都会去海边坐坐，在那儿看到的一幅景象令我母性泛滥。当时我正坐在阳伞下读《米德尔马契》①，忽然看到一个跟我年纪相仿的女人让她女儿骑在她的屁股上。那孩子卷发金黄、手脚胖胖，像个最最纯洁的小天使。我手痒痒地想把她抱进怀里，想让她把小胖脸贴在我的肩膀上，想把鼻子放在她的头顶磨蹭。

其实我心里也很明白，如果当了孩子妈，我就没办法随心所欲地做自己了。我得孕育宝宝，得起早贪黑地带孩子，我的生活里会

---

① 托马斯·艾略特（Thomas Stearns Eliot，1888－1965）的小说。艾略特是美国诗人、评论家、剧作家、诺贝尔文学奖获得者。作品有《荒原》《四首四重奏》等。

充斥着磨牙棒、尿不湿、其他小朋友的生日派对、儿童游乐场、舞蹈教室、足球训练、夏令营、给孩子开车、儿童车载安全座椅、婴儿车、三轮车，夫妇的爱情已被琐事完全磨灭掉了，还要为孩子担一辈子的心（"我的心呀，根本没装在腔子里。"一个朋友如是说。她家有幼儿，时刻需要把心拴在孩子身上）。比起带孩子，我现在的工作简直太轻松啦。

可是，J 的父母的生活却体现了传统男人养家糊口的最佳状态。J 的母亲身为室内装潢师和家具设计师，一直都有工作，但只接她真正想做的案子，随心所欲地发挥创造力，完全无须迎合市场需求。他父母至今仍非常相爱，保持着令人羡慕的亲热关系，互相尊重、携手乘风破浪地前进。

但是，我却无法做到他们那样。我想要一个能养我的男人，所谓能养我，也就是说要请得起看孩子的阿姨，能够让我一边带孩子一边还有足够的时间写作；我想什么时候去旅游都能带我去，就算我想要像伊迪丝那样给自己设计建造一栋房子他也花得起钱。但是，这个房子却是——我自己的！我、自、己、的！

那天午饭后，J 兄弟三人和我在海边玩用充气玩具砸对方头的游戏，闹腾得像精神错乱的水獭一样。天清气朗，波光粼粼，我们的笑声久久不断。多么美好啊！这简直是命运送给我的礼物呀！忽然我就回想起我和R在布鲁克林高地度过的第一年时光，不由鼻子一酸：此刻的美好仿佛在那时就应出现，只是延宕到了如今。

回到我们住的庄园之后，我跟 J 说不想鸳鸯浴了，然后就花了很长时间一个人泡在浴室里，吹着空调洗头发，最后心情终于平静下来。我不断思索，"自己养自己"会不会并非我的人生目标，而只是我实现个人成就感时要保持的一个必要状态呢？若用我爸的话说，必得在有经济压力的情况下，我才能够有动力不断向前？换言之，我付出的努力越多，能够到达的地方就越远。如果我不再努力，而是放任自己舒舒服服地过日子，那么就等于我已经放弃了自己。

不管从哪个角度看，我这种想法都挺令人沮丧的。因为这就意味着，抱有这种想法的我，可能一辈子都没法有孩子了，因为我不知道自己什么时候才能做好为另外一个人负责、照顾另外一个人的准备。而且，就算我终于在有生育能力的年龄界限之内做好了这种准备，我也不敢肯定自己是否有养孩子的物质基础。

我也担心自己只是单纯地害怕相夫教子的生活，上述所说都是拼命给自己的害怕找理由而已。

"你越怕什么，就越要去做什么。"爱默生①曾这般敦促广大读者，这句话铺天盖地地出现在贺卡、海报、博客及脸书上。但和许多流行的格言一样，被单独拎出来引用的这句话在离开其原有的上下文之后，含意已大大改变了。这句话原是摘自爱默生写于1841年的散文《英雄》：

忠实于自己的所作所为，如果你做了什么特别有个性或特别大手笔的事情，又或者你打破了所谓"高雅年龄"该遵守的循规蹈矩，那一定要恭喜自己一番才是。我曾听过一个送给年轻人的特别高明的建议："你越怕什么，就越要去做什么。"

他没有详细解读这句话。但是前文所提倡的"有个性、大手笔、

---

① 爱默生（Ralph Waldo Emerson, 1803 — 1882）：美国思想家、文学家，诗人。作品有《论自然》等。

不循规蹈矩"，其为人所知的程度就和"越怕什么越做什么"差了太远。罗斯福①总统曾在他1932年的就职演说中说："我们唯一需要恐惧的，就是'恐惧'本身。"就算如我般信任美国宪法、愿意与国家同仇敌忾的人，也从这句话中听出了令人不快的大男子主义。

我更喜欢终身未嫁的简·亚当斯②对这句话的理解（在爱默生的那句名言出现之前三年，她已把这段解读写在了日记里，仿佛提前反驳了爱默生一样）："若你专挑那些让你害怕的事情去做，你就会生活在恐惧之中。去做些你应该做的事情岂不更好！找准一个目标，你就永远不会迷失方向。"

她是在1880年前后写下这段话的，那时她还是罗克福德女子学院的一名学生，也是校刊的主办者。她想要当医生，因为这样就可以生活在穷人之中、为他们工作了。但是，那时的她刚做了脊柱手术，且患有神经衰弱症，只得放弃了投考医学院的想法。二十几岁时，她的大部分时光都是在绝望中度过的，但是最终她决定弃医从文。

1888年，她旅行去了伦敦东区，看汤因比③的"哲人咖啡厅"。那是一栋哥特式的复杂建筑，社会各个阶层的人一起在这里为工人阶级提供参加社会活动和接受教育的机会。第二年，29岁的简·亚当斯和一个好朋友在芝加哥的赫尔斯特德街建立了美国著名的女性社区改良中心赫尔馆。到了1920年，全国已有类似的机构500多家。

---

① 富兰克林·罗斯福（Franklin D.Roosevelt，1882—1945）：美国第32任总统，美国历史上唯一连任超过两届的总统。

② 简·亚当斯（Jane Addams，1860—1935）：美国改革家、社会工作者、和平主义者、诺贝尔和平奖获得者。

③ 汤因比（Arnold Joseph Toynbee，1889—1975）：英国著名历史学家。作品有《历史研究》《人类与大地母亲》《展望21世纪》等。

简·亚当斯终生未婚，当然更不曾有过孩子，但她发起了社会改革运动，这一运动实质上就是联邦政府在20世纪30年代所搞的社会福利计划的前奏。1931年，简·亚当斯成为了美国第一位获得诺贝尔和平奖的女性。

墨西哥之行的最后一天，J的妈妈和我沿着海边溜达了好远。她是个瘦瘦高高的女人，短发染成红色，差不多算是我见过的内心最宁静、最自由开放之人。

"我老公啊，他可是这世上对我而言最重要的人呢。"她告诉我。

我俩从未说过什么私房话，因此我很开心这次散步能让她对我敞开心扉。但是我不知道她最终会把话题引向哪里。

果然她直奔主题："凯特啊，我很想要你当儿媳妇呢。J很爱你，我们也都喜欢你。但是，你一定要知道，他必须得是你在这世上最心爱之人，你才可以嫁给他。他对你而言，一定要比其他任何人都重要才行。"

她这样说、这样做，真的对我们都非常有裨益。

回到纽约之后，我和J分手了。

我非常非常伤心，却并不惶恐。

因为以前我也曾单身过，再过一个人的日子也完全没有问题。

待满心忧伤渐渐过去，我发现自己的境界又升华到了新的高度。

况且我并非完全形单影只，还有很多人可以陪伴我：家人、朋友、同事、干洗店里帮我做过衣裳的裁缝、我那个天生八卦的理发师，还有虽然目前不住在同一个州甚至去了国外但大学时代很要好、至今也保持联络的同学们，关系或远或近的一大帮子人，热热闹闹地围着我转。次年，我弟弟的第一个女儿出生了，我心里因此又装进了一个人。

我开始开玩笑般地把工作称为"我老公"（我要靠工作来养，从这点上看，它和老公的作用一样），且工作也是我的"抗抑郁药"（让我没有感春悲秋的闲工夫），另外它还可算我的"全职假期"（就算需要整天加班，也真心比全职写作舒服多了），工作对我而言还真是集多重功效于一体呀！甚至上班之余我还真的有时间可以去度假。那年秋天，我刚交的男朋友被调到波多黎各上班了。我当时心想，若能有机会在那种热带地方来一段浪漫之旅，倒也是极好的体验，于是便飞去看他。接下来的那年冬天，我和一个新认识的单身女利用圣诞节假期去阿根廷滑雪，我们玩得超级开心，戏称这次滑雪之旅为"度蜜月"。

现在，我想好好装修一下我的工作室了。我在一本书中读到，一个世纪前，弗吉尼亚·伍尔芙的姐姐——画家瓦妮莎·贝尔①，曾在英国乡下租了一间农舍。那正是我的理想生活状态呀！舒适地沐浴在阳光之中的小房间，里面摆着书架和带软垫的椅子，椅子上方油画高悬，还有，几乎每面墙上、每扇门上、每条窗框子上，都有她自己的手绘。

我被一张专门放在墙角的薰衣草色亚麻面的沙发吸引住了。把墙壁刷成带白色水滴图案的淡紫色，让法式房门大大敞开对着花园，再配上这张沙发，若我能把自己位于布鲁克林的小工作室做成这样，

---

① 瓦妮莎·贝尔（Vanessa Bell，1879 — 1961）：英国画家、室内设计师。

都可以把它作为经典案例提交给家装杂志啦。为了装修，我整整生了一个月的气，终于让设计师帮我调好了粉刷颜色，也做出了双人沙发。我的书和艺术品如我所愿环墙摆在了合适的位置上，法式大门也一如期待，只是它敞开后面对的是一片开满野花的公共花园。

设计师带着他的手下干了整整两天，而我这两日则躲在办公室里。第二天晚上我一回家，就发现装修已完成啦：我的写字台上摆了一盏矮矮的小灯，我的古董八音盒里隐隐传出巴赫的小提琴协奏曲。我坐进双人沙发里，环顾四周，墙壁上手绘着水滴形状的图案，蓝色底上撒满紫色碎花的窗帘垂地，令我觉得自己仿佛被拥入了一个温暖的怀抱。房间的色调完全是仿照弗吉尼亚·伍尔芙的著名小说《一个人的房间》调的。

关于这间新装修好的工作室的文章发表一个礼拜后，我开始不断接到女性读者们的邮件，净是从小看着我长大的人，比如我妈的好朋友："我在便利店排队交款时，看到一本杂志上有介绍你家的文章！你可真不愧是你妈的女儿呀！"或者，"要是你妈能看见你如今的成就该多好呀！你和她真是一个模子刻出来的呢！"我盯着这些邮件，其实从来不曾有过属于她自己的风格，这帮女人都在说什么呢！

几年后，公司派我到新奥尔良去写一个关于住宅功能学的文章。能够远离城市令我十分开心，对我而言，纽约意味着夜夜点灯熬油、加班加点和尖声呼啸的地铁。如今所住的酒店是我有生以来住过的最好的，它由三座19世纪的克里奥尔式排屋组成，天花板高高的，里面摆满了古董，微风在房间里穿行，像一个世外桃源，将窗外法国区的噪音和车流统统隔绝掉了。

每天下午，工作结束之后，我都会到外面的不同街区去散步，为这里惊人的美丽而惊叹：陶土瓶里插着鲜红的天竺葵，锻铁阳台栏杆上爬满了紫藤，住宅外墙上刷着美丽的珊瑚色，如今已斑驳沧桑。但是，直到在这里的最后一天，我才终于得到了心里一直盘旋不去的那个问题的答案：妈有她自己的风格！我在心里自语："妈喜欢高高的、窄窄的百叶窗，还喜欢褪色的印花棉质窗帘！妈在天堂里就可以享受这些啦！"

我是否真的笑出声了？希望如此吧，但我不确定。不论妈是否有她确定的充满个性的风格，我都已从她那里继承了很多。一直以来，我都在不断完善自己"新维多利亚时代与波西米亚风混搭"的小工作室（至少我这样定义它）。但事实上我是受了妈的影响，是因为妈曾经布置的我们老家那所可爱的房子还深深印在我的脑海之中，我只是在竭尽全力地接近那种风格罢了。我所收集的那些古董、我喜欢的柔弱的花卉图案，都不外乎如此。我之前怎么就没有发现呢？

我越来越清楚地找到了妈的风格。她在世的时候，我正处于整天忙着捯饬自己的时期。但即使是那会儿，我已经很为我们漂亮的家而感到骄傲了（更不用说我最喜欢的客厅墙壁）。不过，那时的我还无法注意到妈为此付出的努力：换洗窗帘是多么乏味吃力的家务活儿，简直堪比填写报税表！妈走后，我们家的生活就变了，房子变成了哀悼我们失去的幸福童年的坟墓，而不再是一个家人亲亲热热过日子的地方。直到我长大成人、有了自己的住所之后，才又开始关注那个我曾经生长过的地方，在童年的家里我们甚至会有自己的专用语言，说来更加亲切自然。我忽然意识到，当一个人对自己的外表失去信心时，他就会为让自己好看点而付出巨大努力。家也是如此，一开始是白纸一张、空空如也的，可以随心所欲地布置它，让它成为充满个性的所在。

几个月之后，我忽然收到了一封神秘邮件。

"请问您是南茜·波里克的女儿吗？我是与她合著言情小说的一个朋友……"

"言情小说？"我回复，"什么言情小说？"

妈确实给报纸杂志写过不少稿子，也为青少年写过一些历史读物，但言情小说？她根本都不看言情小说的呀！

原来，早在20世纪80年代，一天上午，玛格丽特建议她们玩一个写书的游戏："写一本内容特傻但销量特好的书"。妈听了，就说其实她自己已经在写一本了（这可真是令我大吃一惊），于是她们俩人就决定轮流写妈的这本书。但当出版商要求她们把内容改写得色情一点儿时，她俩放弃了。玛格丽特告诉我："其实，我们身为女权主义者，写初稿时就已经略有迟疑了。"我问玛格丽特，能不能给我看看她们俩的手稿呢？

几周后，手稿寄来了，就放在我公司的小铁邮箱里。那天我下班很晚，从地铁回家的一路上又雷电交加，伞都被雨打坏了，所以我只好紧紧把书包抱在怀里，尽量不让它被淋湿。上楼之后，我赶紧冲了碗麦片，然后一屁股就坐到了餐桌旁边。当时我早已和那个在波多黎各工作的男人分手了，因此在这样的暴雨天，我家显得空荡荡阴森森的，雨水不断打在窗玻璃上，再没了平日的温馨。

自打妈去世之后，我就一直很渴望能够再度听到她的心声，如今这个愿望终于实现了。这份手稿简直是一份来自坟墓的出人意料的惊喜呀！不仅如此，它还能够让我了解到妈对生活的幻想。妈肯定是为了满足自己虚构的梦想，否则为什么一个幸福的贤妻良母会写出这样不太寻常的东西？"我们把自己的孩子和现实生活中的很多事情都写到小说里了。"玛格丽特在邮件里如是说。

我打开包着手稿的信封时，是多么轻手轻脚啊！里面立刻有许多张年代久远的、褪了色的白纸飘落出来。字体颜色很浅，显然是用80年代那种老式打印机打出来的，书名页上写的是"设计爱情，作者：瑞娜·哈特"（用了化名呀！）。开始读时我还有点儿不敢相信，但我强迫自己压抑住想要把整个故事一口吞掉的冲动，尽可能放慢阅读速度。这样，我就可以慢慢地、长时间地细细赏玩每一个段落、每一行语句了。

读到的内容可真真把我惊呆啦！这本书明明就是一流的喜剧故事嘛！情节起伏，写了好几对命运多舛的恋人，讲的是一个房地产投资策划人接手了一个开发新英格兰小镇的项目的故事，开头就是妈特别感兴趣的关于社区建设的问题。但是，里面有一个情节是与妈无关的，反而很像我的经历：故事的女主名叫伊文·温特，是一个独居纽约的未婚室内设计师。

最近我偶遇了一个女人，她告诉我，20世纪30年代末期，她奶奶刚满18岁时，当律师的太爷爷对女儿说："宝宝，从法律角度看，你现在可都已算剩女啦。"

为了便于讨论，我们暂且同意18岁是一个女孩成为"单身女人"的年龄（如今美国获得选举权的年龄，大部分人在18岁时已读完了高中，且美国所有州都认可18岁为合法的成年年龄）。从这个角度讲，我妈妈当了足足六年的单身女人，而伊迪丝则有29年都处于这一状态。

对妈而言，单身只能是一个梦，顺理成章地结婚之后，她只能依靠写小说来幻想单身生活了（就像我现在所知的那样）。而对伊迪丝而言，单身真是很长久的一段日常生活，但这段生活的开始的确美好得如梦如幻。

1934年，伊迪丝发表回忆录时已72岁。在回忆中她用极短的篇幅写到了她终生未嫁的姨妈伊丽莎白·琼斯，这段文字给了我极大的震撼："她是个腰板笔挺的老太太，简直像是复合钢和花岗岩制成的。"其实这位姨妈小时候曾因身子虚弱而卧病在床，头年十月被关在屋子里，直到次年六月，"她恢复了健康，看起来活70岁不成问题"才放出来。后来，伊丽莎白姨妈于66岁那年去世。

40岁出头时，伊丽莎白姨妈在哈德逊山谷买下了80亩地，盖了一座能够俯瞰哈德逊河的红砖式哥特建筑，有23间房子。伊迪丝写了伊丽莎白姨妈对这栋房子的不满之情，之后又解释说，其实"从一开始"，她就已经"隐隐约约地看出，伊丽莎白姨妈其实与她这栋冰冷坚硬的花岗岩外墙的房子有奇怪的相似之处"。

我抓住了这一细节，并由此推断出，伊迪丝其实一点儿也不喜欢老处女。

现在我差不多已经弄清楚了，虽然才比奈特老了十岁，但伊迪丝毫无扩大参政权和成为新女性的政治头脑。我坚信，伊迪丝之所以能够比奈特有名，是因为她专为有钱的精英人群写作，而读者永远都会喜欢看写有钱人的文章，不管作者的生活多么陈腐老套。

能够对伊迪丝的看法来个大逆转，我当时认为这真是颇为明智。

然后我重读了伊迪丝的书。以我现在的眼光，又发现自己之前的看法真是大错特错。在她笔下，未婚女性出现的频率超高，只是初读之时我光顾着看那些丝绸礼服和豪华手套了。

　　在伊迪丝所写的《欢乐之家》中，莉莉·巴特最后竟沦为无家可归。其实这结局并非是伊迪丝对她的惩罚，伊迪丝之所以这样设计情节（包括故事的开篇和高潮），就是为了说明单身女人的日子并非就真如所谓的"单身贵族"那么好过。莉莉大胆奔放又长得漂亮，她表妹格蒂·法里丝走温顺羞怯的淑女路线，但格蒂却是个能够给自己安全感的女人，因此即使单身也能过得既有风度又有勇气。伊迪丝还有些小说里也有单身女性的形象出现，比如《邦纳姐妹》中可怜的、老实巴交的老处女姐妹安娜·伊利莎和艾薇莉娜，《母亲的惩罚》中抛弃了丈夫和才出生不久的女儿的凯特·克莱费恩，《老姑娘》里的未婚妈妈夏洛特·洛弗尔……所有这些伊迪丝笔下的故事，可不光只是展示花团锦簇、华丽丽的贵族生活，还有很多她对这个城市中单身女性生存状态的反映。

　　由于我尚未做过相关的背景调查，所以特意找了一份由英文教授詹妮弗·海多克所写的引人入胜的学术报告。她认为单身女性是一个群体。她的报告中"罗列出了如今单身女性的态度与焦虑感的改变，没有改变的部分当然也在其中"。她最后总结道："从根本上说，伊迪丝·华顿笔下的女人分为两类，没有那种缺心眼的白莲花或不可救药的失足女，只有贫富的差异，但正是这种差异决定了她们的不同命运。"

　　在伊丽莎白姑妈的豪宅变成"老处女"的代名词之前——20世纪50年代，这栋房子变成了一片废墟，并且一直保留至今——伊迪丝便已经去世了。

从某种意义上讲，我个人真正单身的时间是17岁以前的那17年，之后的九年身边有人，只是我心里认定自己仍为单身女子而已。

刚认识到这一点时，还真是颇为沮丧，因为我发现自己的人生一直在原地踏步、没有前进。

但是，当我回过头去，发现伊迪丝笔下的每一个20世纪初期的单身女性形象其实也都源于她对单身生活的想象（那时她发表了第一本小说《试金石》，里面的女主是一个著名的寡妇作家，只有过很短暂的婚姻）。到了1911年，她才离开当时的老公泰迪。

谁知道呢，也许伊迪丝之所以设计了"山"这座自传式豪宅，就是想要在其中开展她的新生活。为人妻的她通过虚构许许多多单身女人的形象来幻想自己也过着单身的生活。那么，我很想知道，她笔下的这些单身女人究竟给了她什么启迪呢？

现在我知道自己究竟从伊迪丝那里学到什么啦！梅芙是我的六个女性偶像之首，她让我知道了成年女人该以什么样的形象和眼界示人；奈特教我学会了如何批判性地看待婚姻、如何建设真正属于自己的生活；埃德娜通过其年轻时放纵行为，带我走进了梦幻的感情国度。

而伊迪丝给我的启发则是：若想把单身生活过得快乐，一定要有严谨的思维才成。一个人过日子可不光是自己租个公寓那么简单，你得清楚家里有什么才能让你舒服、外面有什么才能令你愉快。并且，不管是用什么方法，你都要尽量按照自己的心意安排生活。这和她把自己安置在一栋自传式建筑里是一个道理。

因此，我在做很多决定时都非常务实：既然是在城里过日子，那么一定要选择住在交通方便（譬如我家紧挨着公园和地铁站）、环境安宁（我宁可有个不时尚没个性的邻居，也不愿住在过分活跃的街区）、适合社交（走几步就能到朋友家是最好不过了）的地方。为了能够买得起符合上述要求的房子，我就得尽量选择小户型、零便利条件（不买洗碗机、洗衣机和干洗机），奢华更是无从谈起，不能买音响、液晶电视和汽车……不过出去吃饭和添置新装的钱倒还是有的。

另外，与好友们之间的深情厚谊，也让我能享受到非常活跃的社交生活。总而言之，我有朋友相伴，他们给了我巨大的情感慰藉。

但是我却忽略了一个至关重要的因素：为了满足生活上的需求，买房子时就无法追求建筑之美了。

2008年我所供职的家装杂志发展得无比之好。每月印数已上百万，我们还获得了两届"国家杂志奖"（这可是杂志界的奥斯卡奖呀！）的提名。我也接连升职了两次，终于可以把名字写在杂志首页上了，还搬进了一间可以俯瞰时代广场的带宽大落地飘窗的豪华办公室。

和其他人一样，我也喜欢当"成功人士"，高薪、高福利、位高权重。但是我仍认识到，虽然对别人而言我"成功了"，但这并不符合我对自己的期待。像全世界的企业高管一样，此时的我，开始想到了辞职。

这也是伊迪丝交给我的重要一课。我是为了能够负担自己的生活才去当编辑的，而这导致我能够写作的时间大大减少。如果一直这样下去，我将永远不能过自己真正想要的生活，我永远无法当个快乐的单身女子，除非我能够放弃现在的工作，真正把自己投入到写作中去。

第八章

即使失去了一切，
我也还有自己啊

　　2009年1月底，我惊喜地发现，有时，你无须鼓足特别巨大的勇气，就能够做出特别重大的决定。比如我这回就是如此。

　　那是一个一如既往的早晨。我和上司一起在我桌上检查下一期的稿子。她看了眼表，忽然说："我得走了，差点儿忘了要去见客户。"然后就匆匆离去。

　　我坐下来，把椅子转向办公桌，开始查看电邮。那天是礼拜三，我仍沉浸在上周末巴黎之行的自鸣得意中。我八年前曾交往过的一个男人T如今正在法国做生意，他邀请我过去跟他一块儿干。之所以他会愿意挖我过去，未婚是原因之一（他也还没结婚）。一个旧日之交若尚未结婚，就多少不会变化太大，可以很快找准一个位置把这位旧朋友安置下来。我俩住在塞纳河左岸一间漂亮的高档酒店里，卧室小小的，墙壁上围着罩了印花棉布的软质墙围子，把我的行李箱都衬得华丽起来了。这趟旅行既令人愉悦又有点儿恶心，因为我俩的相伴其实并不令人放松。

五分钟后，我的上司给我发了封邮件过来："大家都在五分钟之内到会议室去。"

"啊？"我奇道，"有人过生日呀？"

我又看了一遍邮件，然后关闭了浏览器，一路猜一路走出了办公室，朝着会议室走去。一个同事赶上我，我俩边走边聊，猜着会议室里会摆上哪种美味的纸杯蛋糕，薰衣草口味？柠檬罗勒？无面粉蛋糕？

几分钟后，我们杂志社的60多个职员全部到齐，或坐或站。我靠墙站着，站我左边的同事跟我聊着她即将到来的蜜月。我右边是三个实习生，他们好年轻啊，肯定是看着《飞天小女警》杂志长大的。最近，《飞天小女警》正迎来十周年社庆。忽然，周围一下子安静下来，窃窃私语和喋喋八卦都停止了：我们的老板流着眼泪走了进来。

"完蛋啦。"她说。

大家面面相觑。什么完蛋了？

"咱们的杂志社倒闭啦。就在刚刚，投资方把它砍掉了。因为经济衰退，广告费跟不上。礼拜五之前，咱们都得滚。"

我环视着身边一张张悲伤的面孔，自己却被令人难以置信的兴奋之情摄住了。终于，我自由了！

这是多么恐怖的感觉呀，别人都难过，而我却在暗暗窃喜。

到了下个礼拜一，我手里端着杯热气腾腾的茶，蜷在沙发里看了一天小说。我的天花板显得格外高，我的书架上搁满了值得重读的好书，我的小摆件越看越让人喜欢……我把上头的每一件古董都拿下来把玩一番，廉价的蓝色瓷马、古董嗅盐瓶、大萧条时代出版的小册子《伟大的美国怪人》、银烛台、小小的塑料猩猩……数不胜数，都是我的心肝宝贝。我晓得，外面正静静地落雪。我还想到，以后得请个会计咨询师来指导我如何安排手里的钱。我也很清楚，可能要过三个月没收入的日子，然后真正开始随心所欲地写作。

然而现实真的不容乐观：我很快就意识到，与T的重逢并非乐事，其实不过就是分了手的老情人幻想着要破镜重圆。然而所谓落花难上枝，虽然旧情令我们幻想出浪漫的春秋大梦，我俩的关系却因为这次重逢而变得更加千疮百孔。

很快，我便与一个在杂志社工作时遇到的男人上床了。我们俩在身体上无比和谐，每次都做到嗨，因此把一夜情变成了长达几星期的男女关系，我甚至都觉得我们俩能好上几个月。其实，我们俩都知道这段感情长不了，因为我们之间不发邮件不打电话，下了床根本没话说。到春末夏初之时，我俩终于分开了，之后不到一年他便结了婚。

杂志社倒闭已四个月了，可我还没有找到要写的选题呢……

好吧，我尽量想开点，丢了工作总会心情不好的嘛！就算是一份自己不喜欢的工作，也多少会有点儿伤感，我怎么着也得缓缓才成。

可是，我没钱了呀！

真是大不幸中的大幸，现在我可以在高端的生活类杂志社里找到新工作了，我可以赚钱来养活自己，同时尽量在工作中"省着点脑子"，用奈特的话说，把我的聪明智慧都用到那份"不挣钱"的写作事业上去。

然而我没有去找新工作。我花了大量时间研究名人，想着我能写写哪个，比如一个很喜欢感恩节风俗食品的说唱歌手？

我耽搁了很多时间。盯着书架子琢磨着，等着灵感降临。想法一个接一个地被我抛弃掉了。书架上摆了很多小玩意儿，为什么我竟会买这么多垃圾啊？为什么我住的地方脏乱得跟地狱似的？

发现横亘在自己想做的事前面的巨大障碍竟是我自己，再没有什么比这更令我沮丧的了。我生出了畏难情绪。

我什么时候开始给自己大灌励志心灵鸡汤了？

秋天慢慢过去，严冬就要降临。至少我的感觉是如此。

因为忘记交保险费，我失去了医疗保险。

好久没跟男人约会了，然而我却并未察觉，因为我根本懒得出门。

只有爸和弟弟敢问问我的情况，而我则非常坚定地对他们说，不，我绝对不会再去做全职工作。然而那时我连一个确定了的写作项目都没有。

我的这种状态到了2009年底终于结束了。

我的胳膊腿儿都变得死沉死沉的，为了在交稿日期前赶出一篇稿子，我真的都筋疲力尽啦。把稿子传给编辑，然后一头倒在沙发上，睡了又睡。

睡得我啊……

一天下午，我正在沙发上躺着（现在沙发是我家唯一的家具），电光石火之间，我忽然福至心灵，意识到导致我出现种种问题的原因是我家！我得另找地儿，绝对不能再在家里工作了！

浴火重生，我又开始兢兢业业地四处找房子，兴高采烈，满怀期待。12月，我在格瓦纳斯找到了一间没窗户的工作室，原是一片经过改造的工厂厂房的一间，离我家走路要30分钟。

散步会令我精神振作。

水泥墙也好，不会分散我的注意力。

没有小摆件。

然而在这里我还是没想出要写点啥！

看来我不能再把问题推到房子上了！根本就是我自己不成！

我都快要38岁了呀！从波士顿来纽约至今，都小十年了。十年啊，我是有多失败！

我去我的心理医生那儿，讲述了我前一晚上做的梦：

我醒来时，发现自己竟睡在陌生人的卧室里。我不知道自己怎么会在那儿，一间哪儿哪儿都是用深蓝色装饰的屋子。壁纸是深蓝色的，窗帘是深蓝色的，还有床罩、枕套，哪怕纸巾盒都是蓝的！吓死了！虽然都是高级货，但真是太恐怖了！

那间房子显然是别人的装修风格，跟我一点儿关系也没有。我就在那儿干坐着，环顾周遭令我恶心的摆设，却忽然感到一阵轻松，心情一下子就好了起来。

一开始，我不知道自己为什么会在那儿。然后我却想起了维丽……

讲述至此，我停了下来，向心理医生解释说，维丽是我孩提时代的好朋友，住在纽约下东区，在那儿当摄影师，她是第一个让我喜欢上杂志的人。

维丽肯定就在梦里那间房子的某处。我现在慢慢回想起来了，那儿其实是一座13世纪的意大利古堡，我们在那儿给杂志社做稿子，我写稿，她摄影。

我仍躺在那个房间里的床上，在脑子里想着我在布鲁克林的公寓：我最最喜欢的书籍和心爱的小饰物，豪华的银烛台；绿丝绒沙发是我从同城网上买来的，送来时严严实实地包着防水帆布，还是从窗户吊进来的。家里的空气总是有点儿稀薄，令人微微有点喘不上气，阳光从窗帘缝隙透进来，照得见空气中的浮尘。有生以来第一次，我忍住了想要回家的念头。

平生第一次，我意识到自己不是非回家不可。

我下了床，从包里拿出手机，给我弟弟打了个电话。我叫他到我家去，捡他想要的东西拿走，剩下的都给搬下去扔路边。能从意大利给弟弟打越洋电话，吩咐这种事情，我觉得蛮自豪的。

我弟十分不解，惊问："你说啥？"

我回他："甭怕，在布鲁克林，扔路边的东西一眨眼就没啦。这城市的人都跟秃鹫一样贪婪啊。"

他说他才不要，这不就等于把我的存在都给抹杀了吗！

我说："那就都白送给你好啦。而且，你也可以来意大利找我啊，你不是一直都想要来意大利嘛。"

然后我就下楼去找维丽，我开着一辆小菲亚特车，拉着她，走在一条细细长长的鸡肠子路上，远处可见由尖顶房子和细高塔楼组成的小村庄。

我们路过了一面巨大的白色广告牌，上面写着"即使失去了一切，你也还有我"一类的标语，有点《圣经》或神谕的感觉，黑色哥特式字体，颇像耶和华公司的广告。忽然，我以惊人的音量大喊出声："一派胡言！"

直到那一刻我才认识到，其实上帝就和广告牌上的话一样不可信。很多新闻报道说有钱人因破产而自杀，因为他们除了钱什么都没有，一旦钱没了，生命也就失去了价值。这样的新闻总会让我特别难过，我很同情他们。其实我总觉得，人活着才是最重要的，其他都是身外之物啊。

但是，当我经过那面广告牌时，我忽然发现，在失去一切之后再死，其实是死得其所，万不要有人去救才好。

我继续开车，驶过了一片森林。

渐渐地，树木变得疏朗起来，一片阔大的雪地出现了，我开着车就轧了过去，心里却想着待春暖花开之时，这一大片坚冰覆盖之地会变成美丽的绿色芳草地。

说到这里，我停了下来。

"我这梦真够老套的，是吧？简直跟瞎编的似的。"我像平常一样担心自己的讲述把心理医生烦到了。听人家复述自己的梦，就好像听人家胡吹一部你从来没看过的电影一样，不知真假啊。

"你觉得这梦意味着什么呢？"心理医生问我。

"因为现在我刚刚放弃了原本的生活，打算从头来过。"我说，"而且身为自由职业者的我，住哪儿都没有问题，我不是非待在布鲁克林不可。"

当我大声说出这话时，我的心情并不坚定，反而觉得怪怕的。

"你读过埃德娜·圣文森特·米莱的诗《重生》吗？"心理医生问我，然后她微微向我俯下身子，为我背诵了那首诗。

我发现，我根本没办法离开布鲁克林去别处居住。纽约自有办法紧紧抓住每一个居民的脚踝，让大家不舍得离开这个城市。但是还有一个地方也是我的心头好——纽伯里波特。一天晚上，我叫了一份泰国餐的外卖，正在家吃着，维丽忽然跟我说她现在腻歪了住在下东区的生活，需要跟我借点儿钱。"拜托了！"我说，"把你下东区的房子租出去，来我家住。帮我收发一下邮件也好。"

我像做贼似的偷偷离开了纽约。离开住惯了的那条马路时，我的心都抽紧了，喉咙也发涩，我想起了埃德娜的诗《人生之灰烬》：

生活会一直向前走，就如同老鼠会一直啃噬一般

明日复明日，明日何其多

这条小街上、这间小屋里，生活始终继续

能有老家这个安全的归宿，我真是无比幸运之人啊！当我停下车，把一箱箱的书和衣裳搬下来，在纽伯里波特安顿好之后，开始用足足一个夏天的时间来思考，离家这十年，我究竟收获了什么？又失去了什么？

不管按照什么标准来衡量，灰溜溜地滚回老家都说明我的"北漂"失败了。每次我从家里出来，都会遇到几个过去一起长大的人。有的人孩子都已上中学啦！我真不晓得他们会如何看待我这个年近40、没家没业的女人。家乡还有一些人对大城市充满偏见，认为那里的成年人都幼稚得像大龄儿童似的；还觉得生活在大城市里的我们都太自私、太挑剔，身边明明有了相爱的人，却总想找个更有魅

力、更有钱的；还说我们一旦成了事，连自己的合伙人都不愿与之分享。这些看法就像19世纪时人们对那些逃离不幸婚姻的女人的评论一样，我们就这样被扣上了"不敢接受现实"的大帽子，无论是怎样不堪的现实。

我给自己制订了一个日常计划表。我住在娘家房子的三楼，每天早起，我会下楼喝咖啡、吃麦片，然后，赶在爸的第一个客户到来之前，坐到位于二楼的妈过去的办公室里。爸和他长期合作的律师助理配合默契，有时我一边工作一边听着他们俩的对话从楼上传下来，心里总会深感宽慰。午饭时，我和爸会在厨房里说笑一会儿，不管是西红柿三明治还是切三文鱼的叉子，都会成为我们逗趣的好话题。

爸会在下午六点钟完成工作，我也在那个点儿停下来，开车送他回他现在的家。爸下车后，我会继续沿着沃特街前行，过桥到普拉姆岛上去，再开上长长的一段颠簸路，翻过金色沙丘，穿过一直延伸到天边的绿色盐沼，直到岛的最南端方才熄火停车，下来到沙滩上坐一会儿。那些白天来海边玩的人都已收拾东西回家吃饭了，所以此时只有我和几个流浪渔夫。我俯视着下面的惊涛骇浪，希望把白天时对没钱的担忧、交稿的焦虑统统都忘掉。从海边回家的晚上，我都会读一读《白鲸》①这本书。

七月的时候，我的朋友凯伦从纽约来了。我过生日那天晚上，我俩开车去了海边，她给我准备了一份鲜花主题的生日惊喜餐：自制的比萨饼上装饰着土豆雕花；黄瓜切片也雕刻成花朵的形状，拿

---

① 美国小说家赫尔曼·梅尔维尔（Herman Melville，1819 — 1891）的作品。

醋拌了吃；香蕉口味的蛋糕摆在印有粉玫瑰的盒子里。凯伦是一名视觉艺术家，她的天职就是创造出美丽非凡的雕塑和饰品。但即使如此，她能够在我眼皮子底下做出这么一桌子鲜花野餐，居然还没被我发现，也真是不可思议呀。

我俩斜着身子坐在毯子上，面前摆着用特百惠便当盒装着的漂亮菜肴，共享一瓶桑塞尔酒，讨论着工作的事情。她给我讲在纽约当艺术家是多么不容易，我听着听着忽然想起自己小时候曾经想当诗人，也曾想过是否可以当个非虚构类书的作者，书评人啦、散文家啦，或者写写作家采访稿、名人介绍、娱乐新闻啥的也行啊。这样的工作可不仅仅是为了养活自己，还是一个自我保护的盾牌，一种自我价值的体现吧！

就在我俩相谈甚欢之时，太阳沉入了海平面之下，只留下天边的一抹余晖，犹如戏剧舞台上的背景一样。

这时，我忽然想到了汉娜·瓦拉斯卡[①]夫人。

就算汉娜从未向世人"秀"过自己，伊迪丝·华顿也已经为她做过充分的宣传了。伊迪丝最著名的小说里的那些女主，比如凄婉动人的莉莉·巴特、一肚子盲目野心的安丁·斯帕格、神秘而高贵的奥兰斯卡伯爵夫人——她们都具有和汉娜颇为相似的虚荣心：作为一个波兰中产阶级人家出身的女孩子，汉娜却渴望在舞台上获得辉煌；她死过两任丈夫，除此之外还离过四次婚，却始终维持着在大西洋两岸都有豪宅的奢华生活，还推出了同名香水和系列化妆品；作为宝石收藏爱好者，她拥有曾镶嵌在伊朗国王皇冠上的奇珍；虽

---

① 汉娜·瓦拉斯卡（Ganna Walska，1887—1984）：波兰歌剧演唱家。

然唱歌水平低下，却把"歌剧皇后"的位置保持了数十年。50多岁时，汉娜在加利福尼亚州的圣巴巴拉买下了足有224亩的庄园，在之后的43年人生里，她把这座庄园打理成了世界上最奇妙的植物园之一。

而且，全是她一个人做的哟！

也许正是因为想到这些，伊迪丝·华顿才会特别想真的创造出一个以汉娜为原型的个性女主吧！

只可惜，读者才不会相信真有这种女人存在哪！

那天夜里，我上网去查关于汉娜的资料时，发现她其实写过一本回忆录，属于非常昂贵的真品，已绝版多年，最便宜的还得295美元哪！我给在纽约时认识的一个年轻作者写了封邮件，给她50美元，让她帮我从图书馆里借出这本书，寄到纽伯里波特来。

我都不太记得最初是怎么知道汉娜这个人的啦，应该就是当年还在杂志社上班那会儿。当时我很想给自己找个精神上的群居之所，在用谷歌查"怪人"一词时，忽然跳出一条关于她的信息。里面有几百张她的照片！生于1887年的汉娜，仅比埃德娜大了五岁，和埃德娜一样拥有一头乌黑卷曲的长发、凝脂般的皮肤和棱角分明、颇显自信的下巴。她总是华衣美服、珠光宝气地示人，礼服、斗篷、皮草，还有珍珠项链和超大颗的宝石。就好像她随时需要进出剧院似的。我忍不住猜想，如果拍照是她的主业，她肯定也会做得非常出色的。

但令我无法直视的，是那些汉娜身穿20世纪六七十年代的衣裳，一边照料着仙人掌和灌木一边拍摄的照片。

在其中一张相片上，她头戴奇特的花卉头饰，手上裹着歌剧手套；在另外一张上，她用头巾包着头发，走的是乡村范儿，还有大红点子的裙子，与她的红色项链相映成趣。在加利福尼亚的骄阳中，她的表情传达出最纯粹真实的愉快。

我心下暗想，她这样其实意味着已与全世界都断了联系，完全就是为自己而活，真正成了一个最真实、最随心所欲的人啊。

汉娜给她的庄园起名为"安逸乡"，1993年开始正式对公众开放。我从未对园林产生过特别浓厚的兴趣，但是安逸乡却是例外，那是一座我从未见过的奇妙所在！埃德娜拥有的是一座满是蔬菜和草药的园子，里面有从缅因州引进的蓝莓，玫瑰花成片地长，宛若野生。其风情正与埃德娜一样，亲切、质朴、性感、滋润。而伊迪丝则按照物种出现的顺序、栽种的历史及美学的要求来打理花园，使之成为杰作。

相比于埃德娜和伊迪丝的花园，汉娜的这座园林则是超现实主义风格。里面一共有18座小花园，各有不同特色，就好似舞台上不同的表演需要使用不同的道具一样。又细又高的仙人掌，样儿糙形儿坠，颇像是一群老人；还有用植物堆砌起来的动物造型，譬如骆驼、猩猩、长颈鹿和老鼠；而在另一座分园"蓝园"里，各种植物一起制造出一种略带银光的蓝灰色的傍晚色调。

真的是……太丰富啦。如果我不小心地控制住自己，我也会特别想要有这么一座园林。但太小心谨慎的人也不可能打理出这样的园子。换言之，安逸乡的吸引力就在于这种矛盾性啊。

为了控制住自己，我关上了关于安逸乡的浏览窗口，只把汉娜的样子放在我的记忆里。而且在好几年之内,我都只记住她的脸,美得遥不可及啊。

现在,为了逃避纽约的成人世界,我又回到了童年的老家,每天除了爸和他的律师助理之外,谁都不见,简直成了"阁楼上的疯女人①"。但在纽约时那种满心的失败感,如今却慢慢被可贵的自由所替代了。

在去普拉姆岛的路上会路过一座房子,我们这儿的人称其为"粉红小屋"。确实是一座淡粉色、带有三级台阶、活像个泡泡糖的房子,建造在盐沼附近一片干爽的地面上,周围没有其他住宅。孩提时代,这座房子对我而言犹如梦魇:在漆黑的打着雷的深夜里,这座房子独立电闪雷鸣之中,房顶上倒悬着猫头鹰,还有寡妇住在里面……这么多年过去,它早已废弃,年久失修,颜色褪落,有几扇窗户也打不开了。我再不会害怕它,反而让它成了我白日梦的一部分,开始觊觎它。

整个夏天,它都如海市蜃楼般迷人:每每日落时,我开着车从海边往家走,透过它里面的空屋子,可以直接看到上方橙色的天空。这情形一刻也无法从我脑中抹去。这房子当然是早已住不成了,也许它的价格会很便宜,我可以买得起。在此建一座小花园,就算把手里的钱全花光了,但拥有了漂亮的房子啊!在这里,我可以把羊毛衫套在头上,反穿裙子,还可以把我心爱的小摆件儿都铺排出来。

汉娜回忆录的前半部分,有这样的内容:"40岁左右的时候,我

----

① 《简·爱》里的人物。

239

悲哀地意识到，我的很多梦想都再也无法实现了。因为我已经不年轻了。"

那些年，汉娜尝试接触过多种玄学理念，占卜、瑜伽、占星、玄术、心灵感应、催眠……也曾试着用手指和磁铁来做通灵之事。

1927年，汉娜40岁了，但直到此时，她的演艺事业仍为其生活支柱。那年7月，《纽约时报》上出现了这样一个标题："汉娜·瓦拉斯卡野心献唱"，讲述了汉娜在演唱事业遭到小小失败后想要重登舞台的故事（"也许她如自己所说还能唱，但不幸呀，每次在观众面前露面时，她都力不从心！"1925年，有位新闻记者曾如是写）。这次登台之前，她曾推出过一个短命的香水品牌，灌过一张名为《离婚吧》的唱片，也许是为了支持自己1920年与百万富豪公开而激烈的离婚行为吧。

当然，对她而言，离婚即失业。她一生都是依靠男人给钱过活的，在进入老年期之前便出版了自己的回忆录。那时她已举行了自己的第六次（也是最后一次）婚礼，且最终意识到自己要做的事到底是什么：唱歌其实并非终身职业，打理植物才是她心头所好。

我又想，也许我还是不要买"粉红小屋"了吧。

如果希望自己下一步走得顺利、走得成功，那么除了知道自己要做什么之外，一定还要弄清楚自己不要做什么。

瞧！我还在用心灵鸡汤的语言劝服自己呢。是啊，我始终有自己的局限性。想象力不是无限的，我们都有力所不及之时。拿汉娜来说吧，她的那些迷信行为提醒了我——唉，能不能这么说呢——

每个人的人生最后一幕都是死亡。

我可不希望自己从这世上消失呀！一旦我死了，自然也就抹去了在这世间的痕迹。但是，在此之前，我还是想要好好地活，以我自己喜欢的方式。其实，如果你喜欢，当个激进的19世纪复古老姑娘也相当不错哟！

第九章

原谅我一生放纵不羁爱自由

我在纽伯里伯特消沉地度过了一个夏天,夏末秋初之时,我终于做出了几项必要的改变。一个我当时还蛮喜欢的前同事刚刚被任命为某家装杂志的总编辑,她说他们杂志社可以给我一份工作,还答应一周给我一天自由写作的时间。我接受了这份工作,重返布鲁克林,又过起了天天挤地铁上下班的日子。此时的我,虽然早已无须在原来那间闷箱似的工作室里写作,却开始服用抗抑郁的药物,不过好的方面是我开始与维丽一起做项目了。

我和维丽自打五岁那年进入纽伯里波特的蒙台梭利学前班时就认识了。小时候曾有一次,她的保姆,一个来自波士顿的大学生告诉我们她在波士顿时住在和朋友合租的公寓里。我让她给我们讲讲那公寓什么样,然后又跟维丽说:“等咱俩长大了,也一起租间公寓住吧!”然而长大后的情况却变成:我在布鲁克林住的那座高层楼里有房子出售时,力劝维丽和我一起买下它。她和我一样也一直单着,我觉得如果我俩能拥有自己的房子肯定会更开心的。“活泼的老姑娘的家"，每当我想起这样的形容词就会涌起快乐（虽然我从未跟她说起过，因为我想不是每个人都会喜欢这种说法）。

我的情况越来越好，但内心的创伤仍有待平复，虽说我没有真如梦里那般去了意大利，现实生活中有些事也没比这梦强到哪儿去。一天晚上，在一个朋友组织的鸡尾酒派对上，我遇到了一个来自洛杉矶的男人。从任何方面说他和我都非常不配，因为他又傲慢又粗俗，而且非常、非常年轻。当他邀请我出去共进晚餐时，我的理智告诉我，这份感情绝不会有好结果的。然而我还是答应了他，因为直觉告诉我，他会给我致命一击，那也是我一直都在寻找的涅槃重生的机会。

我们才见了三次面，他就搬来和我一块住了，这令朋友们深感震惊。他住下后，甚至连行李箱都不曾打开！但我还是愿意和他交往，他时常逗得我开怀大笑。那年12月，他让我去跟老板谈，在加州远程为杂志社工作。我老板同意可以先尝试三个月，因此从来年1月起，我便开始了开车横跨东西海岸的生活，一半时间跟他住加州，另一半时间则住在纽约的自己家。

搬去加州之前，他先一个人回去了一趟，用皮卡运走了一大袋我的东西。一周后我坐夜间航班过去与他会合。当我取了行李走出机场时，感受到的是外面干热沉闷的空气，高高的昂首挺立的棕榈树直插蓝天。这样的景象和我曾住过的几个地方都截然不同，因此我觉得，不管以后会有什么结果，搬来加州这一步棋，我算是走对了。

他正站在机场外头等我，开一辆俗气的敞篷车，眼睛则藏在飞行员式的太阳镜后面。他开着车，我则一路拿手机给棕榈树拍照。这里简直是天堂啊！我简直是在度假啊！

仅仅四天之后，我就被他甩了。我心碎欲绝、怒火攻心，但再怎么着都已无济于事，只能依靠时间来平复伤痛。

我犹如弃妇般徒劳地哭泣道："我原以为你能跟我好三个月！"

如果我们在行差踏错时可以消除记忆就好了，所承受的痛苦就会少得多。但是，如果痛苦的记忆都被消除，我们也就无法在以后的生活里从错误中吸取经验了。所以，能够积极地接受教训是最好的。

我挥挥自己毫无威胁力的小拳头："你可以踹了我，但我绝对不会因此离开洛杉矶的！"

我认识的一对夫妇在银湖有一栋别墅，他们把底层的一间屋租给了我。这样一来，我就有了独享的卧室、洗手间和一间空房（我拿这屋当了巨大而凌乱的衣柜）。其他的东西，比如电视、客厅、餐厅、厨房、后院和热水浴缸，我也都可以和宝琳、戴夫两口子共用，还有最好的一点：他们同意我把带窗户的、可以俯瞰游泳池的车库改造成工作室！

我一个月往返纽约两趟，路费很可观。为了赚钱，在加州时我几乎连出门的工夫都没有。在纽约工作过十年的我，已积累下一些朋友和同事，因此那时几乎晚晚有应酬、夜夜见朋友，而我也觉得自己蛮喜欢这种生活的，认为纽伯里波特那种清冷日子只是暂时的。但是如今我的身体已吃不消每晚靠咖啡提神、陪人喝酒吃饭的生活方式了。这令我意识到之前的生活方式其实完全是受社交责任感奴役的产物，就像维多利亚时代的女人要把无穷无尽的时间花在"待客"和"拜访"上一样。

每天早起，我都会端上一壶咖啡，赤脚穿过湿漉漉的草地，打开沉重的车库门，在这个阳光清丽、空气新鲜、微风拂面的环境里，开始一整天的工作。第一项工作是杂志社的编辑工作，然后要完成我的写作任务（写作事业还犹如才孵化出的幼鸟般稚嫩）。宝琳两口子出来散步时，我们会聊聊天。虽然这儿不是纽伯里波特，但此处的环境却更好。

不用去纽约的两个周六，我都会去圣莫尼卡见高中时代最好的朋友，我和 R 分手后，我俩还在曼哈顿合租过。她亦为单身女子，住在海边的一栋大平房里，有两辆自行车，一辆她自己骑，还有一辆是专为客人准备的。我们往往会骑车到一个名叫雅培·金尼的地方找间餐馆吃晚饭，次日再一起逛逛农贸市场，逛够了还会去海边溜达溜达。这样的周末，被我俩称为"浪漫星期六"。

从本质上讲，我是个随时要把家当装箱搬走的漂泊之人，且还得常常坐飞机，因此必须过特别简约的生活才成。这种生活方式是我以前从未尝试过的。居无定所的日子似乎自由得太过分了些，我渐渐变成了一个背着喷气式书包的老姑娘，也就是夏洛特·吉尔曼①所谓的那种"大大咧咧的女人"。

好像男人都习惯于把钱包放在裤兜里。当我从手袋里拼命翻找钱包时，他们只要伸手从兜里一掏，喊一声"这儿呢"就妥了。我一直都很羡慕男人这一点，却根本没办法有样学样，因为即使我能够忽视钱包在兜里造成的难堪突起（这点我根本就做不到），我的上衣也好裙子也好，甚至哪怕是裤子，都是几乎没有口袋的，所以这点便利一直只属于男人。每天晚上，他们都会从兜里掏出一大把零

---

① 夏洛特·吉尔曼（Charlotte Perkins Gilman，1860－1935）：美国作家、社会改革家。作品有《妇女与经济》等。

钱，重新装进钱包里，然后把裤子脱下来往椅背上一搭。钱包虽然拿出来了，但裤兜那儿仍鼓起来一块，因为布料已被撑得永远变形啦，没有裁缝在做衣裳时会事先考虑到这一点。

一个世纪以前，除了围裙，女人的其他衣服上也是没有口袋的。1914年，夏洛特·吉尔曼写了一个关于女人想要变成男子的小说，其中的女主角过去总觉得自己莫名地心烦意乱，而现在不管去那儿，都变得特别方便，需要付钱的时候，她可以直接把手伸到兜里一掏，"一下子就妥妥地把钱掏出来了"。

衣裳口袋是一个启示，女主角发现自己一直知道男人的衣裳有兜，且"还曾拿衣兜开玩笑，也曾缝补过它们，甚至还有些羡慕它们"，但她以前从未发现衣裳有兜会让她感到如此方便、有能力。待她怀着一颗男人般的心和其他男人一起进城工作后，"她给自己培养起来一种男人的思维方式"。

女主角把衣兜挨个摸了一遍，确定所有东西都在手边，立刻就觉得自己变得强大起来，随时可以应对各种紧急情况。装在衣裳口袋里的东西如下：雪茄会让她获得温暖的舒适感，令她感到满足；钢笔装得很妥帖，除非她倒立，否则决不会掉出来；还有钥匙、钱币、信封、文件、笔记本、记事本、支票、票据夹。想到这些东西都放在身上、触手 可及，真的会给人一种莫大的力量感和自豪感。这是她在以前的人生里从未体会过的：身上有钱，且是自己挣来的，愿意花还是愿意攒着都成，因为这钱是属于她的……

从夏洛特·吉尔曼写这个故事的时候开始，她也花了将近20年的时间给自己的衣裳设计口袋。1898年9月，夏洛特·吉尔曼重返纽约做演讲，那天她穿的就是自己设计的有暗兜的衣裳。虽然里面只有一美元，却也使这个日子成了一个有纪念意义的时刻。

同时，这也是一个危险的时刻。这一年夏洛特·吉尔曼38岁，已经自己过了十年，其中有五年时间都是人在旅途，甚至连一处永久性住宅都没有。每次填表或在签到簿上留地址时，她都只写："在路上。"

有些人之所以要背井离乡，或是因为知识分子政策的缘故，或是因为政治迫害或文字狱，而夏洛特则是以上这些原因都有。因为她是一个特别清楚自己想要过什么日子的女人，所以，即使走背字的时候，她也绝对不会对命运妥协。

1860年夏洛特出生时，她父亲已开始变得对家庭漠不关心起来。到了1869年，他索性甩手而去，把抚养两个孩子的任务留给了夏洛特的母亲。可惜那是个柔弱女子，头脑又不灵光。家里很穷，因此在父亲离开后的八年时光里，母子三人辗转于出租房、亲戚家，甚至还住过"集体宿舍"，光搬家就搬了19次！然而，夏洛特对这样艰苦的生活毫不在意，反而从中培养出了务实的性格：她从孱弱又不可爱的妈妈身上得到的教训是千万不要成为这样的女人；而凭借与不称职父亲之间的血缘关系，她把自己送进了新英格兰地区最高端的家庭。

夏洛特记得小时候去她父亲的姑母家做客的情形。姑奶奶斯托夫人的家位于康涅狄格州的哈特福德，人称"奇迹之家"，是姑奶奶在她的反黑奴制度的畅销小说《汤姆叔叔的小屋》出版后用稿费买的。姑奶奶还有姐妹几个，包括美国著名的妇女参政代表人物伊莎贝拉·比彻·胡克和美国第一部家政指南书的作者凯瑟琳·比彻（那时，做家务可是一项全职工作哩）都是夏洛特想要学习的人。1855

年，比贝蒂·弗里丹出版《女性主义的奥秘》一书早了一个世纪，凯瑟琳·比彻已宣称，全美范围内开始蔓延一种消极绝望的情绪。她在《写给健康快乐的人们的一封信》中写道：

> 很多年轻的心都已向我们揭露出这样一个不争的事实：他们所受的教育令他们渴望获得世间至高之幸福，然而却开始了一段充满失望和痛苦的人生，令他们在精神和肉体上都备受折磨。

17岁那年，夏洛特在日记里写道，她绝对不要被囚禁于家庭之中，过那种只为人妻母的日子。她想要把自己的人生献给公共服务事业。

夏洛特的传记作者辛西娅·J·戴维斯认为，夏洛特16岁到20岁那几年，是她"形成独立意识"的黄金时期。辛西娅写道："她把自己原本渴望从个人生活中得到的爱、指导和归属感都献给了公共服务事业。"

夏洛特十几岁时就开始给自己做一些有助于自我提升的训练。一开始，她是自创了些练习项目，比如"把起床时间从13分钟缩短到7分钟"。待这一阶段的训练完成后，她又开始培养自己的体贴、练达、诚实以及很多类似的品质。接触到生理卫生知识后，她养成了每天锻炼身体的习惯：做操、快走一小时、原地七分钟跑，还有五种不同的负重两磅的练习，每种练习每次要做25下。另外，她还养成了洗冷水澡、早睡早起、开窗睡觉的好习惯。夏洛特不沾咖啡因，不穿紧身衣，终生只穿宽松舒适的衣裳。

1878年，她报名上了罗德岛设计学院的职业培训课，次年就当上了美术老师。跟奈特、埃德娜和伊迪丝在这个年纪时一样，夏洛特也喜欢写诗，1880年出版了第一本诗集《写给D.G.》。所谓"D.G."

并不是一个人，而是《新英格兰教育杂志》上提到的"蒲公英园"。

21岁那年，她决定终身不嫁，因为此时她已陷入了与好友玛莎·路德的无性热恋之中，深信这份亲密无间的感情才是她真正需要的。1881年，她在给爱人写的信中说：

> 能够终身不嫁，我真的很开心……如果我不嫁人的话，就可以一辈子过我想要的生活……依靠自己的能力，让自己长本事、培养好性格……你也知道，我并不仅仅是个柔弱女子，更远非雌性动物一般只会当娘、当老婆……我是那种想要服务大众，把他人的幸福看成自己幸福的一部分的人……

不仅是终身相伴的未来令她俩心心相印，她们还都有一颗为社会服务的心。在另一封信中，夏洛特又写道：

> 既然我们都不屑婚姻制度的存在，那就让它滚蛋吧！让我们一起成为充满快乐之人，且给他人带去阳光和温暖吧，除此之外，这世上再无更快乐之事啦！让我们创造出一片能够供人们欢聚的地方吧！哪怕只有一座房子也好，让年轻的、天真的、有志于文学创作或其他事业的人在这里可以得到信心和快乐。啊！我们都会为此开心的！

然而，不幸的是，玛莎·路德并不和她一条心。收到这些信后不久，玛莎就和一个男人订婚了，伤透了心的夏洛特只得鼓起巨大勇气，为自己重新找了一条路去走。当然，令人无比钦敬的是，夏洛特做到了。

夏洛特率先在罗德岛建立了妇女健身中心——妇女儿童健康运动馆。她还自己画贺卡出售。有时，在晚归的冬夜，她甚至还会爬到高处，"在万家灯火中独自沉默，深深地同情那些胆小的女人，她们永远也不会知道，独自置身于夜晚的星光下是多么美好和神奇的感受。"

1882年，一本杂志用夏洛特当了封面人物。在这本杂志中，夏洛特说她并不光是喊口号，一年来都在努力实现这些豪言壮语；并用"不可能"来回击"爱情和幸福生活"。

然而就在十天后，她遇到了一位帅气的画家查尔斯·沃尔特·斯泰森，仅仅三个礼拜之后，他就向她求婚了。

在夏洛特整个人生中，这是唯一一次动摇了自己的"不婚"法则，这次动摇也给了她足够的教训。在查尔斯求婚后的整整两年，夏洛特的心完全放到了他身上。1884年5月2日，他们结婚了。新婚夫妇着实过了一段"洞房花烛朝慵起"的生活。十个月后，夏洛特生下了长女凯瑟琳。

但产后的夏洛特患上了抑郁症。她懒得动、懒得看书，也懒得思考。最后，因为实在不知道该干点什么，她便带着女儿去了加州的一个朋友家，希望西海岸的阳光能够令她振奋起来。还真灵验了，待夏洛特回到罗德岛上时，抑郁症已痊愈。然而，一回家，她又马上犯病了。

1888年，夏洛特结婚四年后，她说服了查尔斯，夫妇正式分居了。分居对夏洛特健康的良性影响是立竿见影的。二十几岁的夏洛特已经经历过两段感情，按照辛西娅·J·戴维斯的说法，"这两段感情几乎伤透了她的心，也彻底毁了她的身子"。因此，30岁后的夏洛特有了不同的选择。1890年，夏洛特刚满30岁，已经有不少作品出版了，其中包括出版于1888年的第一部绘画集《居家艺术瑰宝》（这本书署名为查尔斯·沃尔特·斯泰森夫人）。一年后，她又修订并再版了这本书。截至1891年，她已经发表了67篇作品，其中包括非虚构类文章、小说、戏剧和诗歌。

1892年1月，夏洛特发表了一篇足以改变她整个人生的短篇小说《黄色糊墙纸》。她把这篇仅十页篇幅、相对较短的小说寄给了文艺期刊《新英格兰杂志》。当年发表时，还配了一幅钢笔画插图：一个少妇身穿合身且有垫肩的长裙、披着卷发坐在窗边的摇椅上，少妇的腿上放着纸，手里拿着笔。旁边用文字告诉我们，少妇正在写的是："我正坐在这间地狱般的育婴室的窗口。"

后世认为夏洛特的这篇作品是美国文学史上最重要的女权题材的作品之一。文中提到的"黄色糊墙纸"是对当时带有性别歧视色彩的医疗手段和强迫妇女产后坐月子行为的公开谴责。夏洛特把自己患产后抑郁症和灾难般的加州疗养的经历加以虚构编纂，写下了这篇小说。但"黄色糊墙纸"这一意象竟被抬到这么高的象征地位，令我不禁怀疑作品里应该还有其他类似意象才对。

故事开篇讲的是女主有一个貌似好心肠、脚踏实地的医生丈夫约翰，且刚刚喜得贵子。他们一家刚搬进一套殖民地风情的豪宅之中，租期为三个月，目的是希望能够治好女主的产后抑郁症。

在租来的豪宅里，女主想要一层的一个"开门就是广场"的房间当卧室。可惜她老公"才不会听她的"，坚持他们两口子要住在顶层的育婴室里，因为顶楼育婴室的窗户都锁死了，孩子不会有掉下去的危险。但这屋里的壁纸已经脱落得斑斑驳驳了，剩下残破不全的部分，女主角认为"这辈子再没见过这么恶心人的壁纸了，设计出这种东西简直就是犯了艺术罪"！然后，夏洛特又继续写道："女主角不要住这屋，但她老公却只是把她抱在怀里，说她是个'可爱的小傻瓜'。"

但据文中所说，除了"壁纸"之外，女主其实还是挺喜欢这房子的，这又与伊迪丝·华顿有所不同——伊迪丝喜欢的是又敞亮又透气的大屋子，从窗户就能看到花园和海岸线。事实上，这小说里的女主身份与伊迪丝有天壤之别，她只是个没什么钱的房客，而远非伊迪丝那般大气派的地主。且这个囊中羞涩的女主还刚刚生完孩子，因此整天被困在床上，虽然想写作，她老公却不许。

女主的情况越来越糟糕了。她开始怀疑那黄色壁纸是有生命的玩意儿，甚至将对自己造成非常恶劣的影响："墙上的图案简直就像一个扭断了脖子且长了两只铜铃大眼的家伙在倒着看我一样。"

女主因此很生气："我从来没在一个死物件儿上看到这么丰富的表情。我可太知道这破壁纸有多少表情啦！"为了让自己好过点，她只能整日沉浸在回忆中，不可自拔。

没过多久，她又在墙纸上看出了新的图案：一个匍匐爬行的女人，好像很想从墙纸里挣脱出来一样。

我们的女主角一下子对这个图案着了魔。她必须解救这个女人！她一定会救她出来的！她还真是说到做到了。故事至此，完结了，留下的是一个开放式结局。她到底是否救了"墙上的女人"？而这份救援工作是否其实也是对她自己的一种救赎？抑或她最终还是崩溃发疯了？

在《新英格兰杂志》还有一张关于此文的插图，算是对最终结局的神秘暗示吧：女主的老公约翰趴在地板上，悲痛欲绝地撕着墙纸。而女主角则披头散发地伏在他的小腹上，也不知是在安慰他呢，还是想要在终结他的性命之前再确定一下他是否已完全丧失了意识。

从伊迪丝到我再到夏洛特，我们都在家装方面遇到了相似的问题。在杂志社工作期间，我们那儿曾掀起过关于世纪初壁纸的大辩论。我还是上大学时读的《黄色糊墙纸》，到了辩论那会儿，我才注意到这篇小说的写作日期，正是发表在这场"茶壶风暴①"之时。也就是说，夏洛特不仅和伊迪丝或我一样拥有对家装学的高度敏感性，且她比我们强的一点是，她能够看到家庭生活对社会政治的折射。

　　短暂地研究了一阵子汉娜之后，我又转向了夏洛特，这时我开始认识到自己还是希望能够"入世"而非"出世"的，当个"槛内人②"才能有机会把我对文学和美学的热爱表达出来。从这个意义上说，夏洛特是很值得我学习的。

　　1889年，当简·亚当斯开展霍尔馆社区睦邻运动时，曾致力于把建造豪华大厦的钱分割一部分用来建设棚户区，以赶在死伤发生前解决大批从欧洲涌来的难民的居住问题。当时的妇女是不许参政议政的，因此她们便集中起来齐心协力地解决草根阶层人民恶劣的生存条件问题，尤其是那些没有老公孩子的女性，更是一心扑在这项事业上。

　　夏洛特也投身于这个工作了，她为霍尔馆付出了大量的时间，甚至还在那里住了一段时间。但是，正如没法融入传统家庭生活一样，她也很难融入某个政治团体，因为夏洛特从来就不是个合群的人。作为一个狂热的女权主义者和社会活动家，她更喜欢顶着一个

----

① 英国谚语，原意为"小题大做"。引入中文后，由字生义，更多被用来形容为某组织内部发生很大风波，却无关外界痛痒。文中指的是夏洛特等人推行的女权运动。

② 指未看破世俗还在物质利益中摸爬滚打的人，即"俗人"。

"唯物女性主义"的名声去单打独斗,这个主义的人都是通过重新从性别文化层面上对家庭结构进行定义来提升女性地位的。

20世纪初期,夏洛特的观点受到了梅丽莎·费·皮尔士的推崇和扩展。梅丽莎鼓励女性开展"顾家合作社运动",主要目的是要求她们的丈夫分担家务。这一运动若能开展起来确实能使女性获得好处。夏洛特的传记作者辛西娅·戴维斯曾解释说,梅丽莎·费·皮尔士"相信这项运动可以顺带解决'缺少佣人'的问题。因为在目前的家庭里,孩子和老公的要求水涨船高,家庭妇女的工作量不断加大,顾家渐渐变成了一项充满了重复劳动的苦差事"。

夏洛特则认为,梅丽莎·费·皮尔士的这一运动,在理论上很有吸引力,但实际却根本行不通。而在夏洛特的著作中,她提倡的则是:"家里不要有厨房,厨房里不要有太多的厨师。"——至少辛西娅·戴维斯在她的传记里是这样写的。

不过让人非常惊讶的是,夏洛特长久以来其实都是没有家的。

1893年5月的最后一天,33岁的夏洛特对她的前半生做了总结。此时她已与丈夫分居四年,一个人带着女儿过日子,如果不出意外的话她应该还能活个40来年。自打青春期那会儿起,她就有在日记里把优先要做的事情列出来的习惯,列出后会尽最大努力完成。这么多年过去了,如今她的当务之急有如下事项:离婚;让女儿跟前夫及他再娶的继室生活在一起。她前夫的新夫人是夏洛特童年时代最要好的发小儿。

夏洛特小说里的"黄色糊墙纸"意象曾经引起轰动,也使夏洛特成了名人。因此,当她打算离婚时,这个消息瞬间席卷全国,报纸和杂志的发行量狂增。但夏洛特并未受到任何影响，反而走上了环游全美、推行自己理论的道路。

夏洛特对自己的漂泊感到非常自豪。后来她曾回忆说："我从未有过安定的居家生活，却有种'处处为家'的感觉，不管是在国内还是国外，我都能以比较长远的眼光冷静地对世事做出判断。从这点上讲，我比很多'文化人'要强。"（夏洛特这话与爱默生的观点不谋而合。他曾在19世纪这样写道："一上了高速公路，就会感觉万事皆顺。"）夏洛特还曾写过一篇文章，告诉读者"大大咧咧的女人"是女性的一种新类型，"她们主要是为推进先进文明而工作的"。然而这却是一项没有报酬的事业。

1898年，夏洛特的著作《女性经济学》出版了。在这本书里，她深入探讨了"女性在经济上依靠男人，只能居次要位置"是受文化强迫而形成的，并非生物优胜劣汰的结果。写这本书时，夏洛特与小她七岁的表弟乔治·霍顿·吉尔曼相爱了，但她并未停止她的独行，直到1900年他们才结婚。

和乔治在一起，夏洛特变成了令人难以置信的工作高效、阳光快乐之人。不管她做什么，乔治都十分支持，因此夏洛特此时不仅写书还常常给杂志投稿。譬如《先进》杂志，她从1909年开始为其做撰稿工作，一直做到了1916年。用她自己的话说，所写的稿子若结集出版，足足能塞满28本书！然而，1934年，乔治忽然去世了。次年，75岁的夏洛特被查出患有乳腺癌，且已无法手术。她在女儿和朋友的照顾下又活了几个月，之后，她决定还是自己照顾自己比较好，因为当年她为她的妈妈送终，给她留下了很大的阴影，她不希望女儿也受这份刺激。1935年8月17日，夏洛特在加州的家中用一块浸泡过氯仿的手帕蒙住了自己的嘴……

　　傍晚时分的酒吧里气氛安宁而又充满了快乐，此时天未黑透，所以客人还不多，调酒师正调着我的那杯酒。一本书和一根小蜡烛陪伴着我，我离隔壁桌很近，几乎都可以听到他们的窃窃私语。楼上，有人正在为我打扫房间，换上新枕套、擦干水渍、挂上干净的白毛巾。在我楼上房间的抽屉里，整整齐齐地摆着几件毛衣和几条裙子，还有两条长礼服挂在窄窄的衣橱里。所有这些东西，一个旅行箱就装得下，刚好够用，不多不少。

　　这是2013年的1月，我刚刚住进了一家可以俯瞰华盛顿广场公园的酒店里，想要换个口味体验一下住酒店的感觉。住了一宿之后，我就打心眼里希望自己能永远都住在酒店里，因为作为自己版本的"大大咧咧的女人"，我发现我的风格在渐渐靠近梅芙。梅芙的人生真真是悲剧中的悲剧，这个观点我从来都不曾动摇过，也许单身女子在老了之后总会为她"没有家庭"这一罪名而付出代价吧。难道，1972年梅芙出版了新著《情感之泉》后，她的人生就真的分崩离析了吗？

　　梅芙·布伦南把很多酒店都称作"家"，现在我住的这家是她那些"家"级酒店里如今仅存的一个了。由于这儿离格林尼治村很近，所以几经沉浮，它还是存活了下来。这家酒店创办于1902年，曾是一家非常棒的可常住酒店，当时名叫"厄尔酒店"，因其装饰风格而出名。譬如在20世纪50年代，它的装饰风格就是颓废主义，很迎合当时那种颇具逆反感的时尚风格。1964年，鲍勃·迪伦①和琼·贝兹②曾在这儿的305房间住过（在琼·贝兹的歌《钻石与铁锈》中，她曾称这里为"那家糟透了的酒店呀"），而与他们同时入住的还有飞鸟乐队的罗杰·麦吉恩，他住在702房间。到了20世纪70年代，这家酒店被重修了，后来在1986年改名为"华盛顿广场酒店"。如今，这里的客人大多是外国来的，我下来吃个早饭，就至少听到四国语言！

1960年春天，梅芙刚刚结束了一段婚姻，再度回到纽约生活。对梅芙而言，纽约是唯一能使她感到舒服放松、能被称之为"家"的地方。她之前几年做了我们所有人都可能会做的事情：结婚。但这段婚姻却失败了。在那个年代，若一个40岁的女人没有家庭，用伯克在梅芙传记里的话说，那可"真真不是一件小事"！而离婚时梅芙已经44岁了，作为一个反传统文化的女人，对于上一代文化潮流而言，她似乎太年轻了些；而对于下一代文化潮流，又似乎太老了，已经没她的份儿了——但我怀疑她还是加入了。然而，她从未将自己的"反传统"扩大到"波希米亚风"这个领域中来。

她也并未回到起点，只是后退了而已，毕竟此时她比过去更强大聪明，不会像过去一样抱着幻想了。所以，"后退"也许是我们每个人都会遇到的，不管我们是否愿意。

婚前，梅芙曾独自在城市里过了整整13年，足够让她学会如何

----

① 鲍勃·迪伦（Bob Dylan, 1941— ）：美国摇滚、民谣艺术家。曾获格莱美终身成就奖、奥斯卡最佳原创歌曲奖、金球最佳原创歌曲奖、普利策特别荣誉奖、法国荣誉军团骑士勋章、诺贝尔文学奖。

② 琼·贝兹（Joan Baez, 1941— ）：美国乡村女歌手、作曲家。

自立啦。她学会了写作、学会了观察，知道要写出好故事该如何抓住细节描写。她也懂得了该如何与编辑合作，这样才能取他人之长，提升自己的作品，让他人引导自己提高，同时又不改变自己文章的原意。

从这个角度来讲，梅芙觉得自己特别幸运。几个月前，我去《纽约客》撰稿人珍妮特·马尔科姆①位于曼哈顿的家中拜访了她。马尔科姆不太了解比她大了整整17岁的梅芙，不过她已故的丈夫加德纳·博茨福德却是梅芙最重要的编辑之一（加德纳·博茨福德与梅芙是同代人）。珍妮特·马尔科姆给了我一个大信封，里面全是梅芙给她先生写的信，从20世纪60年代前中期开始。那时，梅芙刚刚结束了住酒店的生活，到东汉普顿区过冬。

根据我自己的经验，我怀疑那般注重外表的梅芙很可能在某些方面是完美主义者，比如写小说的时候。写短篇时追求尽善尽美确是好事，但这需要付出艰苦的努力，需要经过对粗糙的草稿反反复复地斟酌修改才可以。对于梅芙这样每天要把新鲜的康乃馨别在衣领上的小资女人而言，每天改稿子的感觉，估计就和光屁股去高级餐馆吃饭一样令人痛苦吧。

用细细的字体打印在乳白或乳黄色的信纸上，梅芙给加德纳·博茨福德的信总是很长、很有的写，会说起他们俩都认识的人，会说起她养的猫和风信子，会说起她忠实的拉布拉多猎犬，还有她的读书感想、她关于自己正写着的小说的想法、她工作上的新进展……

---

① 珍妮特·马尔科姆（Janet Malcolm，1934 — ）：美国记者、作家。作品有《心理分析：不可能的职业》《弗洛伊德档案》《记者与谋杀犯》《偷窃讲习所》《沉默的女人》《阅读契诃夫》等。

他俩异常亲近，令她的读者不禁相信，这两个人的关系能够发展到任何地步，只要梅芙想，加德纳·博茨福德应该也是愿意的。

我记得在珍妮特·马尔科姆的著名作品《记者和谋杀犯》中有这样一句："写信其实是一种相爱方式……但我们爱上的，其实是看信时虚构出来的对方，而并非那个真正的笔友。"梅芙与博茨福德之间的通信关系，为梅芙创造出了一个空间，可在孤独时安慰她、在写作时为她提供灵感，而且这种关系又与婚姻不同，这是只可意会不可言传的秘密之爱。

2012年，我发现梅芙的外甥女还在世，但我并不知道该如何做。安吉拉·伯克已经为给梅芙写传记的事采访过那位外甥女了，但我觉得关于梅芙的话题，她应该也不会说太多。她当然希望自己不被打扰。

一般认为梅芙最后患上了精神分裂症，但伯克从不肯在梅芙的传记里这样写（我曾给伯克打过电话，问她为什么不写。她说，作为一个历史学家，她说话必须有来源有依据才可以，而她并没有找到能证实梅芙患精神分裂症的证据。另外，伯克还说，由于越战后精神病药理学的巨大进步，导致很多人随随便便就被定义成了"精神有毛病"。她认为那时被确诊的很多"精神病患者"若放在今天，肯定都不是什么病人）。

精神分裂症通常的发病年龄为16至30岁，到了45岁还得这毛病的人非常罕见。因为我们谁都没有得过这种病症，也不曾亲眼见过精神分裂症病人，只是从媒体那里获悉，这种病是全世界所有精神疾病中最常见的一种，其症状包括幻觉、妄想、幻听和精神分裂。

病人最主要的表现是不能自理，也无法工作或与人相处，当然更不可能恋爱。患精神分裂症的人占全世界总人口的1%，任何种族、任何地区、任何时代，都会有得这种毛病的人。虽然它确实有家族遗传性，但无法确认致病基因到底是什么，目前也没有治愈手段。

因此，这种毛病被妖魔化也是可以理解的。艾琳·萨克斯是一位法学教授，她曾写过一本关于自己如何用一辈子的时间来试图控制精神分裂症症状的回忆录。她当年被诊断为"恶化速度很快的慢性偏执型精神分裂症"，听到这一结果，她立刻就想到：多年来，那些在书和电影里跟我得一个病的人都是毫无希望的。在回忆录中，她讲到了自己如何在某一个瞬间预见到一种充满暴力和欺骗的人生："也许我哪天也会自杀吧，但也许我会一直活下去。也许我会变成没有家的流浪女，因为我的家人已不再爱我了。"她这样写道，"我会成为坐在人行道边上四处乱看的家伙，推着漂亮婴儿车的妈妈会拼命离我远远的。我不再爱任何人，也不再有任何人爱我。"

读到这一段时我的心都碎了。我曾经努力想要理解为什么那些女人一说到将来就会焦虑，这是源于她们内心深处的"自我恐惧感"，哈兹·马库斯这样定义，自我恐惧感与"发疯的流浪女"之间是有直接联系的。这种恐惧感时常会对女性心理造成损伤，只是损害不大时常常被忽略罢了。为什么我的命比别人都苦？一旦胡思乱想起来，就会怀疑自己要遇到很多可怕的事：可能才三四十岁就被癌症折磨得不成人形；可能遇到可怕的空难，在恐惧的尖叫中和一群陌生人一起死去（我就做过这样的噩梦）。最近，一家做生命健康险的保险公司发现，差不多有一半的美国妇女都担心自己会沦为流浪女。可不仅仅是未婚女性有这种担心哟，事实上，56%的未婚女性、

54%的离异女性、47%的寡妇和43%的有夫之妇都很怕当流浪女。

一开始，我以为女性之所以怕当流浪女，是因为她们又脏又疯的样子违背了女性爱美的天性。但现在我发现自己错了。对流浪女而言，露宿街头、饥寒交迫并不可怕，可怕的是明明有家却没有人爱她。对女人而言，来自男人的爱是其最好的社会身份。

我无法判断哪个更糟糕：是梅芙确实患了精神分裂症，而且再也没有痊愈？抑或是其实她精神一直很正常，只是装疯卖傻地放任自己？

还有，关于梅芙的故事，究竟有多少是真的？还有多少，是我们这些对生活有恐惧感又向往更好人生的家伙意淫出来的？当然梅芙的人生确确实实是堕落的、一路下滑的，但她是否真的为此感到痛苦呢？

有那么一段时间，我心满意足地停留在了这个思路里，觉得如果梅芙不感到痛苦倒也是一种安慰。因此我不敢再深究问题的始末，怕发现自己的推断根本就是错的，怕梅芙其实是在痛苦和孤独中死去的。

然而最终，我还是没敌过自己的好奇心。

梅芙的外甥女伊冯娜·杰罗尔德其实是非常容易找到的：她有自己的网站。两分钟工夫我就已查出她住在英国剑桥市，是一名建筑师兼园林设计师。除此之外，她还写小说、搞艺术。我从一份2008年剑桥当地的报纸上读到她对自己的第二本小说《野性的正义感》（书名倒是很堂皇）的评论。故事讲的是一群上了年纪的街坊们，他们给自己身上装了炸弹去参加自杀性恐怖袭击。之所以会写这个，是受到其母——梅芙89岁的妹妹——的影响，她妈妈曾遭遇过多次入室抢劫案。小说的配图是一个表情和善、梳着金色短发的女人。2013年1月，我给伊冯娜·杰罗尔德发了邮件，邮件没有正文，只有一个标题："你姨妈梅芙。"

我还没反应过来呢，就已经做梦似的坐在布鲁克林我家的桌子边上，和一个真正与梅芙有亲眷关系的人谈论她了。

伊冯娜·杰罗尔德关于梅芙的回忆大多集中在她童年时代，长大后则只有零零散散的一点。伊冯娜生于华盛顿市，出生后没几年梅芙便搬去纽约了。不过，在伊冯娜的父亲去世后，她们一家子便回了老家都柏林，从此梅芙倒是经常回来。

我问伊冯娜，她姨妈对她的生活是否有影响。

"影响可大着哪。"伊冯娜道，"也许是因为我一直怀着想要当作家的秘密愿望吧，所以我把姨妈看成特有吸引力、特有意思的女人。其实每个人都觉得她有吸引力、有意思啦，她就是这样的人嘛。"

听到这样的话真让我开心。有朝一日，若有人问我侄女对我的看法，我希望她也能如是说。如今我弟弟已有两个女儿啦，这令我预见到了未来十几年快乐的"姑姑时光"。

瞧，我又来了，把自己跟梅芙对比。其实梅芙可是个我从来都没见过的人呀！不过，拿她比我，这是我长久以来养成的习惯了，更何况如今伊冯娜·杰罗尔德又给我描绘了一个梅芙的形象，和我这些年来对她的想象似是而非。和别人谈论一个人，与光读她的作品，感觉是完全不一样的。如果谈她的恰恰是个熟知她的人，那就更加不同啦。

伊冯娜从梅芙的行为方式给我讲起："姨妈举止规矩、非常优雅，就像芭蕾舞演员、老师或者图书管理员一样，有条有理，纹丝不乱。"这些都是我从相片上就能看出来的。然后伊冯娜又给我讲起梅芙"灿烂的笑容"和"绿色的眼睛"，"那是一双你所能够想象的，最明亮的眼睛哪"。听到这儿我忽然意识到自己还从未看过梅芙的彩色照片呢。

"最重要的是姨妈非常聪慧。她整天笑嘻嘻的，不停地开玩笑，对任何事都感兴趣，一脑袋的鬼主意。"伊冯娜又补充了一句。她甚至还用"小丑"这个词来形容梅芙，这令我很难把这种描述与我脑子里的那个女人联系起来。

那……梅芙的情感方面可好？

"当然有爱人，桃色事件也不少！不过这害得她一次又一次地伤心。在纽约她能够做在爱尔兰时做梦也不敢做的事情。不过她可并非感性主义者！她最不性感啦，现在的性感女人才多，遍地都是。"

我们俩一起喷笑。确实如此呢！

"姨妈从来不说想要孩子的事，所以我相信她只喜欢一个人过，养几只猫。她特别喜欢动物，估计从未觉得婚姻也能像养宠物这般合她心意吧。我真的没法想象，她竟然是有意识地安排自己走了那样一条人生路。"

我问，其他亲眷都是怎么看梅芙的呢？

"我们在爱尔兰的这些人其实都觉得她怪怪的。"伊冯娜道，"她烟酒都来，弱不禁风，整天都穿窄身而优雅的纽约范儿衣裳和高跟鞋。她不会开车，所以特意雇了个司机，有时司机送她来韦克斯福德看我们这些表亲，小孩们都看呆了。当时谁家也没车呀！"

在看伯克写的梅芙传记时，伊冯娜特别惊讶地发现梅芙过的其实是很伤心的日子。"我问妈为什么姨妈会伤心，妈说当然啦，姨妈根本就是个忧郁的人。不过我小时候和姨妈住一起时还真没看出来，我倒是见过她勃然大怒、大发雷霆的样子，但是伤心……还真是没见过。"

我问，她伤心会不会是因为孤独的缘故呢？

"她就是个很'独'的人呀。"伊冯娜说，"您是作家，您应该能明白，就是那种不想在强求你做伴的人身上浪费时间的感觉。姨妈从不会在社交中寻求安慰，她是个追求独立、经验和观察力的女人，她想要体验这世上的一切。"

我没跟她承认自己的死穴在于太爱社交。毕竟我们两在这儿不是谈论我的，对吧？

"姨妈不需要别人陪着，因为只有写作才是她人生的中心，其余的都是可有可无的。不过最终写作这件事也是有主有次、有核心的。"

我忽然想起不久之前的一次拍照。摄影师不停地让我皱眉，我一直都不愿意。"我不是一个双眉紧锁的家伙呀，就像我不是一个徒步走世界的人一样。"我反抗道。"你坐在写字台边写东西时，到底是什么样的？"摄影师问，"这就是我要抓住的那个点！"

我又怎么会知道自个儿写东西时是啥个样呢？我学不出来，所以只能站在摄像机前拼命假装自己是坐在桌边正写东西，双目紧盯电脑屏幕，眯着眼睛，嘴角放松，虽然不能说是"怒容满面"，但也绝非和善之相。唉，好吧，我知道啦，我其实有一颗十分坚硬的心呢！而我的性格掩饰了这份坚硬的本质，让周围人都看不透这一点。就连我自己恐怕都没有"看透"自己哩！我呀，只认识早上洗脸时在浴室镜子里反射出来的那张面孔，还有就是露齿微笑的标准像和在健身房里对镜匆匆一瞥时那个卖力的形象。

"不过我倒不认为姨妈会感到寂寞喔。"伊冯娜继续说道,"她要和好多人一起工作啊!而且,只要她愿意,就可以随时到办公室里去写作,一写几个礼拜都没有关系。"

伊冯娜说梅芙是个非常有激情的人,可算得上她所认识的最活跃的一位了。"你根本阻挡不了她!活力四射挡不住!热情如火熄不灭!她会让你觉得自己太无精打采啦。她简直会把别人的精力都吸走、消耗掉呢!"伊冯娜道,"我觉得激情四射的人其实分两种,一种是内热外冷闷骚型,他们一肚子激情都是'内部消化'的;还有一种则是把激情释放出来,从别人那里吸走能量,化为己有。"

我在想,我属于哪一种呢?(凯特呀,人家伊冯娜现在说的不是你好不好。)

但我很快想出了答案。很多人都曾说我吸走了他们的能量。几年前,有个好朋友曾说她实在跟不上我的节奏了:"你真是太过热情啦,让我闹不清哪些是真心,哪些是一时兴起。"

"吸走别人能量的人"是不是比较喜欢独处呢?毕竟其他人常常会"跟不上他们的节奏"。

又或者伊冯娜是在告诉我梅芙的两面性?一个人过日子的她,只能把热情内部消化掉,无法释放出来。但如果是和别人在一起,她的表现欲就上来了,把人家都当了观众。这到底是激情使然呢,还是她本身就特别需要一个可以展示自己的舞台?

然后伊冯娜又讲到了她母亲,在早慧、霸气的姐姐梅芙的阴影下长大,她从来就没有真正做过自己。

伊冯娜妈妈是个"守妇道"的女人。然而规矩了一辈子之后,她却发现自己成了四个孩子的寡母。但伊冯娜妈妈觉得这也不奇怪，因为她姐姐梅芙做人不规矩，却反倒过得飞扬跋扈的，自己这么倒霉一定是在为她赎罪。

然而对于伊冯娜而言，梅芙却是个"反封建"的好榜样。如果不是有这么个姨妈，估计她也成不了作家。

有时，当我采访别人时，会问着问着就没了章法，问出种种差劲的问题，令我不禁担心会不会有什么该问的没问，十有八九答案都是"没有"。这是肯定的，因为我这种担心压根儿就是愚蠢多余。但现在伊冯娜似乎在等着我问她几个"没水平的问题"。

"我想要告诉你一件别人都不知道的事情：虽然姨妈在成长过程中比我妈妈更了解所谓的'爱尔兰式伤害'，不过其实她们俩都有过关于暴力的精神阴影。"伊冯娜告诉我，"她们俩都是穷人家的女儿，三五不时地，我姥爷就得进监狱劳改去。所以姨妈和我妈都是在恐惧中长大的孩子。后来她们都迫不及待地想要改变这样的生活。"

伊冯娜说待她们搬到华盛顿去过日子时，家里那个宁静和奢华就甭提了。她们也慢慢把自己修炼成了大家闺秀。

"有些作家确实是来自民风彪悍的国家，他们会在后半生里把先前所经历的种种暴力写进作品里。而姨妈之所以会搬来美国是因为战争的关系，不过她却从未提起过娘家。"

我问伊冯娜，梅芙在1972年出版了小说《爱之泉》，这本书是不是就取材于她曾经历过的家庭暴力呢？伊冯娜沉默了一会儿才说："家庭暴力会令人特别痛苦，每个人都会因此受到伤害。我觉得对于梅芙姨妈而言那是很难熬的一段时间。她为了离开原生家庭，走了那么远的路。如果她留在爱尔兰绝不会取得今天的成就。也许她会有一点点'有朝一日要回老家'的心思，但心里肯定也明白自己已回不去了，因为她这么多年所做的种种已经堵死了自己回老家的退路。"

伊冯娜顿了顿："梅芙姨妈的问题在于她日渐销声匿迹。她渐渐脱离了现实，失去了越来越多的朋友。她后来孤独终老于养老院里，因为她把亲朋好友都疏远了，其实这些人听说她走了都很难过、很自责的。身边人不知道她是谁呀！当时连她自己都不记得自己曾是个作家了。"

"我实在没钱去参加姨妈的葬礼。"伊冯娜继续讲下去，"我们家这边谁都没去。梅芙姨妈和她弟弟走得比较近，所以是她的侄子安排的葬礼。我妈当时说别把梅芙姨妈埋了，否则我们还得老去上坟。所以她的骨灰就被无情地撒进了大海里。"

我真是无话可说。

好像看懂了我的心思一般，伊冯娜叹道："人们总喜欢把梅芙浪漫化、仙女化，但是对我而言她只是个实实在在的人，不是什么标志，更非神话。你知道吗，我之前刚刚为梅芙姨妈的一点儿小事去了纽约一趟，遇见了一位在她生命的最后一段时间和她在一起的人。"

"什么？！"我惊叫。

"咱们不是都以为梅芙姨妈那时身边已经没一个朋友了吗？但是在她失去所有人之后，也就是她失去了全部退路之后，去了一个艺术家聚集地，在那儿遇到了一个名叫伊迪丝·考尼克的女人。如果不是伊迪丝听说我来了，就赶去酒吧见我，我也根本不会知道这事儿。"

我心跳加快了：从没有一本关于梅芙的传记里提到过伊迪丝·考尼克。

伊冯娜说："要不这样吧，我给伊迪丝发封邮件，问问她是否愿意接受你的采访。"

伊冯娜在我的采访结束之后，还真给伊迪丝·考尼克发了邮件。后来伊迪丝·考尼克直接发信给我，信上说："我认识她时，她已是个疯子了。我是她这一辈子最后信任的人。"

于是2月的一天傍晚，我直奔曼哈顿，敲开了伊迪丝·考尼克公寓的门。应门的是个黑头发的中年妇女，她是考尼克的寡妇侄女，这礼拜刚刚来给考尼克当"陪住"（但不是全天的）。她姑姑走过来时她正帮我脱大衣。考尼克满头银发、美目晶莹而闪闪发光，我立刻就被她的魅力吸引住了。她会趁手不那么抖的时候替我们在加了苏打水的苏格兰威士忌里加冰，这令我根本不敢相信她已经90岁了。

我赶忙自己加好冰块，然后她便引我们走进了宽敞舒畅、满柜书籍的客厅里。她坐上一张摇椅，而我则在一张豪华的带橙色条纹图案的沙发上坐下了。我看到一只长得跟我坐的这张沙发超像的橙色猫咪爬上了考尼克的膝头。考尼克出过四部著作，最近的是一本小说，出版于2004年。

我问她第一次遇到梅芙是什么时候。

"是在1972年。"她说，那时《爱之泉》刚刚出版了几个月。考尼克当时55岁，比梅芙小了五岁。"我们俩是在新罕布什尔州的麦克道威尔文艺营见面的。当时我刚走进一家餐厅，看到一个女人独坐着，头上顶了个牛皮纸袋，于是我就坐她旁边去了。"

"我也曾经去过那里呀！"我又惊又喜地哈哈大笑，我是2006年去的麦克道威尔文艺营，那会儿我第一次想要写些关于梅芙的东西，但当时我并不知道原来梅芙也曾来过这里。

"她跟我说自己刚刚从美容院里出来，头发还没干。"考尼克继续讲，"她的爱尔兰口音和聪慧伶俐都令我着迷。本来猫是不准带进饭馆的，可她却随身带了至少五只。"

考尼克笑起来："梅芙啊，每件事都做得怪疯狂的。她整天就忙着喂猫吃喝和打扫猫屎啦。有一天她进城了，在大雪地里找到了一只小猫，赶紧捡起来直接搂大衣里了。然后她就开始挨门问那些商户是谁家丢了猫，人家都说没丢。后来，我就在我卧室里发现这小家伙了，我赶紧捡起来扔回梅芙那屋了。"

一天晚上，考尼克上床睡觉时发现有只小猫蜷缩在她毯子里睡得正香，她就跟梅芙说干脆她养了这只猫算了。梅芙笑道："小猫需要人，而你正好需要猫！是我每天晚上都送它来你床上的呀！"

考尼克哈哈大笑："我那时还从来没养过猫呢。我以为自己根本就不喜欢这种动物。可是梅芙说每个人都应该养一只名叫'米妮'的小猫。所以我就给这只起名叫'米妮'，打那以后我才开始养猫。"

我努力想要和考尼克腿上的那只猫对视。40年过去了，它肯定不是当年的米妮啦！

当考尼克提起伊莱恩·邓迪[①]时，我刚刚松下来的神经就又绷紧了。我在2007年采访过伊莱恩·邓迪，其发表于1958年的小说《无

---

① 伊莱恩·邓迪（Elaine Dundy, 1921 — 2008）：美国小说家、传记作家、记者、演员、剧作家。

用的鳄梨》是"鸡仔文学①"的代表作。在这篇小说里，勇敢的女主萨利·杰·拉戈斯曾代表所有女人说了这样的话："这个世纪根本不是我们女人的。"我当时问伊莱恩·邓迪（她那会儿就已经85岁高龄了），她认为在她这个时代，小说里的女主人公是如何演变的。她告诉我，1964年时她曾遇到过英国作家艾玛·坦南特②，那时艾玛·坦南特就说她真是受够了小说里那些"被动的、被人利用的"女主，于是她们俩决定创刊一本关于新女性的杂志。"杂志出了，装帧风格可称为'大姨妈红'。"伊莱恩·邓迪道，"由此我认定，我比任何人都提早地提出了这一问题——当时的女人都在做着非常吃亏的交易。"伊莱恩·邓迪于采访的次年，即2008年去世。

曾有一天晚上，梅芙、考尼克和伊莱恩·邓迪一起在麦克道威尔文艺营喝大酒。那天邓迪穿了一件棕色毛衣，可梅芙偏偏讨厌棕色，所以等邓迪喝躺下之后，梅芙指着那毛衣冷笑道："我绝不会再让她看见这玩意儿！"

能听到考尼克讲这些往事、趣事、八卦事，我真是幸福死啦！

又有一次，考尼克瞧着梅芙侍弄那些猫，便道："你到底是干吗的，作家还是猫饲养员啊？"

梅芙答道："我这就完事了，你开车带我出去吧。"

"干吗不索性把它们放生了啊？"考尼克问梅芙。

---

① chick-lit，英美俚语将年轻女郎统称为"chick""小鸡"。"lit"是"literature"，是文学的意思。"鸡仔文学"指由女性撰写并且主要面向二三十岁的单身职场女性的文学作品。诞生于1998年，主要通过轻松幽默的方式讨论现代女性关注的话题。这一类小说中描绘的女性要么过分注重外表，要么是购物狂。代表作品有《BJ单身日记》《穿Prada的女魔头》等。

② 艾玛·坦南特（Emma Tennant，1937 — ）：英国小说家、编辑。

"放生之后它们又冷又饿的，多可怜啊！"梅芙解释道，"那它们还不如死了哪。"于是她带它们去了宠物医院，全部给安乐死了。

"正是这件事令我知道了，梅芙是个虔诚的天主教徒。"

但她又加了一句："其实那会子她已经不正常了，后来越来越疯。"

回纽约后的一天晚上，梅芙邀请几位女士一起来她家喝酒（她在客厅里布置了一个小酒吧）。正喝着呢，一个男人走进来了，竟是梅芙的前夫。梅芙嚷嚷着让他滚蛋，他滚了。但他走后，考尼克警告梅芙要当心点，因为那个男人显然已经"精神分裂"了。梅芙立即回嘴道："我不也是吗！"

过了一会儿，梅芙在考尼克的卧室里睡着了。

我问："梅芙喜欢什么样的房客呢？"

考尼克沉吟道："她根本就不喜欢房客，甚至对我也相当苛刻哩！'为什么你还不写？为什么那本稿子还没完？为什么你和某个女的纠缠不清？'"（考尼克也是40多岁才结婚的，后来她在另一个艺术家聚居区遇到了一个女人，这才发现自己其实是双性恋。）

虽说梅芙思想复杂、脑袋又不清爽，但她确是一个极忠实极慷慨的朋友，经常鼓励考尼克要战胜过去生活留下的不安全感的阴影，加油写作。1976年，考尼克的第一部作品终于问世了，那本在后来大红大紫的小说名叫《艾莫德·戈德曼》，梅芙为其写了封底推荐语："伊迪丝的作品十分完美，就是短了点。"

13年后的1989年，考尼克发表了她的第二部小说《桌边》，但那时她已与梅芙失去了联系。这部小说里有一个令人心碎的角色名叫瑞秋，瑞秋以为自己在东区发现了自己的老朋友迪尔德丽。"我不知道为什么自己多看了她一眼，其实流浪女都长得差不多呀。"瑞秋说，但她还是忍不住又看了一眼，"她脏衣裳套脏衣裳，穿着一双破鞋，笨拙地追逐流浪猫。"然后，这流浪女跑下地铁，坐上 L 号线。瑞秋也赶紧跟着她窜进地铁，找了一个正冲着她的位子坐下了。

那个流浪女指甲被啃得秃秃的，一双青筋暴露的手脏得要命，可它们确实是迪尔德丽的手，又大又有劲，与她的身子全然不成比例……她一点儿也不认识瑞秋了……估计牙齿也都掉光了吧，瑞秋暗想……她曾经的贝齿、青丝，还有她的精气神，全没了！

瑞秋悄悄地观察了那个流浪女好几站路，直到迪尔德丽终于开口："你瘦了好多啊，瑞秋。"之后的对话便十分别扭，因为后来迪尔德丽质问："你干吗一直跟着我啊？你想要怎样？"

"你就是出于病态的好奇心才这样的吧？"忽然，迪尔德丽的嗓门高了上去，简直成了叫唤，这可把我吓坏了。她又问："我这样是不是比死了还可悲呀？"

我呆呆地瞪着她。

"我知道是怎么回事。你就是想用我来发泄你自己对命运的恐惧感吧？或者，想要以我为戒逃离这种命运？"

我太害怕了，根本答不上来。这情形是否已告诉我，最坏的情况已经发生了？还是说，我身上也可能发生这种最可怕的事？

"说话啊，瑞秋！"迪尔德丽野蛮地挥舞着胳膊，做出超级夸张的姿态。她以前可从没有过这么诡异的动作啊！"我在最惨的时候给你打过电话，你一直都知道我的情况。"她大喊大叫，犹如女巫或幽灵般，"你其实也很怕落入那么惨的境地吧？我啊，就是你的鬼魂、你的分身、你身上不能见光的那部分！"

我叹气道:"我想也是,可能还真是。"

迪尔德丽也叹了口气:"唉,得了,其实我不是。"说这话时又完全恢复了正常。

咒语至此打破,她们俩又能好好说话了。于是一路聊到了终点站卡纳西("房价便宜的地方。"迪尔德丽嘀咕道)。地铁到站后便掉头往回返了。迪尔德丽从她脚边的大脏口袋里翻出一瓶葡萄酒和两个脏兮兮的塑料杯子来,两人举杯互祝健康,又祝两人共同的朋友、各自的家人安康,自己的工作顺利。后来迪尔德丽说她之所以不再写作,是因为觉得没啥可写的了。瑞秋听了便想到自己还有多少可写呢?《纽约街头流浪者的自白》《靠土地活下去》《放弃了一切的女人》《倦怠地成为住在卡纳西的人》《等待戈多》《李尔王后》……

地铁在经过东河时,迪尔德丽说:"我的所见所闻……还有对看到听到之事的思考……是啊,这就是我现在干的事儿。我觉得生活中最可怕的事,就是太过游离于主流生活之外。"

瑞秋心下暗道:"没准儿她说的还真有点儿道理。没准儿其实我们都不舍得游离于生活之外。写作这件事也好、我们的生活方式也好,都是因为我们喜欢现在的人生、对它抱有好奇心、特别拿它当回事才这样,也因为从小我们就不是能够忽视生活的人。"

地铁开到14街站,瑞秋下车了,打那儿以后,她再也没见过老朋友迪尔德丽。

我明知这只是个虚构的小说,可读来却总觉得故事里的场景犹在眼前。我问考尼克:"故事里的事情,是源于生活的吗?"

"我曾在14街与第一大道之间的地铁站口那儿看到过一个女人追

猫。她是个可怜兮兮的流浪女，但绝不是梅芙啦！是个我以前从未见过的女人。我却假装她就是梅芙，所以跟着她下了地铁，但是进地铁之后的部分就都是虚构的了。"

这时考尼克膝头上的猫跳下来跑了。

"梅芙一直都想要寻找一个像家的地方。"她说，"可惜穷其一生都没找到。"

待我和考尼克都喝完了鸡尾酒，我们便又去对街的一家中餐馆吃了晚饭。然后她送我回家了，还给了我一个正常大小的马尼拉信封，里面装着13封航空信，都是梅芙留下的纪念品，从爱尔兰的梅芙老家给考克尼寄来的。其中有八封是用小纸片写的，短得活似便条，大约是当年她俩一起住在麦克道威尔艺术营时梅芙给考尼克留的条；还有一个从西43街寄来的细长的鸽灰色信封，整整齐齐地封着边，上面有梅芙用蓝绿色圆珠笔写的独特的龙飞凤舞的字迹："我一直把它装在我那件美丽的浅绿色上衣口袋里。"她装在上衣口袋里的是什么？钥匙？耳环？不管是什么，如今都找不到了。

还有用从台历上扯下来的两张纸写的信，上面的日期是1975年1月，写得密密麻麻的，全是梅芙受到加缪①的《反叛者》启发后的所思所想："唉，如果我们这些生物生来就有固定的外形会怎样！"下面是她列出的既神秘又直观的逻辑等式：

镜子——需求——感觉

---

① 阿尔贝·加缪（Albert Camus，1913 — 1960）：法国声名卓著的小说家、散文家和剧作家、存在主义文学大师、"荒诞哲学"的代表人物、诺贝尔文学奖获得者。作品有《局外人》《鼠疫》《西西弗的神话》等。

窗子——头脑——观察

还有从伊迪丝·考尼克的日记里抄下来的内容，那是1974年2月13日，伊迪丝·考尼克在日记里这样写道：

今晚梅芙从纽约打来电话了……建议我："你今晚睡觉前，先列出一个单子来，看看你今儿都做了什么事，还有明天都有什么要做的。去趟超市，释放一下紧张也好呀。我就不能去超市，一个随手拿起的小罐子都得花一毛钱。天啊，再有个五年十年，我就可以敞开了花钱啦。今儿我买了两支唇膏，都是无色的，这才最适合我。我一直想着让你明天去趟超市。明儿起来之后做点事情吧，擦擦鞋也好啊。"

看到梅芙简直像妈妈一样关切着考尼克，我不禁十分感动，她轻松活泼的语气也肯定会让她的朋友深受鼓舞。这样的梅芙，可与我从她写给加德纳·博茨福德的信里看到的大不相同啦。

对梅芙而言，加德纳·博茨福德犹如天赐一般，简直就是父母之爱的化身。这个男人关照她，让她予取予求，在写作上更是尽可能帮助她，却不求任何回报。而考尼克则是博茨福德的"接班人"。虽说梅芙在信里对考尼克的倾诉远少于对博茨福德，但很显然，这两个女人的关系不一般，且基于她二人在每日生活中的耳鬓厮磨变得非常深厚。她俩在饭馆里，或在梅芙位于新罕布什尔州密林深处的小屋里，形影不离。冬天，她们便住在纽约温暖如春的公寓里，偶尔会去海边玩一日，在中城的饭馆里吃饭。不管梅芙与博茨福德之间的关系多么默契，考尼克却是每天陪她过日子的人。

独居生活就要求人们学会满足自己的情感需求。我爸常喜欢拿那些长舌妇开玩笑，说这种人都是"患了消息传递综合征"。因为很多人其实都是这样，平时没什么机会讲话，一旦捞到机会便喋喋不休、停不下嘴。对于这种人，让他们思考一下"寂寞是什么"多少有点儿残忍，但确实对别人是个解脱。在我搬去洛杉矶之前，便意识到自己是个有多重人格的人，见什么人说什么话，但也很会通过倾诉来把压力发泄给他人，不让自己承受太多。很多年来我都为自己维持着一张人际关系网，掌握着对网中之人说话的分寸和火候。

梅芙曾长时间受其纽约同事的支持和照顾，但等到她"毁了自己的全部退路"之后，她便离文学领域越来越远了，开始进入了一个"女作家群体"。如果那会儿她还没病得那么厉害，也许还能以女人和作家的身份做些努力。我是在读完以下文字后认识到这些的，这些文字来自考尼克的日记，写于1974年2月梅芙给她打过电话的那天晚上：

　　然后泰莉又来了个电话。她的声音听起来好疲惫的样子，还结结巴巴的，显得挺悲伤。相比之下，梅芙的声音则显得高亢、愉快、毫无自艾自怜的情绪。但是，我担心的反倒是梅芙，我怕她已到了崩溃的边缘。梅芙其实才是最脆弱的，而泰莉是个能够照顾好自己的人。她们俩啊，虽然都是孤傲且深居简出的女人，但梅芙对情感的需求显然更炽烈。

泰莉·奥尔森亦是一位女作家。她坚信家庭生活对女人的要求会导致女性文学作品的大幅减少。1934年，22岁的她在《党派评论》上发表了其小说的第一章，从此便收到了兰登书屋的出书合同。但想要和兰登书屋合作，她就必须放弃自己四个孩子的抚养权。泰莉·奥尔森最终选择了工作，从20世纪30年代到1974年，她一直在孜孜不倦地工作。

奥尔森的个人经历让她开始思考养孩子对创作的影响问题，因此在1978年她出了一本名为《沉默》的著作。在这本书里，奥尔森对读者发问："想要搞创作，都需要什么条件呢？"她的回答是："放弃全部生活、全情投入工作、完全放弃自己。"仿佛预见到了当代社会会提倡"亲密育儿法"一样，她在这本书里也提到了养孩子的问题：

当妈妈这件事，从其本质上而言，是不可能有什么持续性创造力可言的。并非因为妈妈们没有创造能力，也并非因为没有需要……需不需要的并不要紧。其实当妈的偶尔也想想自己，当个"兼职妈妈"是最好不过的了……然而"带孩子"意味着你会被孩子不停地打断，得反应快、责任心强。孩子需要的其实是一个爱他的人（请记住，我们这个社会总要求家庭成为爱与健康的中心，但其实家庭之外可不会光有爱、光有健康）。事实上，孩子需要的是爱，而不是责任；他希望能独立自主，而不要别人"负起对他的责任"，把他供奉起来。

我喜欢把梅芙和奥尔森想象成好朋友。毕竟梅芙已经有好几十年没有享受过来自同性的友情了，更甭提她又与家人相隔千里、感情疏远。如果能够与一个女作家成为朋友，而这个女人对待写作的态度又恰好与她一样认真，一定会让梅芙幸福得像发生了奇迹一般吧！她终于找到了自己的同类，而她们被她找到，其实也是她们的幸运啊。

也许是因为许多年前曾与妹妹特别亲热的缘故吧，梅芙很知道如何当一个出色的同性朋友，要慷慨、要幽默、要给朋友以支持。在考尼克的大信封里有几封她在梅芙去世很多年之后写给梅芙的信，其中一封上说："梅芙，你曾给奥尔森写过一封信，她可宝贝那信啦，还给贴在了工作室的墙上。现在我把它复印了一份压在我办公桌的玻璃板底下了。"以下便是那封梅芙写给奥尔森的信：

我一直都在组织语言，想要告诉你，不管是疲惫的时候、悲伤的时候还是情绪低落的时候，都一定要努力振作起来才可以！现在我只能稍微提示你一下——你其实是个拥有一切的女人。工作所需要的全部天赋和能力你都有，这一点是任何其他人都无法与你媲美的！如果你否认这一点，那么虽然你的能力和天赋都还会在，但它就会变得沉默且对你无益了。你知道，你的灵魂是一直看着你的，而且你也应该知道它是多么热切地注视着你，希望你成功。但是我想告诉你的是，你的灵魂虽然害羞地藏在你内心深处，但其实它是非常希望你知道它的存在的。当你觉得自己"太难过了，都没法工作了"的时候，可怕的恐惧感便很容易进入你的内心，令你的灵魂枯萎。所以，一定要时刻保持警惕！有个调节心情的好办法：你可以到窗边去看一两个、两三个小时的鸟，这些小嘴巴一开一闭的小家伙有安慰人心的力量。

这就是真正的友谊啊，像保护自己一样呵护朋友的灵魂。亚里士多德认为这才是爱的最高境界。所谓朋友之爱，即与朋友一荣俱荣、一损俱损。

我第一次有这样的友情体验是在大学毕业以后，当时我的好朋友名叫艾丽卡。我们是大一那年认识的，很快就亲如一人，但直到大学毕业我俩的关系才又开始进一步加深，比跟以前的任何朋友都要好。但是，直到我三十五六时，才真正认识到，她所给予我的友情真的是一份天赐的礼物。

我是在她婚礼上忽然意识到这一点的。当时我站在160多名宾客面前替她证婚。她是在圣达菲最古老的教堂里结的婚，来自新墨西哥州的新郎亦是我们大学时代的老友，那儿是他爷爷奶奶当年结婚的地方。婚礼之前，艾丽卡就已告诉我想请我当证婚人，这令我暗暗不爽。证婚人我已当过两次，我怕再当了第三次会真的导致自己无法结婚。

但当时我还是站在那儿了，我走上台，展开手里的纸，对着一众宾客读起来：

如果我能有男人或天使的口才就好了，但此时的我却只能怀着满心爱意说几句大白话。

真是有些喉头哽咽呢。

我要是能有点儿语言天赋就好啦，这样我就可以表达出他们俩"天可崩，地可裂"的感情。然而此时此刻，除了对新郎新娘的爱，我一无所有。

几分钟前，这些话还不过就是例行公事的老生常谈。可是当我用眼睛看到纸上的证婚词，努力吸收它、再把它吐出来时，我一下子就感受到了它的意义。

就算我失去了一切，连肉身也失去了，只要我还拥有爱，我便仍可算幸福之人。

这时我忍不住哭了起来。真不好意思啊，在那样的场合掉眼泪。这可不是什么"甜蜜的泪水"，我抽抽搭搭地念着证婚词，一看就不是什么大大方方的证婚人，而是多愁善感、小里小气的那种。我结结巴巴地念一句、哭一句，心里完全不知该怎么办才好。是继续念下去呢，还是索性跑下台？

爱永远都是耐心和善意的，与嫉妒无关。

爱不会自夸或逞强，不会粗鲁或自私，不会伤害别人也不会导致怨恨。

现在我开始觉得他俩结婚真是一件好事情！马克斯是个相当棒的男人，我深信他俩绝对是天生一对。同时我忽然发现爱情的发展顺序与我之前所想是不同的：相爱之人可不只是"感情好"就够了，他们俩要先能够一起齐心协力地完成爱情所赋予他们的任务，然后方能修成正果。之所以能够认识到这一点，是因为我是一路看着他们过来的，更何况艾丽卡对我这个朋友怀有深情厚谊。

我想无论如何也得念完证婚词。已经念到结尾啦，我总算坚持下来了。

爱情不可建筑于其他人的罪孽之上，爱之快乐应来源于真挚。爱意味着宽恕、信任、希望和忍耐一切。

一言以蔽之，这世上只有三件事是永恒的：信仰，希望和爱意。其中最伟大的当属爱。

我念完之后，便走下台到原来的地方站着去了。婚礼继续，我仍十分狼狈。过了一会儿，艾丽卡的妈妈走过来，特别慈爱地看着我，说："可怜的宝贝，你是不是想你妈妈啦？"这问题问得我愈发不好意思。

我当时真不是因为想已故的母亲了。反倒是现在，我想起了因为妈不在了，所以艾丽卡义无反顾地担任起爱我的责任，尽她所能地对我好，以她特有的方式来弥补我失去妈妈的遗憾。艾丽卡的所作所为令我对"友谊无所不能"有了重要认识。

梅芙建议奥尔森站到窗口去观赏小鸟嘴开嘴闭的样子，以让自己心情开朗，这令我想起她将自己在《纽约客》上发表的系列文章结集以《唠叨夫人》为书名出版时，为这本新书写的作者序。这篇序很短，但从头到尾都很值得一读，尤其是其中对纽约的描述，简直可以与E·B·怀特①的名句相媲美："对于个性之人而言，纽约会授予你'孤独之奖'，奖品即是'充足的私人空间'。"他是在1948年时写下这段话的，而梅芙则在那篇作者序里这样写道："如今我认为纽约是一座颠覆性的城市。或者说，刚刚颠覆了一半，纽约市民正等待着另一半颠覆的到来。绝大多数市民即使在生活陷入孤岛般的困境时，也仍能够保持乐观的心态。"

关于"看鸟"的建议，还令我想到一些更能显示梅芙"亲民性"的事例。在那篇作者序的后半段，梅芙说回看她在1953—1968年间所写的47篇专栏文章，她发现"唠叨夫人"并非刻意"离经叛道"吸引读者眼球，而是以"最普通的方式，讲的都是我们的身边事"。她继续写道：

《唠叨夫人》只会被那些她能够理解（或者至少理解个大概）的事情吸引住，因此这47篇文章所反映的是唠叨夫人的47次感悟。有人曾说："只有在行善之时我们才是真正的人。"行善之时、对生活有所感悟之时，这二者虽有区别，但本质上却是差不多的。

梅芙所言的"行善"，与《圣经》里的"爱是忍耐与善良"是有区别的，甚至与世俗所说的"日行一善，做事只求美好过程而不论结果"也并不相同，因为后一种说法显得"善举"跟玩似的，有些

---

① E·B·怀特（E·B·white，1899 — 1985）：美国当代著名作家、评论家、普利策奖得主，以散文名世。作品有《精灵鼠小弟》《夏洛的网》《吹小号的天鹅》等。

轻薄。

梅芙关于"看鸟"的建议其实表达了她的某种体悟，她所感受到的远比所观察到的多得多，早已超过了小鸟张嘴闭嘴这一动作。这表现出梅芙对弱小短暂的生命的欣赏之情，她懂得欣赏在日常生活中被我们忽视的很多东西。

若以传统爱情和幸福的标准来判断，梅芙整天住酒店住公寓，靠写专栏为生，夏天就辗转朋友们的消夏别墅避暑，过的简直就是"自作""自暴自弃"的日子。按照我们的标准，如果她能在某一个地方扎下根来安居乐业，最后也不至于在养老院里孤独终老了。

然而若换一个角度看，梅芙所选择的恰恰是她想要的生活。对于梅芙而言，她厌恶社会学家所说的那种"割不断的关系"，比如妹妹或其他亲眷对她的关注和审视、爱尔兰老家压抑的生活和性别歧视文化，这一切都令她窒息。而在纽约则不同，周围只有同事和恋人，保安、调酒师、服务生和出租车司机随时可以提供服务；在后中年时代，又有了同性至交好友相伴身旁，这令她可以轻松处在比较松散的人际关系中；日常生活中有她所需要的"作家的自由"，不会受到打扰和侵犯。身边人——包括她自己——都只是她生活的一部分，而非主宰。

第十章

以自己喜欢的方式过一生

史上最好的一本写单身生活的书出版于1896年，作者是一位名叫萨拉·奥恩·朱厄特的未婚女性。其中有一个中篇小说《枞树之国》，故事地点设置在了缅因州的一个海边渔村里（一个很像纽伯里波特的地方）。那里从一开始高度发达的贸易口岸慢慢衰退成了无名渔村，年轻人都只好远走他乡去找工作，留守家中的多半是寡妇或退休海员，每个人都有各自单身的理由。故事中这个小镇是个很好的例子，正如里面的一位船长所说："我们的生活环境变得越来越狭窄闭塞了，外面的消息进不来，里面的情况外面也不知道。只能凭借一张廉价、消息并不那么准确的报纸来获得一点儿外头的信息。"

这本书出版时，萨拉·奥恩·朱厄特已经47岁了，已和她的一个寡妇朋友——作家助理安妮·菲尔斯一起生活了15年。后来她俩这种情况被称为"波士顿婚姻[①]"（顺便说一句，安妮·菲尔斯的先夫曾是《大西洋月刊》的编辑。而碰巧的是，萨拉·奥恩·朱厄特19岁时发表的第一篇重要作品便是在这本杂志上）。

现在诸位读者一定很清楚地看到了，我在这本书里所介绍的每一位"单身女人"其实都并不是真正形单影只地过日子，若有人指责我诱导读者都去过那种幽灵般的独身生活，我是绝对不接受的。一开始接触奈特和埃德娜的时候，我并不知道她们"最终还是随大流结了婚的"（奈特的这句话令我过目难忘）。而从一开始，我就隐约知道梅芙结过婚，但一言以蔽之，她那种孤清的写作风格令我总想忽视她的婚姻，直到她的传记正式出版。不过，梅芙的两次婚姻都不是很成功，其中一次还是嫁给酒鬼，我根本不承认这是什么正经八百的婚姻！至于伊迪丝和汉娜，她们是主动出现在我的视野里、引我关注的，并非我的自主选择，所以她们不算。

夏洛特则是非常有独特性的女人。她与婚姻制度之间的关系非常复杂，且一直在变化。她对婚姻怀有很矛盾的心情，想要控制婚姻。正因为这点，她做出了一生中最重要的决定。我觉得这一点很值得我们学习。

事实上，相比于"生活"，夏洛特更喜欢"过日子"这个词。"因为'生活'是个动词，而不是名词。"她曾这样写道，"生活就是过日子，而过日子重在'过'。"（同样我们也可以这样解读"爱"这个词。）

通过观察这六个女子的人生，我最终认识到，长期以来一直困

[①] 这种说法出现于19世纪，指两个女人一起生活，没有男人支持。无关性爱或同性恋。

惑着我的问题，到底该不该结婚，其实是个伪命题。我一直想要有属于自己的空间，可以过自己的日子。我以为自己只有结婚或单身两种选择，这是我目光短浅了，其实结婚不结婚这种问题根本不属于21世纪。

在古希腊时代，存在着臭名昭著的性别歧视和阶级分层，女人被严格地分为三个等级：贤妻良母——根本连走出房间的自由都没有；贫寒的姑娘、寡妇或奴隶；还有一种就是单身女子，她们受过教育，智力与男性不相上下。虽然不配享受到法律赋予贤妻良母们的权益，但第三个等级的女子还是比较自由的，可以做她们想做的事，可以在研讨会上提出自己的见解，甚至可以赚钱（因此，虽然她们没有投票权，却必须要纳税）。

女性能够享有这般自由，在早期的美国是闻所未闻的，但个人争取自由的愿望最终还是占了上风。虽然非常缓慢，美国还是慢慢地开始开化了。

美国社会的转型——至少一部分来自特定阶级的白人妇女开始转变了——开始于美国革命时期，当时要求国家独立、政治自主的激情和被写进新宪法的"个人自由"条款，都点燃了一部分有思想的女人的头脑。根据历史学家李·钱伯斯·思奇勒斯的说法，1780到1840年间，有一小部分出生于新英格兰的女性开始追求"幸福的单身生活"，未婚女性希望能够保持自己独处的身份。她们反对"为了家庭而自我克制"的所谓"修养"，且将单身生活看作是"对社会和个人都很有价值的选择"，她们"拒绝婚姻，认为独立的女性才有价值"。

事实上，我是在"剩女发源地"长大的。统观整个19世纪，新英格兰的单身女子比全国任何地方都多，其中马萨诸塞州的比例最高，是美国其他地区剩女总人数的两倍。这主要是因为在南北战争期间，这里的人口大量损失，这一历史原因造成了单身女人的数量暴增（在古罗马，由于爆发过多次战争，因此很多原为自由身的适龄未婚女性宁愿扛着巨大的社会压力去嫁给奴隶）。但美国当时也有其他原因：南北战争之后经济受到重创，男人找不到工作，就没法早早结婚；教育与文学也开始影响女性，渐渐形成了一种"女人不嫁也成"的社会风气，虽然是循序渐进的，但最终却蓬勃发展起来。

那个时代的许多有影响力的思想家，比如美国第一位女性社会改革家玛格丽特·富勒、伟大的参政妇女苏珊·B·安东尼，以及通俗小说家路易莎·梅·阿尔科特[1]，她们都几乎是终生（或大半生）单身。（1896年，娜丽·布莱[2]曾问苏珊·B·安东尼她是否爱过谁，安东尼回答："拜托了，娜丽，我谈过无数次恋爱哪！只可惜我从未爱一个人爱到想要和他天长地久。说句实话，没有哪个人值得我为他抛却一生自由，洗手做羹汤。"）1984年，李·钱伯斯·思奇勒斯发表了有史以来第一份研究这些单身女性先驱的报告，她给这份报告起名为《自由才是最好的老公》。这个说法来自阿尔科特写于1868年的日记，在日记中这位终生未嫁的小说家提及一篇她刚刚写好的小说，名为《快乐女人》。"我在这篇小说里为所有我认识的繁

---

① 路易莎·梅·阿尔科特（Louisa May Alcitt，1832—1888）：美国女作家。作品有《小妇人》等。
② 娜丽·布莱（Nellie Bly，1864—1922）：美国记者，是第一个独身完成环球旅行的女子。

忙、有贡献而又独立的老姑娘作了传。"阿尔科特说,"对我们大多数剩女而言,自由是比爱情更好的老公。"

我最喜欢的小说之一,是一个在南北战争刚刚爆发时,发生在马萨诸塞州的波士顿地区的故事。一群未婚的女裁缝请愿,要求政府给她们一个属于自己的村子。她们觉得她们这些未婚女的人数非常非常多,已经远远超过本地区的男子,因此很难结婚,所以国家应该给予她们一些帮助,承担起原本应由她们老公承担的责任。她们要求要一块"土质好、易耕种"的土地,每人分上从3亩到30亩不等,同时每人分一间"不错的(但又要够便宜)房子"。她们还要求政府给她们提供"口粮、工具、种子和种植方法",直到她们能够靠种田自给自足为止。这样,她们就有能力还清债务,并且有了自己的容身之地。她们的房子和田地在死后可以留给某位女性继承人。

这小说里提出的是多么合情合理、不卑不亢、全面周到的要求呀!不过可想而知,在小说里,立法机构并没有同意这个要求。但这样的请求将下层阶级寡妇的困境揭露了出来,这些曾经为人妻者在失去丈夫之后除了靠自己吃饭别无他法,不过这倒也凸显了她们有智慧且自尊自重的特点。

就在我写这本书时,全美共有1.583亿女性,其中102万是单身,这可是个相当高的比例呀(这还只是粗略统计了加州、德州、纽约州、佛罗里达州、伊利诺伊州、宾夕法尼亚州这六个人口最密集的州得出的数据)。看线条图会对这些数据有更加直观的认识:从1890年到2012年,线条呈V字状,1890年和2012年分别为两个最高点。1890年,单身女性的比例高达34%,之后每十年便下滑一个百分点，一路跌至谷底（1950年这一比例达到最低值17%）。在这之后，又开始逐年上升，每40年上升两个百分点，到2012年已飙升到53%！

这样高的比例真是空前的！但是，导致单身女数量逐年增加的原因却仍是过去那些。历史上第一波质疑婚姻的女权运动发生在19世纪，第二波则出现于20世纪六七十年代。这两次女权运动都导致不婚女性数量的空前增加。而如今高比例剩女的出现，则是因为女性的受教育和被雇用程度比历史上任何时期都高。另外，在之前的50年里，社会政治和经济的大变革也使许多过去就有的女权思想终于得到发展和传播。从20世纪60年代至今，美国人的平均结婚年龄已从21岁上升至27岁，而对于那些受过更好教育的人而言，差不多会在30岁左右结婚。

这就意味着，大多数上过大学的女人在大学毕业后都会过上差不多十年的单身生活，甚至有的过了20来年！这很自然啊，因为她们想要享受一下这份前所未有的自由，在成家之前（如果她们最终还是想要成家的话）都不用对什么人负责。

然而，很多女人却发现自己陷入了一个两难的困境。20年前，我们读大学时，正赶上里根时代"社会保守主义"的复苏，所谓"毕业就约会"。当时的最佳结婚年龄是21岁，只有短短的一段"待价而沽"的时光是真正自由的。

如今，网络相亲或手机相亲软件大肆流行，这些都方便人们可以绕过谈情说爱，直接上床。

现在，绝大多数人都选择晚婚，婚姻似乎只是整个人生中的一个篇章而已。然而它可是最重要的一个篇章啊，只是我们都是从未婚过来的，所以不知该如何对待婚姻。

　　理想状态下，所有受过教育、有文化懂历史的女性都应该效仿19世纪女性的一些行为，拼命利用自己的自由时光，努力提升自己、给自己创造更好的环境。但是，如今许多女性却不是这样做的，而是狂热追求所谓真爱，好像有了这份感情就能够改正一切过错、抚平一切伤痕、获得永恒幸福似的。然而在感情上投入越多，不安全感越强，因此她们必须拼命维持美丽动人的外表，甚至还会花钱请心理医生来帮她们减轻沮丧困惑之感。

　　这种情况全世界都有。譬如在韩国，女人的工作越好、职位越高，社会对其婚前性行为的宽容度就越大，而女性平均结婚年龄也从1990年的24岁上升至2011年的29岁。这令韩国政府不禁有点儿抓狂，甚至还孜孜不倦地举办大型相亲派对哩！而在中国的情况则是，男性人口数量远多于女性，年轻的中国女人受教育程度比以前任何时代都高、在工作上取得的成就也比以前任何时代都大，因此也会稍微延长一点儿享受单身的时光。但90%以上的中国女人还是会选择在25岁左右结婚，否则她们会被大众媒体贬低为"剩女"，即没结上婚的女人。

　　19世纪80年代早期，夏洛特·吉尔曼遇到沃尔特之前，她曾在一篇未发表过的名为《未雨绸缪》的文章里说自己情愿不结婚，理由包括爱自由、想要一个只属于自己的家庭、想要改变这个不平等的世界以及她无法接受那种"家庭是自己之延伸"的观点。

　　1904年，夏洛特·吉尔曼再婚了，她发表了一篇文章《拒绝结婚》，阐释了自己婚姻观的演变过程。曾经她很理想主义地认为，一个女人只要"能够满足经济独立、受过某种劳动的专门培训且喜欢干这个、充分懂得婚后生活的苦处（有的苦是可以诉说的，也有一些纯属难言之隐），那么就都会拒绝结婚的"。然而现在她改变了看法。

在快乐地结婚之后，夏洛特·吉尔曼开始认为自己对这个世界所负有的责任就是"努力过好自己的日子"。拒绝结婚，或者是一个接一个地挑拣男人，在当时的她看来都是十分愚蠢的行为。她质问："一个对生活和爱情都所知甚少的年轻姑娘，怎么可能知道哪个男人就是真命天子？"

很显然，她这话其实是直指年轻时的自己。她不仅会随着年龄的增长而增长智慧，且她有能力打破曾经给自己设置的条条框框，修正自己的思想，但又不会偏离自己的理想。她的两段婚姻一共维持了12年，其间她学会了该如何与人亲密相处，也知道了这种亲密关系会使她得到什么。若没有这十几年的光阴，她恐怕就无法因见识的增长而充分发挥出自己潜藏着的智慧和创造力。也是因为最后她对为人妻母这一身份的放弃，她终于寻找到了真正的自我。一旦找到了，她可能会再度陷入爱河，而这一次她可能只会选择同居而不是结婚。

请记住：只有相爱才能结婚，为了家庭责任和社会责任而结婚是200年前的做法。100年来，女性不断为自己争取平等工作的机会，直到近40年职业女性才开始大幅增加。因此从许多方面看，是否结婚、什么时候结婚和与谁结婚的问题，其实比过去更加复杂了。但如果我们只会算计这些，只会判断什么才是好的婚姻，那么我们所做的并不比100年前的夏洛特她们高明。

现在我们面临的是全新的问题：女人还算人不？我的意思是，年轻女性是否已做好准备，要以"人"的身份好好走她的人生之路，而不会只把自己限定在"雌性动物"这个小范围里？

当然对年轻女性而言，现今万事俱备：受过教育、赚钱不少、经济独立。女人也可以好好规划自己的事业了。

更根本的一点，科学已改变了人类繁衍后代的手段，且至今还一直在不断改进着。如今，通过体外受精（这是一个多么具有开创意义的事情啊）即可怀孕。就在我写这本书的时候，有九位瑞典妇女已进行了子宫移植术，多半是把其母亲的子宫移植给她们。如果移植后她们可以受孕，就证明了一位记者最近所说的是正确的："她们的宝宝会发现，现在睡的这个'房子'，其实与过去那个并没什么区别嘛。"

研究人员正在努力寻找方法，让女人可以了解自己的生育能力。这样女人就可以知道自己是否可以生孩子，甚至可以据此来微调自己的月经周期，这一点与我们对自己生活的规划也息息相关。将来，我们很可能会根据自己的生物钟来决定是否要宝宝、何时要宝宝，而不再像一直以来那样"顺其自然"。

如果读者觉得"女人还是人不"这一问题听起来有点二百五兮兮，那么就请您回想一下，2013年碧昂丝曾推崇一个"全方位女权计划"，从政治、社会、经济等方面追求男女平等（也有人认为她这样做完全是沽名钓誉），并以唱歌的形式，通过她的新专辑来表达这种观点。2009年她推出的新歌《完美无瑕》里，重现了尼日利亚作家齐玛玛达·恩戈齐·阿迪奇的演讲内容：

我们看低女孩子，同时还要求她们更加低调卑微。我们要求女孩子，可以有点儿小野心但绝不能过分。你可以想成功，但别太成功，别让男人感到你是个威胁。身为女性的我是非常渴望婚姻的，因此我时刻牢记婚姻是我一生的重中之重。既然婚姻是快乐、爱情和支持的来源，为什么我们只要求女孩子看重它，却并不这样教育男孩？我们的教育令女孩子不会在工作上彼此竞争，却只会在情感里把彼此看作对手。当然，女孩之间互掐，男孩便可渔翁得利。我们从小就教育女孩子，她们甭想和男孩子平等。

齐玛玛达·恩戈齐·阿迪奇的观点与波伏娃写于1949年的一句话有异曲同工之妙："女人不是天生的，而是后天教育而成的。"

自打美国建国以来，我们其实一直都在朝着这个新问题前进："女人还算人不？"

近来，女性史研究专家凯瑟琳·斯克拉告诉我，人口学家和历史学家发现，从1800年到1930年，我们经历了一段漫长且大规模的变化时期，巨变主要发生在家庭规模上。

整个17和18世纪，女性19岁结婚，通常九个月后就会生下第一个孩子，然后以每两年怀一个的速度一直生下去，直到绝经为止。但那时婴儿死亡率超高，且怀孕、分娩过程风险也极大，再加上会有一些嫁不出去的老姑娘和患有不孕症的妇女，所以平均每个家庭只有8.02个孩子。

凯瑟琳·斯克拉拿出一张表格让我自己看：17和18世纪的200年间，8.02这个数字一直十分平稳，没有上升或下降；直到19世纪早期，这个数字忽然暴跌，并在其后的120年中逐年下降。到了1900年，每个家庭平均只有四个孩子了，而到了大萧条时代，这一数字又进一步减少，直到20世纪四五十年代方才有所回升。但其实现在想来，20世纪中期的生孩子大潮不过是把家庭平均拥有小孩的数量拉回了1900年的水平而已，一家四个。而到了20世纪七八十年代，这个数字再度暴跌到历史最低值，平均一家只有一两个孩子了，且保持至今。

我们如今仍无法完全把这一数值的变化解释清楚。简单来说，可能还是因为大规模城市化的缘故吧，毕竟即使在1800年，城里人生孩子也比较少，且几个世纪以来一直如此。但从另外一方面说，很奇怪的是，生育率的下降主要是因为农村地区生孩子数量减少了。

凯瑟琳·斯克拉有一份非常值得一读的研究报告：《论维多利亚时代的女性与家庭生活》，其中说家庭规模之所以会从大变小，是因为美国女性终于知道了该如何通过控制自己的身体来控制生育，这在美国历史上是第一次发生，且不分阶级、不分人种。这种节育手段与从1830年到1880年年间美国社会发生的其他变革——交通与通讯革命、废除奴隶制度和工业革命所带来的技术革新相结合，将公共生活与私人生活完全分开，终于形成了"人类历史上自打新石器革命之后的最大规模革命"。

这就是说，女性有史以来第一次通过对自己身体的控制来节制生育。女性有史以来第一次把自己的人权放在了第一位，其次才是"母性"。

斯克拉以她对夏洛特·吉尔曼的姑姑哈丽叶特·斯托夫人的研究为例证实了这一点。哈丽叶特于1836年嫁给卡尔文·斯托，那年她已26岁。截至1834年，她已生了五个孩子，其中还包括一对双胞胎。他们本是恩爱夫妻，直到1844年夏天，卡尔文像每年夏天一样出差了，每次他外出，夫妇俩都会通过书信往来互诉衷情。

他很知道自己对妻子而言有多大的吸引力："你满足了我的所有欲求，从情感到身体，有了你之后我真是别无所求。就算在一起的时间很久，也不会磨损我与你共处的愉悦感。每次出差之后，我都会有小别胜新婚之感。"卡尔文在信里这样写道，"只是，其实我们可以更纵情些啊。"

最后这句话其实是拐弯抹角地提到了他们的性生活。从哈丽叶特的角度上说，她很清楚自己已对生孩子这事厌恶至极："我讨厌酸掉的牛奶和肉的味道，一切酸味道的东西都令我恶心；还有半干不湿的衣裳的霉味儿，都让我觉得这辈子不想再吃饭了。"在另一封信里她又说："我对生活没了兴趣，浑身没劲提不起精神，也吃不下东西……事实上，我过得好空虚呀。"

她没有直言的是对她自己母亲的记忆。哈丽叶特的母亲年仅37岁就去世了，竟然已生了九个孩子。哈丽叶特可不希望自己重蹈母亲的覆辙，她采用的避孕方法就是"不做"。1845年春天她去了佛蒙特州的布莱特尔博罗，在那里接受水疗，一直流连了整整十个月。几乎是她前脚刚回家，凯尔文后脚就走了，离家15个月方回。从1843年到1849年，这样的日子夫妇俩足足过了六年。哈丽叶特也终于六年没再怀孩子。然而从1849年到1850年的两年里，她连生了两个。正如斯克拉所说，哈丽叶特这生育速度比她母亲还猛。

斯克拉的这一说法与哈丽叶特的妹妹凯瑟琳的观点一致。凯瑟琳也是个终生未嫁的老姑娘，她有一篇脍炙人口的关于国内经济学的论文，于1841年首次发表，1856年又再度重印。其中说在女性生活中至关重要的一点就是她是否有自制力，"意志力强和意志力弱是唯一决定女性过得好坏的东西，因为这就决定了一个女人是把控环境，还是被环境牵着走"。

以上所有数据都清清楚楚地表明，斯托夫妇的所作所为代表了当时的全国性节育行为，当时美国各个阶级和群体的人都是这样做的。因此，维多利亚时代的人口数量便已大不如前了。事实上，斯克拉认为，所谓的"维多利亚时代妇女性冷淡"其实可能只是她们与丈夫的巧妙的节育手段而已，她们不愿为了享受性爱而冒生孩子的危险（也不愿意简单地采取物理避孕手段，比如，干那事时戴羊皮避孕套）。

就在整整100年前，夏洛特曾写过一本讽刺小说《她乡》，在其中她塑造了一个想象中的乌托邦，那里依靠一个全新的方法来满足生育需求。

这个故事是这样的：很久以前，在一个很遥远的国度，所有的男人都因战争和自然灾害死掉了，他们的人口濒临灭绝。忽然，一个奇迹出现了，幸存的妇女中有一人通过处女怀孕的方式生了一个女儿，后来又一连生了四个。她这五个女儿又每人生了五个女儿，以此类推，繁衍不息。

后来就到了2000年后，有三个美国科考队员来到了此地，其中包括花花公子、美国帅哥泰瑞，感情用事的医生杰夫和我们的叙述人——一个一脑袋女权主义思想的社会学家樊迪卡。在这个与荷兰差不多大的国家里，拥有3亿女性国民。

故事里的各种冷嘲热讽扑面而来，以喜剧开篇，三个科考队员猜测为什么那些妇女能够违背自然规律处女产子，并且围绕这一话题不断地开玩笑。然后他们多少有些"笑中带泪"，比如其中一个希望"女权主义已成为一个世纪前的过去时了"；又比如，泰瑞认为世界上存在两种女人："招人喜欢的"和"让人不待见的"……后者居大多数，却特别容易被男性忽视，比如他就从来没注意过那类女人。

然而不幸的是，在"她乡"的女人都是不加修饰的"女汉子"，健壮、坚强、无畏、理性、质朴。她们一律梳短发，穿宽松、有兜的长袍，外罩一模一样的外衣。每天到了该锻炼身体的时间，女人们便会脱下长袍做运动。

这个国家风景优美，社会虽复杂却也十分和谐，人人都是姐妹，其中包括各种元素：社区、和平、无污物、犯罪、国王、贵族，甚至还有糟糕的想法……"当我们所见的这等情景装进脑袋里时，那感觉就好像，呃，把红辣椒放进眼睛里一样。"一个女人如是说。在这里，教育是最高等级的艺术，而当妈妈则是最神圣的。这里的大多数法律条款每20年修订一次，食物虽然简单倒也有益于健康（她们这里不吃红肉），完全是自产自销，且所有树上的水果都是可以吃的。

"她乡"国所有的建筑都是天花板高高的那种，窗户也安得很高，因为虽然这个国家是个共产制的国家，但每个公民都有特别强烈的个人隐私意识，正如樊迪卡在报告中所写的："这儿的人都很热爱孤独。"她们每家都有两个房间和一个浴间，每个小朋友都有自己的房间，"她们长大的标志就是家长又给了她们一个房间，以便用来接待朋友……看到这些，我们可以松口气了，因为在这样的环境里隐居真的可以解放思想"。

这个故事最吸引我的一点，则是"五个孩子"的生育率在几个世纪之后会不会造成人口过剩的危险呢？虽说她们可以通过择优生育的方式，不是每个妇女都非得怀孩子不可。她们会先学习一段时间的孕产知识，然后，"通过一段时间的学习，她们想要孩子的心愿都空前高涨"。但有些想要孩子的妇女则会被推迟怀孕，并且通过让她照顾已出世的婴儿来满足自己对孩子的渴望。正如"她乡"的一个名叫索米尔的女人告诉樊迪卡的那样："照顾已出世的婴儿，令我们很快就懂得了，表达母爱可不只有生孩子一种方式哟。"

樊迪卡大吃一惊："我们在家乡的生活也是充满了苦难和艰辛的……但是在我看来，一个全是饥饿母亲的国度简直可怜得没法形容！"

索米尔笑道："也许我们自己没啥快乐可言，但是请记住，这儿的每个人都有100万个孩子可以爱、可以照顾，她们都是我们自己的宝宝啊。"

她真是比我们明智许多呀！我们早已忘记了我们国家著名的"不可剥夺之权利"为"生命权、自由权和追求幸福的权利"。在美国，原本是每一条生命都不能因为什么个人快乐或人种一类的问题被剥夺生存的权利的。

这篇小说问世至今，已过去一个世纪了。如今我们会告诉女孩子，长大后她们只要做自己想做的就好。但即使如此，社会文化强加在女性身上的"要当妈"的压力还是非常大。如果一个女人没孩子，无论如何她也会偶尔在心里掠过一丝恐惧：以后恐怕会后悔的！最近有个我以前从未听说过的小说家在我两一起吃饭时表达了他对我的担忧：

"波里克，你该生个孩子啦。"

那一刹那我有两种选择：一，让他闭上狗嘴；二，承认我自己就在他说这话的那个礼拜，和我弟弟一家人在纽伯里波特的海边玩了几天之后，也确实蛮想要个孩子的。有生以来第一次我感到那种著名的物理冲动竟然也出现在我体内了。在与这位小说家共处的时光里，我的身体似乎向他打开了，渴望让他进来。那天晚饭快吃完时，他跟我说可以成为我的精子提供者，还说他计划"要跟不同的几个女人生至少七个娃"，每年他会给他的这些孩子一人寄去75000美元。一出饭馆，他就想要把我推到墙边去"壁咚"。

我真是被他气死了，气得那天晚上都睡不着觉！当时我大学时代的死党迈克尔刚好来纽约，就住在我家。我几乎是哭哭啼啼地告诉他，绝对不想要那个渣男的精子！不过也许我真的可以试试人工授精，要么就用迈克尔的？"哎哟妈呀可别介，"他翻着白眼惊叫，"我的基因太差劲，就甭再传宗接代啦。"

不过所谓人工授精只是我生活中的一个小小插曲罢了，对我而言更加严肃迫切的问题是，我这个女人，凯特·波里克，到底是否应该生个孩子？我是否应对我们当下的社会结构做出贡献，即向大家证明，事业有成的女人也可以拥有完整的家庭？在这一切发生之前，有些人认为应先选出一位女总统和50位女性参议员，因为实际上一个女孩子的成长方式是不可能和男孩一样的，她有自己独特的成长路径。

夏洛特曾对她深爱的马萨表明心迹，非常有先见之明地说（这段文字我先前引用过，这一次再字体加粗重新引用一遍哈）：

能够终身不嫁，我真的很开心……如果我不嫁人的话，就可以一辈子过我想要的生活……依靠自己的能力，让自己长本事、培养

好性格……你也知道，我并不仅仅是个柔弱女子，更远非雌性动物一般只会当娘、当老婆……我是那种想要服务大众，把他人的幸福看成自己幸福的一部分的人……

明天早上，维丽、S和我要开车一路向北，到纽伯里波特去，再从那里往缅因州的海边开。

截至今日，我和维丽已经好了37年。从她身上便可看到，如果她有孩子会是什么样的：肯定是个迷人、富有创造力且身材苗条的小东西，生着一对明亮的矢车菊般蓝色的大眼睛，微卷的头发拂在面颊边，染成了银灰色。这段时间她正跟住在皇后区的一个雕塑家谈着恋爱。

我跟S是2012年在一个朋友的引荐下认识的。那时我仍有一半时间住在洛杉矶，正打算长期搬回纽约去，却无意中在海边遇到了一个男人。第一次约会他请我去看了《查理三世》，第二次他带我去卡内基音乐厅听菲利普·格拉斯《第九交响曲》（那是这支乐队在美国的首演），第三次他便直接来我办公室找我了，请我到中央公园去一起喝个咖啡。在走回办公室的路上，他拉了我的手，分别时又吻了我。那个吻是那样深长，我当时就知道，那段时间我心里除了他，再也装不下别的男人了。

他住在绿点，进入布鲁克林区后再走上40分钟或坐两站地铁就到了。作为一个作家，他很有天赋。他比我和维丽小了整整七岁，生得又瘦又高，有一头深棕色的头发。有时我觉得他身上综合了我以前爱过的每个男人的特点，有时又觉得我从未见过比他更值得我喜欢的男人。他是如此的非凡且诚恳，以至于就算是我偶尔情绪沮丧一下，他也很少会玩浪漫哄我。不过，他也曾对我说过一句我从未在其他人那里听到过的浪漫情话：他说他很想和我生个孩子，因为作为女人我让他无比倾慕，他很希望我能够为他养出一个和我一样的女儿。虽说我很难想象这事要真发生了会是怎么个情形，我们的年龄差距这么大，似乎根本就已剥夺了我们走传统婚恋模式的希望。这是有生以来，我第一次没有要去面对自己尚未准备好的事情的压力。我们俩吵架吵得特别频繁，每次都让我觉得关系完蛋了，这令我特别忐忑不安，然而也正是这种不确定性让我更加珍视这段感情。

今晚我们会在纽伯里波特我父亲的房子里住一宿，然后明天开两个小时的车到缅因州的哈珀斯维尔玩。在那里，我们可以请渔民开船送我们到拉吉德岛上去，那是埃德娜和尤金1933年买下的一个岛。拉吉德岛位于卡斯柯湾的最边缘处，非常小，上面只有一座房子，也没有电和排水管道。当年尤金去世之后，埃德娜便把这座岛卖给了一对年轻夫妇，而我则是通过朋友的关系认识了这对夫妇的一个孙子，如今《纽约时报》的一位编辑。

我跟那位编辑通电话时，他曾深情地说："这岛上的生活很简陋，并不是所有人都能过的。烧柴炉、点煤油灯、用甲烷给冰箱提供电力。"接着他又给我描述了如何穿过树林去打水，要"像一匹骆驼似的背着一只容量足有20升的大水桶"。

我们一边通着电话，一边都打开了谷歌地图，这样他就可以先在地图上带我去拉吉德岛一次了。这个岛只有夏天才对外开放。听当地人说，埃德娜在岛上生活时通常都是光着身子走来走去的，以为这里是彻彻底底属于她自己的私人地盘，全然不知从那些渔船上可以把她看得一清二楚。

我笑道："哈哈，就像她写的那些诗一样，都把她的隐私暴露给读者啦。"

而且埃德娜还喜欢裸泳。从天空俯视的话，这个海湾是心形的呢！

为我们这趟拉吉德岛朝圣做准备时，我忽然想起了诗人玛丽·奥利弗[①]。1950年埃德娜去世时，玛丽·奥利弗年仅15岁。三年后，她高中毕业，一路开车从其父母家所在的俄亥俄州去了纽约市中心的埃德娜故居，和埃德娜的妹妹诺玛成了好朋友，后来一直照顾诺玛，成了诺玛的陪护人。后来奥利弗这样描述当时的情形："我那年才17岁，却被埃德娜家的一切迷住了，在那儿住了六七年光景，经常会像小孩子一样围着那座足有300万平方米的大房子又跑又跳。"

第一次参观埃德娜在纽伯里波特的故居时，我都不知道为什么会忽然萌发出想去看看拉吉德岛的想法。我想，我们仨可以先围着岛走上一圈，花一个多小时吧，然后坐船回到岸上去，开车直奔波特兰。它在卡斯柯湾的另外一边，从那儿可以再乘渡轮到库欣岛去，维丽娘家在库欣岛上有房子。库欣岛是小时候我们常去度假的地方，在那里，我和维丽还有其他小朋友会在宽阔的草坪和沙滩上疯玩，退潮之后，我还会玩"卡拉娜角色扮演游戏"。

在今天这个夏末秋初的日子里，我们会带着一堆锅碗瓢盆上渡轮，这样就可以在岛上用锅蒸龙虾，然后把黄油溶化到浅底盘子里蘸肉吃。我们还可以喝上几瓶酒哪！吃饱喝足，我们就可以坐在维丽家房子的门廊里，做一番交心之谈。

---

① 玛丽·奥利弗（Mary Oliver，1935 — ）：美国女诗人，曾获国家图书奖、普利策奖。作品有《夜晚的旅行者》《美国原貌》等。

没准儿维丽会给我们讲讲她的老处女姑婆玛格特·斯库勒，因为过去她也常常来库欣岛消夏。1922年，玛格特·斯库勒曾在巴黎与埃德娜一起挨过了一个艰难的夜晚（当时埃德娜正在巴黎写她的作品《名利场》），并因此结下了一生的友谊。玛格特在她大腿内侧文了一只鸟儿栖息在一双手里的刺青，这是斯库勒家族的家徽，在她的肩膀上还刺着一个黑寡妇蜘蛛的图案。

　　另外，维丽肯定会把主卧——一间天花板高高的屋子——让给我和S，而她自己去睡位于房子另一边的小屋，因为她一向都是这么大方的人。S肯定会比我先入睡，他一贯如此，那么我就可以躺在床上好好想想怎么才能稍微摆脱一下我的这六位女性精神导师了，她们在我心里占据的位置已经有点太大了。后面我打算去东汉普顿，试试能否找到梅芙曾经住过一阵子、在其小说里描述过的小木屋。虽然她把这座小屋描述为"荒谬"，但是，"虽然屋里缺这少那的，气氛却非常好，充满了欢乐，甚至是热情好客的"。梅芙认为这间小屋就像她自己一样，"虽然本身不怎么样，心地却是很善良的"。

　　然后，次日清晨，我们会被鸟鸣声早早惊醒。这些小鸟儿在我们头顶的树梢上欢快热闹地叫着，为我们增添了欢乐气氛，而我们则坐在长长的、干干净净的餐桌边吃着早饭，新的一天就要开始了。

　　玛丽·奥利弗住在埃德娜的纽约故居里时，曾有一天晚上，她走进厨房，发现诺玛正坐在桌边和一个名叫莫莉·马龙·库克的摄影师说话。"我只瞄了一眼莫莉手里的东西，心就狂跳起来了，那是一本埃德娜夫妇40年来的合影集。"

　　1990年我高中毕业时，玛丽·奥利弗曾写过一首名为《夏日》的诗，诗歌末尾是个问句，这句话在我1992年第一次读这首诗时一下子就抓住了我的心。后来，在我母亲去世四年之后，我更是渐渐把这句话融入了血液里，把它当作了一句只可意会不可言传的偈语：

告诉我，你打算做什么

用你野性而宝贵的生命，做什么？